高职高专"十一五"规划教材

工程热力学

第二版

徐建良 主编

化学工业出版社

·北京·

内容简介

全书共分十章，主要讲述了工程热力学的基本概念，气体的 p、V、T 性质，能量与热力学第一定律，气体的主要热力过程与气体的压缩，能质与热力学第二定律，水蒸气，气体与蒸汽的流动，动力循环，制冷，湿空气。本书在内容上尽可能做到适应当前高等职业类学校学生的培养目标要求，将一些理论性较强、计算烦琐的内容做了适当的删减，为了提高计算效率，对一些具有一定难度的计算，增加了采用Excel单变量求解法、采用Excel VBA自定义函数求解法。全书着重基本概念、基本原理、基本方法的讲解，并尽量做到与生产实际相结合。为使初学者进一步加深对工程热力学原理的理解，本书每章中都配有一定数量的计算实例或一些定性分析的实例。本书正文内容一律采用我国法定计量单位，每章后都附难度适中的思考题、计算题，以便学生自学和检查。

本书可作为高职类院校、中等职业学校相关专业的教材或参考书，也可作为相关技术人员的参考书。

图书在版编目（CIP）数据

工程热力学/徐建良主编．—2版．—北京：化学工业出版社，2009.5（2021.2重印）
高职高专“十一五”规划教材
ISBN 978-7-122-05141-7

Ⅰ．工…　Ⅱ．徐…　Ⅲ．工程热力学-高等学校：技术学院-教材　Ⅳ．TK123

中国版本图书馆CIP数据核字（2009）第040762号

责任编辑：高　钰　　文字编辑：陈　喆
责任校对：吴　静　　装帧设计：刘丽华

出版发行：化学工业出版社（北京市东城区青年湖南街13号　邮政编码100011）
印　　装：北京虎彩文化传播有限公司
787mm×1092mm　1/16　印张11½　字数281千字　2021年2月北京第2版第5次印刷

购书咨询：010-64518888　　售后服务：010-64518899
网　　址：http://www.cip.com.cn
凡购买本书，如有缺损质量问题，本社销售中心负责调换。

定　　价：38.00元

第二版前言

为了适应当前高职高专教育教学改革的要求，适应当前科技进步与发展，以及根据部分读者对第一版教材的反馈意见，本教材在保持了第一版教材体系的基础上，主要做了以下几个方面的修订。

1. 对第一版教材的个别公式中存在的变量大小写方面的错误，“+”、“-”号错误进行了更正。

2. 对第一版教材正文的个别表格及附录的个别表格中少数存在问题的数据进行了更正。

3. 修正了第一版教材中少数概念、过程的叙述，使之与当前科技的发展同步。

4. 为了提高计算效率，同时增加学生的学习兴趣，对一些具有一定难度的计算，增加了采用计算机处理的方法，如第二章第四节中，对于真实气体立方型状态方程的求解，增加了采用 Excel 单变量求解法、采用 Excel VBA 自定义函数求解法的计算实例；第三章第三节理想气体显热的计算，增加了采用 Excel 单元格驱动计算和采用 Excel VBA 自定义函数计算的内容；第十章第二节描述湿空气的有关参数的计算，增加了采用 Excel VBA 自定义函数计算的内容。

本教材配有电子教案，如有需要，发送邮件至 cipedu@163.com 免费获取。

由于编者水平有限，教材中难免有不妥之处，敬请读者不吝赐教。同时，对使用本教材的读者以及对本教材提出意见和建议的广大同仁，在此一并表示衷心感谢。

编　者

2009 年 3 月

第一版前言

为适应高职院校及中等职业学校制冷与空调专业学生的要求，本书在内容和体系上较传统的工程热力学教材做了较大的改动和调整，将一些理论性较强、计算烦琐的内容做了适当的删减。全书共分十章。第一章基本概念，重点介绍工质、热力系、平衡、状态参数、实际过程、准静态过程、可逆过程、热量、功、循环等基本概念。第二章为气体的 p、V、T 性质，重点介绍理想气体及其混合物的性质，对实际气体仅做了简要介绍。第三章为能量与热力学第一定律，重点介绍了稳流体系的热力学第一定律的表达式及其特殊情况下的应用形式，介绍了轴功、技术功的概念，并较为详细地讲解了利用摩尔定压热容计算气体显热的各种方法。第四章为气体的主要热力过程与气体的压缩，重点介绍了理想气体定容过程、定压过程、定温过程、可逆绝热过程这四种典型热力过程以及多变过程的概念、p-v 图及过程中轴功、技术功、热效应、内能、焓变等计算。重点讲解了理想气体可逆定温压缩过程、可逆绝热压缩过程、可逆多变压缩过程中压缩功的计算，可逆多级多变、可逆多级绝热过程压缩功和最小压缩功的计算及在 p-v 图上的表示，讲述了实际生产中压缩机功率和原动机功率的估算。第三、四章是全书的重点，是全书热力过程分析及计算的理论基础。第五章为能质与热力学第二定律，阐述了热力学第二定律原理，结合实例，定性地分析了能的不等价性，能质的蜕变与过程进行的方向，并利用蒸汽动力循环、卡诺循环引出了熵的概念，讲解了熵变的计算及熵增原理。第六章为水蒸气，介绍了水蒸气的性质，水蒸气表及水的 T-s、h-s 图的构成及使用。第七章为气体与蒸汽的流动，利用前面章节的热力学原理，以定性为重点，讲解了喷管、扩压管的概念及其外形的选择，叙述了有摩擦阻力的绝热流动以及绝热节流的概念及其工程应用。第八章为动力循环，重点介绍了蒸汽动力循环中朗肯循环的基本组成、在 T-s 图上的表示以及如何利用水蒸气图表进行热力计算的方法，详细讲解了提高朗肯循环热效率的各种措施，并简要介绍了气体动力循环的基本构成及原理。对于制冷专业的学生，本章可作为扩展内容。第九章制冷，介绍了有关制冷的概念、方法分类及其应用，以单级蒸汽压缩制冷为重点，讲解了其装置的构成、制冷原理以及如何利用制冷剂的 T-s 图进行有关制冷的热力计算，简要讲述了对制冷剂的要求以及多级压缩制冷、复叠式制冷的构成及原理，简要介绍了蒸汽吸收制冷和热泵的基本构成及工作原理。第十章湿空气，讲述了湿空气的概念，重点讲解了描述湿空气的几个重要参数，如绝对湿度、相对湿度、比湿度、干球温度、湿球温度、露点温度以及焓的概念及其处理，简要讲述了湿空气焓湿图的构成及其应用，讲解了有关湿空气应用的几个典型实例。

本书一律采用法定单位制，但考虑到目前实际生产、生活中使用的仪器、仪表及参考书、手册等，仍有使用其他单位制的，因此，在本书附录中列出了各种单位制的换算表以及采用了非法定单位制的热力学性质图。书中带 * 号部分为选学内容。

本书由南京化工职业技术学院（原南京化工学校）徐建良主编，丁华玲参编。其中，绪论、第一章、第三章、第五章、第七章、第八章、第九章由徐建良编写；第二章、第四章、第六章、第十章由丁华玲编写。

本书由贺召平主审。参加审稿的还有康西鹏、彭德厚、徐红及孙德松等，在此一并致谢。

限于编者学术水平及教学经验，书中难免有不妥之处，恳请读者批评指正。

编　者

2001 年 8 月

目　录

绪　论

一、热力学发展简述

热现象是人类最早接触到的自然现象之一。古代燧人氏的钻木取火，就是最简单的由机械能转化为热能的例子。我国在南宋时代（公元1150年左右）就有用火焰的热力来产生机械旋转运动的走马灯，以及使用火药燃烧后产生的喷气加速火箭的飞行的记载。但是，人类对热的认识逐步形成一门科学却是近300年来的事。从观察和实验总结出来的热现象的规律，构成热现象的宏观理论，从而诞生了热力学。然而在其发展过程中又早已超越了热的范围，通常把热力学定义为一门研究能量、物质和它们之间相互作用规律的科学。

然而，要单一且比较详尽地确定任何一门具体学科的范围并且把它从相近学科中严格地划分出来是很困难的，这一点热力学也不例外。从历史上看，热力学是在研究如何提高热机的效率、制造性能更好的热机的基础上发展起来的。

在18世纪以前，曾出现过一种“热质学说”。这种学说认为热是一种能流动的没有质量的物质，名为热质，它可以透入一切物质中，不生不灭。一个物体是热还是冷，就看它所含的热质是多还是少。这个学说最明显的缺陷是不能解释摩擦生热的现象，最终为科学界所抛弃。

与热质学说相对立，培根（Bacon）认为热是一种运动。罗蒙诺索夫（Lomonosov）在1744年发表的论文“论热与冷的原因”中断言，热是物质分子运动的表现，但是他没有给出热是能量形式的明确结论。

1824年法国军事工程师卡诺（Carnot）发表了一篇著名的论文“论火的动力及能够发展这种动力的机器”，该论文可以认为是热力学这门新兴科学的基础。在该论文中，卡诺第一个以普遍的形式阐述了热转化为功的问题。作为理论分析的辅助方法，他引入了“理想机器”和“可逆循环过程”的概念，他从一定的机器结构和具体工质中抽象出来的结论，为热力学第二定律的发现创造了条件。同时在卡诺的札记中，已有了热功相互转化时所遵循的热功当量原理的最初说法，只不过这是在他不幸早逝后过了40年才被公布的。

1842年，德国人迈尔（Mayer）阐述了热功当量原理，指出了热是能量的一种形式，它可以和机械能互相转化，他从理论上算出了热功当量，只是当初和迈尔同时代的人并不承认它的正确性。

1843～1848年间，焦耳（Joule）在与迈尔的理论研究毫无联系的情况下，通过大量的实验测定了热功当量值，这项结果使科学界公认能量守恒为自然界的普遍规律。能量守恒定律在热能利用中的具体形式就是热力学第一定律，后人公认迈尔和焦耳同为热力学第一定律的创立者。热力学第一定律的建立为热力学这门科学奠定了基础。

1850年，克劳修斯（Clausius）在卡诺、迈尔和焦耳的思想基础上，确切地阐述了热力学两个基本定律，第一个给出了热力学第一定律的数量公式，建立了热量、功与内能之间相互联系的方程式。在阐述热力学第二定律时，他引入了一个新的参量——熵。克劳修斯引入的熵概念，在热力学中占有重要的地位。热力学第二定律关于一切自然过程方向性的论述意义透彻地表现在熵增原理之中。

汤姆逊（Thomson、后名开尔芬 Kelvin）在与克劳修斯没有联系的情况下，几乎同时（1851 年）给出了热力学第二定律的另一种表述，同时建立了十分著名的能量散逸或贬值原理。早在 1848 年，根据卡诺的理论，汤姆逊制订了绝对温标，为了纪念他，这种温标称为开尔芬温标。

由于克劳修斯和汤姆逊卓越的研究工作，到 19 世纪末，热力学在其发展进程中达到了相当完善的程度。在这个过程中，理论与实际的紧密结合起了重要作用，在与克劳修斯、汤姆逊同时代的人中，朗肯（Rankine）对热力学的发展也做出了重要的贡献，他研究了热力学的基本原理，并发明了“朗肯循环”。

热力学的建立与理论上所取得的成就大大促进了热力原动机的发展与性能的改善，到 19 世纪后半期，蒸汽机已不能满足工业生产发展的需要。19 世纪末，人们发明了汽轮机和内燃机，汽轮机成为现今火力发电厂的主要动力设备。汽轮机的出现促进了对蒸汽性质、蒸汽与气体的流动以及蒸汽动力循环的研究。内燃机则逐步成为汽车、飞机、船舶和机车等交通工具的主要原动机，并促进了对内燃热力过程和热力循环的研究工作，进入 20 世纪以后，人们又发明了燃气轮机、喷气发动机。20 世纪 50 年代原子能动力装置的建成，为人类开辟了能源利用的新纪元。在热力原动机和热力工程的发展过程中，热力学逐步发展成为一门成熟的具有广泛应用的基础学科。

热力学具有广阔的研究范围，可以说，凡是涉及热现象的任何能量转换过程都是热力学的研究对象。运用热力学的基本理论研究某种领域或范围的能量转换热现象就构成了不同方向的热力学，如研究大气流热现象的气象热力学、研究生物体内热现象的生物热力学、研究流体热力学性质的流体热力学、研究化学工艺过程中热现象的化工热力学、研究热机循环的发动机热力学等。工程热力学也是其中之一。

二、工程热力学的研究对象和基本任务

工程热力学是热力学的一个分支，但由于其系统的完整性和应用的广泛性，它已成为一门独立的学科。

工程热力学是研究工程中热能与其他形式能量的转换规律以及影响转换的各种因素的技术科学，其中对热能与机械能的转换规律的研究，一直是工程热力学的研究重点。

凡是涉及热现象的过程、装置以及系统，都是工程热力学的研究对象，而热机中进行的过程和循环则是工程热力学的传统研究对象。

众所周知，任何工程特别是现代化工程，在其建设和使用的过程中，总是与能量的利用紧密联系。更值得注意的是，工业生产能耗在国家的总能耗中占有很大的比例（我国工业生产能耗约占总能耗的 63%）。如何合理地有效地利用能量，使之在工业生产中尽可能降低能耗，具有重要的经济意义。

工程热力学的基本任务就是通过对各种用能设备及系统中的能量转换过程、影响因素的研究，探求有效用能的技术途径和基本方法。

为了衡量能量是否获得了有效利用以及有效利用的程度，工程热力学建立了相应的评价方法。

以能量平衡理论，即热力学第一定律为依据的传统用能理论作为能量有效利用的评价指标，称热力学第一定律效率，表示为被系统有效利用的能量数占系统所耗总能量数的百分率，即

$$\eta_{\mathrm{I}}=\frac{\text{有效利用的能量的数量}}{\text{耗费能量的总数量}}\times 100\%$$

热力学第二定律从能的质量——能质的观点揭示了能量在传递和转化过程中能质变化的规律，而且可以用熵和㶲（有效能）这两个状态参数的变化来定量地描述过程中能质的变化。因而能量的有效利用，除了要考察具体数量的有效利用外，还应考察其能质的有效利用程度。热力学第二定律的效率表示为被系统有效利用的能质占系统所耗费能质的百分率，即

$$\eta_{\mathrm{II}}=\frac{\text{有效利用的能质}}{\text{耗费的能质}}\times 100\%$$

按照现代用能理论，一个合理的用能系统，应使其热力学第一、二定律效率达到或接近最佳值。因此，同步提高用能设备或系统的两个效率，使能的数量与能质都获得有效利用，已成为工程热力学研究能量利用的重要目标。

三、工程热力学的主要内容

根据工程热力学的研究对象、任务及学科的性质，其所研究的主要内容包括以下几个方面。

① 研究热力学的基本定律——热力学第一、二定律。这是工程热力学的理论基础。其中，热力学第一定律给出了热能与机械能相互转换时的数量关系；热力学第二定律指出了能量转换的方向性，并由此说明热能与机械能之间存在着质的差别，应用这两个定律可以从量和质两个方面综合地研究热力设备中的能量转换。

② 研究工质的热物理性质。热力设备中的能量转换是借助于工质来完成的，故研究热力设备中的能量转换必须掌握工质的基本热力性质。

③ 研究各种热力设备中的能量转换过程。即应用热力学基本定律，分析计算工质在热力设备中所经历的状态变化过程和循环过程，并在此基础上进一步分析影响能量转换效率的因素，探讨提高转换效率的途径。

④ 研究与热力设备的工作过程直接有关的一些化学和物理化学问题。目前，热动力装置中热能的主要来源是依靠燃料的燃烧，而燃烧是剧烈的化学反应。因此，为了更全面、更深入地研究热力设备中的能量转换，必须掌握有关化学热力学的基础知识。

尽管传统上工程热力学是动力专业的一门主要技术基础课，但由于热现象广泛地存在于各种工程问题之中，因此，工程热力学的应用范围已扩展到许多工程技术领域中，如制冷、热泵、空气分离、空气调节、海水淡化、化学精炼、生物工程等，都需要应用工程热力学的基本理论和基本知识。因此，工程热力学已成为制冷与空调及许多相关专业所必修的一门技术基础课。

四、工程热力学的研究方法

热力学有两种不同的研究方法：一种是采用宏观研究方法的热力学——宏观热力学；一种是采用微观研究方法的热力学——统计热力学。

宏观的研究方法不研究物质内部微观粒子的运动，而是通过对大量宏观热现象的直接观察和实验，总结出有关热现象的基本规律，即热力学的基本定律。再以热力学基本定律为依据，进行严密的逻辑推理，导出描述物质性质的宏观物理量之间的普遍关系及其他一些重要

的推论。由于热力学基本定律是无数经验的总结，因而具有高度的可靠性和普遍性。宏观研究方法简单、可靠，只需要少数几个宏观物理量就可以对热状态进行描述，要求的数学知识也比较简单。但是宏观研究方法有其局限性，由于它没有涉及物质的内部结构，因此该方法无法解释热现象的本质，也不能预示新物质的各种热力学性质，也不能用于描述物质个别分子的行为。微观研究方法及其研究成果正好弥补了这个不足。

统计热力学是从物质内部的微观结构出发，应用力学定律说明分子的运动，并用统计方法研究大量分子杂乱运动的统计平均性质，故能从物质内部分子运动的微观机理来更深刻地解释所观测到的宏观热现象的物理实质。但是，微观方法也有它的局限性。因为微观分析方法所得结果的正确性取决于人们对物质微观结构的认识。人们对物质的认识还在不断深入，现有的物质微观结构的模型还存在一定的近似性。因此由统计热力学导出的某些结果与实验不能完全吻合。此外，微观研究方法计算复杂，也给统计热力学的应用带来了一定的困难。

工程热力学主要采用宏观方法来分析热能与机械能的互相转换，并辅以微观统计方法，分析和解释某些热现象及能量转换规律。

五、工程热力学的学习方法

① 明确本课程的研究对象和任务。这是全书的纲，必须牢固掌握，这样才能在学习时明确每章的目的、作用，才能将课程前后各部分连成一个有机的整体，达到纲举目张、融会贯通的目的。

② 掌握本课程的基本理论，掌握分析问题、解决问题的科学方法。在学习每章时，除了明确其目的外，必须注意对复杂事物进行抽象、概括、理想化和简化。

③ 重视平时的解题训练。因本课程有些概念较为抽象，解答思考题与相关习题不仅有助于深入理解基本理论和基本知识，还可以培养分析问题和工程计算的能力，是学习过程中的重要环节，应予重视。

第一章　基本概念

在工程热力学的研究内容中，使用了许多术语，如工质、热力系、平衡态、准静态、可逆过程、功和热等。因此，要学好工程热力学，必须正确理解、掌握这些基本术语。

第一节　工质、热力系

一、工质

能量是物质运动的量度，能量与物质是不可分割的。在工业生产和现实生活中，常需要将热能转换成机械能，而要完成热能与机械能之间的相互转换必须借助于某种工作物质或工作介质——工质来实现。工质有时并不直接参与能量的转换，只是在能量转换中起媒介的作用，如图 1-1 所示的蒸汽动力循环，其工质为水，通过水的状态的不断变化而将锅炉中燃料的化学能经汽轮机转换为机械能。在热机循环中，为获得较高的热功转换效率，常选用可压缩、易膨胀的气体，如水蒸气、空气或燃气等作为工质。在制冷循环和热泵循环中，为提高从低温热源吸热、向高温热源放热的工作效率，常选用被称为冷媒或制冷剂的物质，如氨、氟利昂等作为工质。

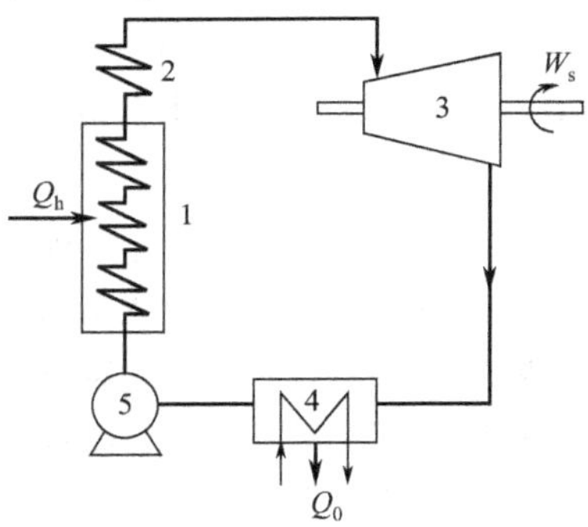

图 1-1　蒸汽动力循环

1—锅炉；2—过热器；3—透平；4—冷凝器；5—水泵

工质的性质以及工质在能量转换中的变化特性是工程热力学的主要研究内容之一。

二、热力系、边界与外界

实际系统，大多较复杂。为了便于分析研究，按照热力学的方法，可以根据不同的研究目的来确定研究对象及范围，从而使一个较复杂的系统得以分解或简化。以图 1-1 为例，如要研究整个热机的热力特性及经济性，相应地取整套热机为研究对象；如要分别研究压缩、加热、做功等过程，则可分别取泵、锅炉、汽轮机为研究对象。这种被人为地划分出来作为热力学研究的对象就称为热力系。热力系可以是一种真实的物质，如泵中被压缩的水；也可以是一个真实的设备，如锅炉；还可以是一种抽象出来的或一种假想的热力学模型，如图 1-2所示的卡诺热机，就是一种假想的热力学模型。

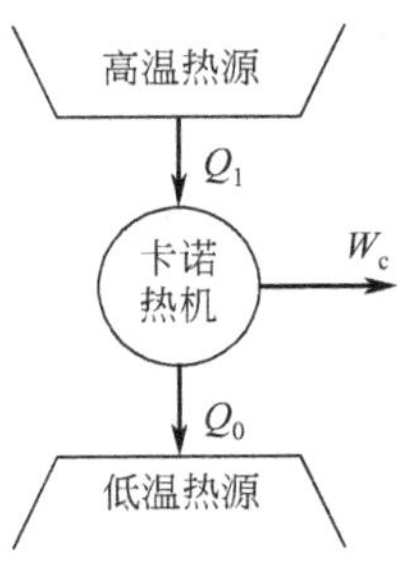

图 1-2　卡诺热机模型

由热力系所确定的研究范围，可以看做是一个由边界面包围起来

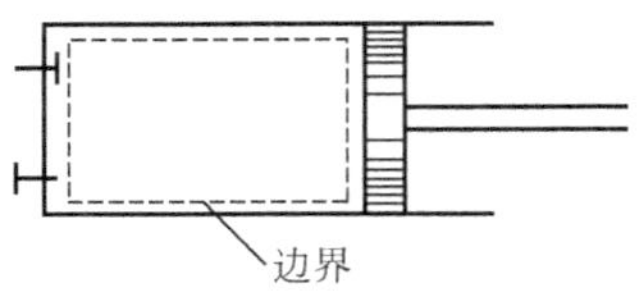

图 1-3　活塞式压缩机的汽缸活塞系统

的空间。界面以外为外界。外界可以是自然环境，也可以是另一个热力系或两者兼而有之。界面可固定不变，也可运动可变；可以是实有的，也可以是假想的。如图 1-3 所示为活塞式压缩机的汽缸活塞系统，当取汽缸中的工质为热力系时，则界面的一部分——活塞顶就是运动的，而另外的部分——接触工质的汽缸壁面，则是周期性变化的，而这些界面同时又是实际存在的。若以图 1-1所示的整个蒸汽动力循环为热力系，则其界面就是假想的，但却可以想象成是固定不变的。

三、热力系的分类

在一般情况下，热力系与外界处于相互的作用之中，它们可以通过边界互相交换能量和物质。按照热力系与外界相互作用的不同，热力系通常可以分为以下几种。

（一）封闭热力系（简称闭系）

热力系若与外界仅有热和功的传递，即通过边界只有能量交换而无物质交换，则该热力系称为封闭热力系，其质量是恒定不变的，如图 1-3 所示，若其进、出口阀门都处在关闭状态，则此时以气体为工质的热力系为封闭热力系，这时的气体只能通过汽缸壁和活塞杆与外界发生热、功的交换。

（二）敞开热力系（简称开系）

热力系通过边界与外界既有能量交换、又有物质交换，则该热力系称为敞开热力系，以图 1-3 为例，若其进、出口阀门中有一是处在打开状态，则此时以汽缸中气体为对象的热力系即为敞开热力系。

（三）孤立热力系（简称孤立系，又称隔离热力系）

热力系通过边界与外界既无能量交换、又无物质交换，则该热力系称为孤立热力系。由于一切热力现象所涉及的空间范围总是有限的，若将研究对象连同与之相关的外界用一个新的边界包围起来，则这个新的、扩大了的边界就是孤立热力系的边界，此时原热力系及与之相互作用的外界都可以看成是孤立热力系的一部分。由此可见，一切热力系连同与之相互作用的外界都可抽象为孤立热力系。

热力系的划分除了上述三种外，还有一些其他的特殊热力系，如绝热热力系、稳流热力系等。

第二节　工质的热力状态和基本状态参数

一、热力状态

热力系中的工质在某一瞬间所具有的全部宏观物理状况称为工质的热力状态，简称状态。从原则上讲，这些宏观物理状况是完全能够被确定的。在图 1-1 所示的蒸汽动力循环体系中，其所以能与外界发生功、热交换，就是因为其工质——水的状态可以不断变化的缘故。

二、平衡状态

平衡状态是指热力系在无外界影响的情况下，其宏观物理状况不随时间而变化的状态。例如，只要将一物体置于环境中足够长的时间，则其温度最终必与环境温度相同，即其最终必与环境达平衡状态，只要环境温度不变，则其温度也必不变。

一个热力系，当其内部无不平衡力，且作用在边界上的力和外力达平衡，则该热力系处于力平衡状态；当热力系内各点温度均匀一致且等于外界温度时，则该热力系处于热平衡状态。热力系要达到平衡状态，至少必须满足力平衡和热平衡这两个基本条件。

工程热力学一般只对平衡状态进行分析研究，因为这样可用共同的宏观特性来简单描述热力系所处的状态而不必涉及时间因素。

三、基本状态参数

（一）状态参数

状态参数是指用来描述处于平衡态的热力系的宏观物理量。知道了一个热力系足够多的状态参数，就可以确定该热力系的宏观状态；反之，对于一个给定状态的热力系，通过一些相应的手段，就可确定其一切状态参数。

状态参数是状态的函数，对应一定的状态，无论采用何种方法进行测定，其某一状态参数都只有唯一确定的数值，工质的状态发生变化时，状态参数的变化值仅与初、终态有关，而与状态变化的途径无关。这一点就像《物理学》中两地之间的位移，不论采用何种方法、通过何种途径往返于两地之间，其两地间位移只有唯一确定的数值。

状态参数的数学特征为点函数，它可以表示为

$$\int_1^2 dx = x_2 - x_1 = \Delta x$$

循环积分

$$\oint dx = 0$$

式中　x——工质的某一状态参数。

热力学中常见的状态参数有温度、压力、比体积、密度、内能、焓、熵等。其中温度、压力、比体积或密度可以直接或间接地用仪表测量出来，称为基本状态参数。而其余的一些状态参数都不能直接测量，必须由基本状态参数导出，它们称为导出状态参数。

热力学状态参数按其与热力系质量的关系，有强度量和广延量之分。凡与质量无关的称为强度量，如压力、温度等，强度量不具有加和性；凡与质量成比例的量称为广延量，如容积、内能、焓、熵等，广延量是可加量，热力系的总广延量是热力系各部分广延量之和。但广延量除以质量就可转化为强度量，具有强度量的特性。

（二）温度

众所周知，两个冷热状况不同的物体相互作用，冷的物体要变热，热的物体要变冷。经过相当长的时间，在没有其他外来因素影响的情况下，两物体将达到相同冷热状况，即所谓热平衡状态。实践证明，如两物体分别和第三个物体处于热平衡，则它们彼此之间也必处于热平衡，这一规律称为热力学第零定律。从这一定律可以推论，相互处于热平衡的热力系，必然具有一个数值上相等的热力学参数来描述这一热平衡特性，这个参数就是温度。由此可知，温度是描述平衡热力系冷热状况的物理量。

从微观上看，温度是物质内部大量分子热运动的强弱程度的标志，两个物体接触时，通过接触面上分子的碰撞，进行动能交换，这种微观的动能交换就是宏观的热量交换。

温度的数值标尺简称温标。任何温标都要规定基本状态点和每一度的数值。国际单位制（SI 制）规定，采用热力学温度，符号用 T，单位名称为开（K）(Kelvin)。热力学温标规定纯水的三相点温度（即水的气、液、固三相平衡共存时的温度）为基本定点，并指定为 273.16K。热力学温标所表达的温度也称为绝对温度。

除绝对温度外，在日常生活中，常用摄氏（Celsius）温度，符号用 t，单位为摄氏度，符号为℃。摄氏温度是以标准压力下水的冰点为零点，沸点为 100℃，将水银柱的高度划分为 100 等份而得出的。

摄氏温标与热力学温标的关系为

$$t=T-273.15 \tag{1-1}$$

式中，273.15 的值由国际计量会议规定。可见，摄氏温度与热力学温度差值为 273.15，当 $t=0$℃时，$T=273.15$K。

（三）压力

单位面积上所受的垂直力称为压力，用符号 p 表示。根据分子运动理论，气体的压力是大量分子向容器壁撞击的平均结果。

工程上工质的压力由压力表和真空表来测定，如图 1-4 所示。

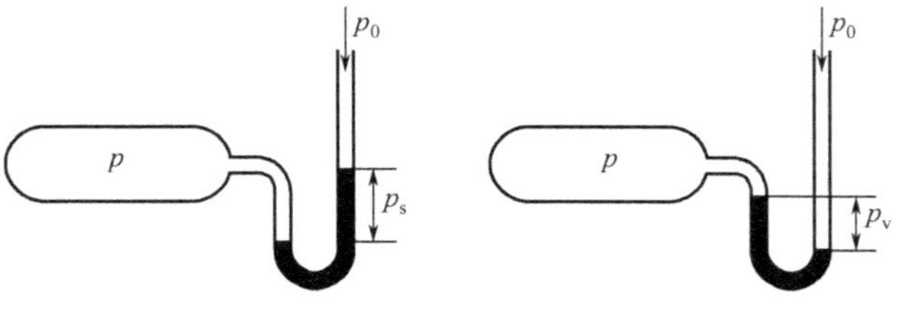

图 1-4　测压原理

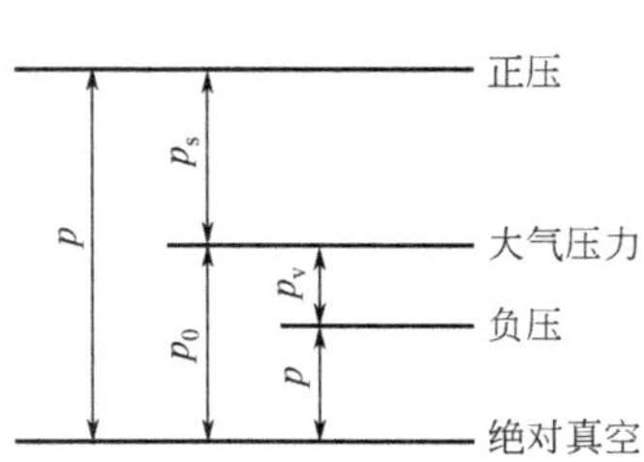

图 1-5　绝对压力与表压力、真空度的关系

当绝对压力大于大气压力（p_0）时，压力表上的读数 p_s 称为表压力。此时有

$$p=p_s+p_0 \tag{1-2}$$

式中　p——绝对压力；

p_s——表压力；

p_0——大气压力。

当绝对压力低于大气压力时，表示容器内工质具有真空度（p_v），此时有

$$p=p_0-p_v \tag{1-3}$$

绝对压力与表压力、真空度的关系如图 1-5 所示。

压力的计量单位，法定单位制采用 Pa（N/m^2），称为帕斯卡。工程上因 Pa 单位太小，读数不方便，常用 MPa（兆帕）、kPa（千帕）和 bar（巴）

$$1\text{MPa}=10^6\text{Pa} \qquad 1\text{kPa}=10^3\text{Pa} \qquad 1\text{bar}=10^5\text{Pa}$$

在工程上还有一些其他单位，如 mmH_2O、mmHg、kgf/cm^2 等。有关压力单位之间的换算可参阅附表 1-1。

（四）比体积和密度

工质所占有的空间为工质的容积，单位质量工质占有的容积称为工质的比体积。如工质的容积为 V，质量为 m，那么比体积为

$$v=\frac{V}{m} \qquad (\text{m}^3/\text{kg})$$

单位容积的工质所具有的质量，称为工质的密度，即

$$\rho=\frac{m}{V} \qquad (\text{kg}/\text{m}^3)$$

显然，工质的比体积与密度互为倒数，即

$$\rho v=1$$

从上式可知，比体积与密度不是两个独立的状态参数，如两者知其一，则可确定另一个。

第三节　状态方程与状态参数坐标图

热力系的状态是用状态参数来描述的，各个状态参数分别从不同的角度来描述状态的某种特性。当热力系与外界有能量交换时，将导致状态参数发生改变。如对汽缸中的气体进行压缩，不仅工质的容积要缩小，工质的温度、压力也随之改变。可见，各个状态参数是以一定的函数形式互相制约的。这种表示状态参数之间函数关系的数学表达式称为状态方程式。

实际物质构成的热力系的状态方程是相当复杂的。本书只讨论简单热力系的状态方程。

当组成热力系的是一种均匀的、化学成分恒定的纯物质时，该热力系就称为简单热力系。若这种简单热力系仅与外界进行热能与机械能交换，经验证明，这种物系最大只有 2 个自由度，即该热力系独立的状态参数只有两个。换言之，对某个状态来说，p、v、T 三个基本状态参数中，其中任意一个状态参数均可表示为另外两个参数的函数，即

$$p=f(v,T)$$

或

$$T=f(p,v) \qquad v=f(p,T)$$

上式都是以显函数形式表示的状态方程。若以隐函数形式表示，则为

$$f(p,v,T)=0$$

上述各式都称为纯物质的状态方程，通常由实验确定，也可由理论推导求得。如理想气体，其状态方程 $pv_{\mathrm{m}}=RT$ 就是其中一个特例。

既然简单热力系的平衡状态可由任意两个参数确定，那么可采用两个参数在平面坐标系中来描述其状态和分析其状态变化的过程。这种用状态参数描述热力系平衡状态的状态参数之间关系的图形称状态参数坐标图。在热力学中，经常采用的状态参数坐标图有压容图（p-v 图）、温熵图（T-s 图）和焓熵图（h-s 图）等。如图 1-6 所示为 p-v 图，对应于某个热力状态，在坐标图上相应地为一点，如点 1（p_1、v_1）、点 2（p_2、v_2），这恰好显示了点函数的性质。反之，图上一点，即代表了一个平衡状态。

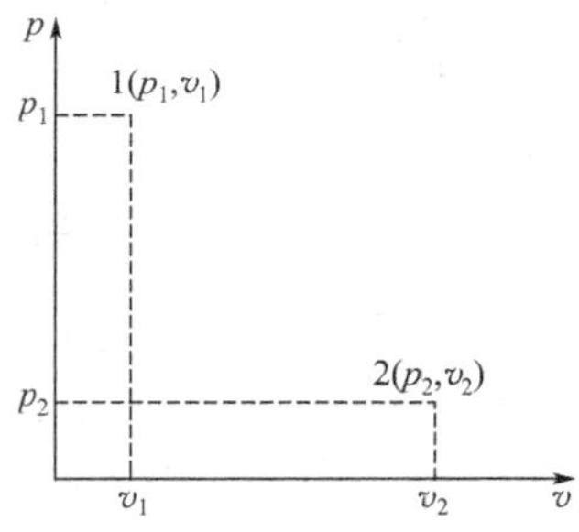

图 1-6　状态参数坐标图

图示法与状态方程法相比，具有简明、直观、便于分析等优点。缺点是不能给出过程中各参数之间精确的数量关系。严格地说，只有平衡状态才能表示在状态参数坐标图上，有时热力系各点的状态虽有差异但并不悬殊、或允许以状态参数的平均值来表示状态时，也可以采用坐标图。

第四节　热力过程及其描述

一、热力过程

一个处于平衡态的热力系，如果无外界影响，必将永远保持其平衡状态，这时热力系具

有确定的状态参数。若热力系与外界发生了能量传递，就会使热力系偏离平衡状态而发生变化，直至达到新的平衡状态。这种由于热力系与外界相互作用而引起的热力系由一个平衡状态经过连续的中间状态变化到一个新的平衡状态的全过程，称为热力过程，简称过程，它实质上是一系列状态点组成的轨迹。

二、实际热力过程——非平衡过程

在通常情况下，对热力系的加热是在温差下进行的，做机械功是在压差下进行的。显然，一切实际热力过程都是热力系与外界之间的不平衡势差（如温差、压差等）作用的结果。

如图 1-7 所示是气体在活塞汽缸装置中的变化过程示意图。在初态下，活塞上有两块质量相等的重物，此时气体的压力 p 与外界作用于气体的压力 p_{sur} 相平衡，热力系有确定的初参数（p_1、v_1、T_1）。若等水平面移走一重物，即突然降低外压力 p_{sur}，则此时汽缸内气体压力大于外界压力（$p>p_{sur}$）。在这个不平衡势差（$p-p_{sur}$）即压差作用下，气体突然膨胀推动活塞快速向上运动。热力系内气体也在压差的作用下，产生相应的质量、能量的流动，直到气体膨胀至热力系压力与外界压力间的不平衡势差消失，即达到新的平衡态（$p_2=p'_{sur}$），此时，热力系具有确定的终参数（p_2、v_2、T_2）。在这一实际热力过程中，由于汽缸内靠近活塞的气体先膨胀，故这部分压力比热力系的其他部分的压力低。因此，整个热力系在这一瞬间不能用一个相同的压力来描述其变化，在状态参数坐标上也不能用一连续曲线来表述这一过程，但为了便于说明问题，通常用一虚线来表示。如图 1-8 中的虚线 1-2，实际上表现出来的过程相当于图中虚线 1-A-2。

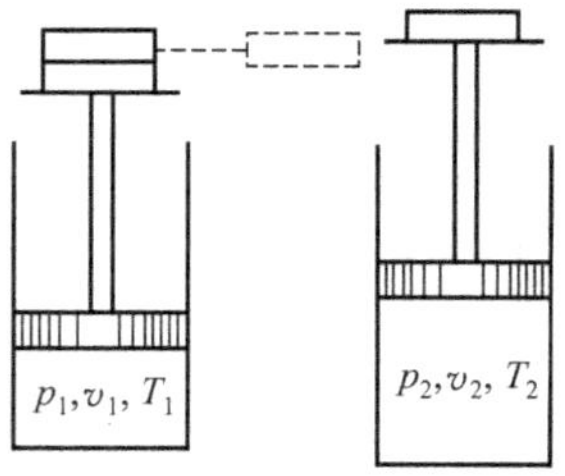

图 1-7　气体不平衡膨胀

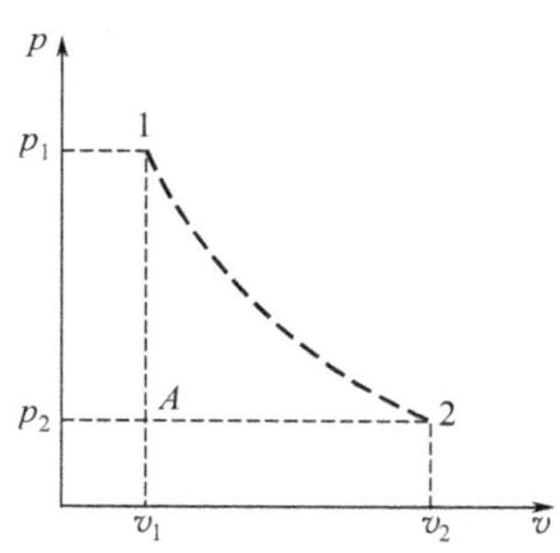

图 1-8　不平衡过程

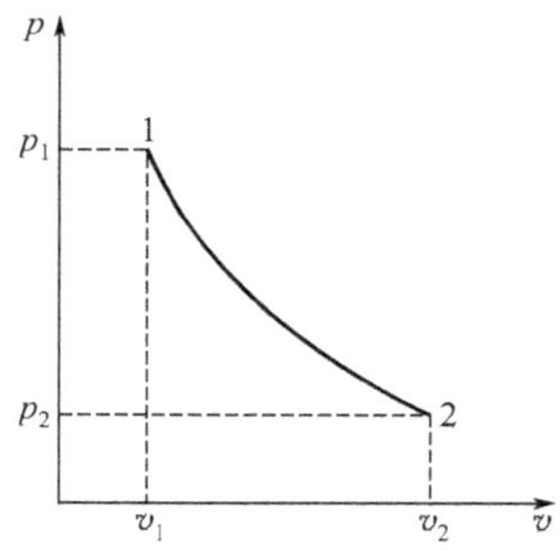

图 1-9　准静态过程

三、平衡过程与准静态过程

由于不平衡过程状态参数具有不确定性，所以难以用经典热力学的方法来研究。为便于理论研究，现设想有这样一种理想过程，即热力系的变化是经历一系列平衡状态的平衡过程。对于简单的热力系，平衡过程的条件是热力系在任何时刻都处于力平衡和热平衡状态。

平衡过程中任何一个状态的特征都可用状态方程来描述，这就为研究平衡过程中各参数的关系创造了条件。同时，平衡过程在坐标图上可以表示为一条曲线，称为过程线，如图 1-9中的曲线 1-2。

平衡过程是假想的理想过程，实际不可能存在，这是因为在这样的过程中，根本不存在不平衡势，即推动力，但由于热力学只研究过程变化的趋势而不研究过程变化的速率，因此，可以利用高等数学中微积分的思想，将有限的推动力化为无限个无穷小的推动力之和，如在图 1-7 所示的装置中，假想用无穷多个微粒代替两个等质量的重物，并在等水平面上一粒一粒地缓慢地将它们移走，则气体的容积和压力将一次次地发生微小的变化。这样的热力过程，由于其每一次过程与原平衡状态都只偏离无限小，并在每次微小变化后又及时地建立了新的平衡状态，这种由一系列中间平衡状态所组成的热力过程称为准静态过程，又称准平衡过程。

准静态过程的特征是：

① 在过程中，热力系内部不断存在力平衡和热平衡，或平衡被破坏的程度无限小；

② 过程进行得无限慢；

③ 在坐标图上可以用连续的曲线来描述，如图 1-9 中的曲线 1-2。

在实际研究中常把准静态过程当作平衡过程，在以后的叙述中，将把“准静态”与“平衡态”作为有相同含义的技术用语，而不再加以区别。

四、可逆和不可逆过程

实际热力过程与平衡过程的区别在于实际热力过程中存在各种推动力，从而具备了能量传递和转换的条件，如温差引起的传热、压差推动工质做功等。但反过来讲，推动力本身也成了能量逆向传递和转换的无法克服的障碍。因此，推动力既是推动能量转换的起因，又是阻碍能量逆向转换的根源。

在实际过程中，阻碍能量逆向转换的另一个因素是机械摩擦和内摩擦。因为摩擦将导致机械能转换为摩擦热，从而产生所谓的耗散能，显然，要使耗散能再转换为机械能是不可能的。

对于简单热力系，热力过程中只要存在推动力——温差、压力差以及阻碍运动的摩擦(包括内摩擦)，则过程就不可能无条件地再循原途径逆向进行。故可得到一重要结论：一切实际热力过程都是不可逆过程。

设想一下，如果过程是在热力系与外界之间以及热力系内部不存在温差、压差和内外摩擦的情况下进行的，那么一切阻碍能量逆向转换的因素也随之消失。毫无疑问，此过程是可以无条件逆向进行的。热力学上称这种过程为可逆过程。因此，所谓可逆过程是指一个过程进行之后，可以循原途径逆向进行，并使热力系与外界完全恢复到原来状态的过程。

归纳起来，简单热力系进行可逆过程必须满足以下两个条件。

① 无推动力，即传热无温差，传热时热力系内部、热力系与外界均不存在温差，做功(或耗功)无压差，即膨胀时（或压缩时）热力系内部、热力系与外界不存在压差。

② 过程中热力系与外界、热力系内部均不存在任何摩擦。

可逆过程的基本特征是：过程进行的结果不给热力系及外界留下任何影响（或痕迹）。

可逆过程与平衡过程既有共性，也有区别。共同点是两者都要求过程中不存在任何推动力，即都要满足平衡的条件，两者都可以在状态参数坐标图上表示出来。两者的区别在于，平衡过程只要求过程中热力系内部维持平衡以及无内摩擦而已，至于有无外摩擦，对过程并无关系。因为即使有外摩擦，只要不影响热力系的内部平衡，仍然可以是平衡过程。

对于可逆过程来说，除了满足“平衡”的条件外，还必须无外摩擦现象，否则，热力系内将产生能量耗散致使过程不能无条件地逆向复原。因此，可逆过程必然是一个无能量耗散的平衡过程。显然，这是一个完美无缺的理想过程，是不可能进行的。但可逆过程作为一切实际热力过程的理论极限，仍具有重要的实际意义。一方面，它可以作为一切热力设备力求接近的目标；另一方面，可通过计算，得出实际过程与理想过程的差距，为设备的设计、改造以及整个生产过程的改进等提供依据。

第五节　热力系的状态能

能量的形态虽然很多，但就其性质来说，可以分为两大类。一类是取决于热力系的宏观状态或位置的储存能；另一类是热力系与外界交换的能量，这是取决于热力系所进行的热力过程的传递能。

一、静态工质的储存能

所谓静态工质是相对于参考坐标系是静止的工质。静态工质的能量由两部分组成。

（一）内储存能——内能

内能又称热力学能，它是热力系内所有粒子除整体势能及整体动能外全部能量的总和，它是与物质内部分子结构以及分子运动有关的微观能量。内能包括工质分子的内动能、内位能以及构成分子的化学能和原子能等。本书不研究工质的化学变化和原子反应，当热力系内工质的种类、组成及工质的量确定后，热力系的化学能和原子能可以认为有确定的数值，它们不随热力系的 p、v、T 等性质变化，因而当只考虑热力系在状态变化过程中内能的相对值时，其内部的化学能和原子能就可不加考虑，即工质的内能仅考虑只包含内动能与内位能两项。

内动能通常包括：分子移动而具有的移动动能；分子绕其中心旋转而具有的转动动能；分子内部原子在其平衡位置附近振动而具有的振动动能。分子运动论证明：工质温度越高，则其内动能就越大，即内能与温度有关，是温度的函数。

分子间因相互作用而具有的能量称内位能。内位能的大小取决于分子间的作用力和分子间的距离。当工质确定后，分子间力可表示为分子间距离的函数。因此，热力系的内位能与热力系内分子的平均间距有关，即与热力系的比体积有关，是热力系比体积的函数。

由此可见，工质的内能取决于工质的温度和比体积，即取决于工质所处的状态。因此，内能是状态函数。

内能的符号对 m(kg) 工质为 U，单位为 J 或 kJ；对 1kg 工质，其符号为 u，单位为 J/kg 或 kJ/kg。内能 U 是广延参数，单位质量的内能 u 称比内能。无论是 U 还是 u，通称为内能。

（二）外储存能——重力位能

通常热力系都是处在重力场中。质量为 m(kg) 的工质，由于重力的作用而具有的重力位能 E_p 为

$$E_p = mgZ$$

式中　Z——工质在参考坐标中的高度，m；

　　g——重力加速度，m/s^2。

由于重力位能是由外力的作用引起的，为区别于工质自身的内储存能，称它为外储存能。确定质量的工质所具有的重力位能仅取决于其在参考坐标系中的高度，与如何达到该状态无关，因此，重力位能具有点函数的性质。

静态工质的总储存能是其内能与重力位能之和。即

$$E = U + E_p \tag{1-4}$$

通常情况下，重力位能在总储存能中所占的比例不大，尤其是工质为气体时，其重力位能常可忽略。

二、流动工质的能量及焓

（一）宏观动能

质量为 m(kg) 的工质，当其流速为 C(m/s) 时，其具有的动能 E_k 为

$$E_k=\frac{1}{2}mC^2$$

对于确定质量的工质，宏观动能仅取决于它的速度 C，速度 C 是表征工质流动状态的参数，在参考坐标系中是一个点函数。因此，E_k 也具有状态函数的性质。

（二）流动功

如图 1-10 所示的热力系，分别装有进、出口管道。现以进口截面 1—1 为例，若在其进口截面处工质的状态为 p_1、v_1 且维持不变，则欲使 m_1(kg) 的工质进入热力系，必须克服截面 1—1（截面积为 A_1）上的不变阻力 $F_1=p_1A_1$ 做功，即

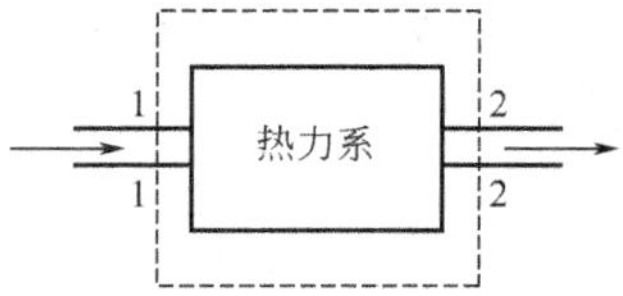

图 1-10　流动热力系

$$W_f=p_1A_1\frac{m_1v_1}{A_1}=m_1p_1v_1=p_1V_1 \tag{1-5}$$

式中　W_f——流动功，又称推动功、挤压功、压强能。

流动功是推动工质流动而传递的机械功，它是维持工质正常流动所必须传递的能量，是一种特殊的功，其数值仅取决于工质进、出界面时的热力状态。故流动功是状态参数，称其为压强能更为合适。其法定单位为 J 或 kJ，对单位质量的工质，为 J/kg 或 kJ/kg。

（三）焓及其物理意义

以图 1-10 为例，对进入截面 1—1 的工质而言，其带入热力系的总能量为

$$E_1=U_1+p_1V_1+E_{k1}+E_{p1} \tag{1-6a}$$

或

$$e_1=u_1+p_1v_1+e_{k1}+e_{p1} \tag{1-6b}$$

由于对于流动工质而言，U 与 pV 总是同时被传递，且都取决于工质的热力状态，为简化计算，令

$$H=U+pV \tag{1-7a}$$

或

$$h=u+pv \tag{1-7b}$$

式中　$H(h)$——焓，J 或 kJ(J/kg 或 kJ/kg)。

于是，式(1-6a)、式(1-6b) 可写成

$$E_1=H_1+E_{k1}+E_{p1} \tag{1-8a}$$

或

$$e_1=h_1+e_{k1}+e_{p1} \tag{1-8b}$$

因为 U、p、V 都是工质的状态参数，所以焓 H 也是工质的状态参数。焓在热力学中是一个重要而常用的状态参数，它的引入给热工问题的分析和计算带来了很大的便利。

对以图 1-10 为例的工质，其进、出口总能量变化为

$$\Delta E=E_2-E_1=\Delta H+\Delta E_k+\Delta E_p \tag{1-9}$$

焓的物理意义：对于流动工质，焓＝内能＋流动功（压强能），即焓具有能量意义，它表示流动工质向流动前方传递的总能量中取决于热力状态的那部分能量。若工质的宏观动能和位能可忽略，则焓代表随流动工质传递的总能量。对于不流动工质，因 pv 不是流动功，焓只是一个复合状态参数。

对于封闭的整体可移动的热力系，其总能量应为

$$E=U+E_k+E_p \tag{1-10}$$

其状态变化过程的总能量变化应为

$$\Delta E=\Delta U+\Delta E_{k}+\Delta E_{p} \tag{1-11}$$

应用时应注意式(1-8)、式(1-9) 与式(1-10)、式(1-11) 的区别。

第六节　热力系的传递能——功与热

热力系只有当其状态发生变化，即进行某个过程时，才能与外界进行能量的传递。可见，能量的传递总是与过程相联系的。

能量传递的形式很多，但在工程热力学所涉及的范围内主要有两种，即做功和传热。做功是热能或内能与机械能转换的基本形式，传热则是热力系与外界直接进行能量交换的基本形式。

要实现能量传递，就必须有某个强度量作为过程的推动力。功与热的传递，其主要区别在于两者作为过程推动力的强度量不同。

一、功

力学中功的定义为力与在力的作用方向上所产生的位移的乘积。此时，机械力为做功的推动力，所传递的是机械能。热力学中功的定义：功是热力系统通过边界而传递的能量，且其全部效果可表现为“举起重物”。举起重物是指过程产生的效果相当于举起重物，并不要求真的举起重物。由于推动力的不同，功本身也有多种不同的形式，如电功、磁功、表面张力功、弹性变形功、容积功、轴功、技术功等。本书只讨论工程热力学中经常遇到的容积功、轴功和技术功等。

我国法定单位制中，功的单位为 J 或 kJ，在工程中常分析讨论单位时间内的做功能力——功率，功率的单位用 W（瓦）或 kW（千瓦）表示，1W=1J/s、1kW=1kJ/s。其他功率单位可参阅附表 1-3 或有关手册。

热力学中规定：外界对热力系做功，即热力系得功或耗功，功为正；热力系对外界做功，功为负。

如图 1-11 所示的简单热力系中，气态工质当其反抗外力（或在外力作用下）进行膨胀（或压缩）时，与外界交换的功就称为膨胀功（或压缩功），常统称为容积功。当气态工质在汽缸内膨胀推动活塞移动的微小距离为 dl 时，工质反抗外力 F_{sur} 所做的膨胀功 δW 为

$$\delta W=F_{sur}dl \tag{1-12}$$

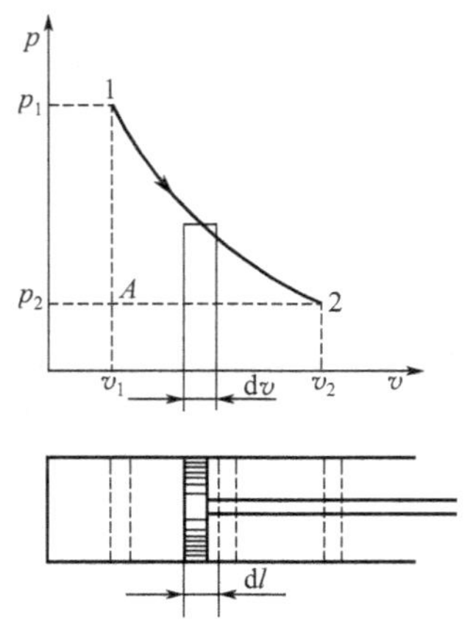

图 1-11　简单热力系容积变化功

现以 1kg 气体为计算基准，若上述膨胀过程为准静态过程，则作用于活塞上的外力 F_{sur} 与气体作用于活塞端面上的力 $F_{sys}=p_{sys}A$（p_{sys} 为热力系内气体的压力，A 为活塞端面面积）相平衡，此时可用热力系状态参数来表示外力 F_{sur}，即

$$F_{sur}=-F_{sys}=-p_{sys}A \tag{1-13}$$

式中，负号表示外力与内力大小相等但方向相反，且由于规定热力系对外界做功为负，将上式代入式(1-12) 得

$$\delta w_{R}=-p_{sys}Adl=-pdv \tag{1-14}$$

式中，下标 R 表示热力系经历的是准静态过程或可逆过程；p 即为 p_{sys}，为书写方便，在本书以后的表示中，无下标的 p 即为热力系的压力 p_{sys}。

当热力系由初态 1 变化至终态 2 时，气体推动活塞所做的功为

$$w_R = -\int_{v_1}^{v_2} p\mathrm{d}v \tag{1-15a}$$

其值相当于 p-v 图中过程线 1→2 与横坐标轴 v 围成的面积，即面积 $12v_2v_11$，所以压容图又称为示功图。

为了计算式(1-15a) 中的积分，除需已知 v_1、v_2 外，还必须已知过程中 p 与 v 之间的变化规律，即函数 $p=f(v)$，该规律反映了工质膨胀（或压缩）过程的性质。显然，即使初、终态相同，但只要过程不同，$p=f(v)$ 的具体形式就不同，所完成的功量也就不同。由此可见，功量是与过程有关的一个过程量，即过程参数，而不是只取决于状态的状态参数，一旦过程结束，功量的传递也就结束了。

由于功量不是状态参数，故微元功 δw 不是全微分。“δ”表示微小量，不是微增量“d”。功的积分式

$$w = \int_1^2 \delta w \neq w_2 - w_1$$

当气体质量为 m(kg) 时，热力系的容积为 $V=mv$，则总功为

$$W_R = -\int_{v_1}^{v_2} pm\,\mathrm{d}v = mw_R = -\int_{V_1}^{V_2} p\mathrm{d}V \tag{1-15b}$$

这里，需要强调的是，应用式(1-15a)、式(1-15b) 的条件至少是准静态过程，当然适合于平衡过程和可逆过程。对于非平衡过程或实际过程，外界参数就不能用热力系状态参数替代，即 $F_{sur}\neq F_{sys}$ 或 $p_{sur}\neq p_{sys}$，若热力系进行的是不可逆膨胀（或压缩）过程，则其膨胀（或压缩）功为

$$W_{ac} = \int_{V_1}^{V_2} p_{sur}\mathrm{d}V \tag{1-16a}$$

或

$$W_{ac} = \int_1^2 F_{sur}\mathrm{d}l \tag{1-16b}$$

式中，下标 ac 表示热力系经历的是不可逆过程，本书以后内容中的下标 ac 皆指热力系经历的过程为不可逆过程。

若能找出 p_{sur} 与 V 或 F_{sur} 与 l 之间的关系，则通过式(1-16a)、式(1-16b) 也能计算出不可逆过程的容积功。

【例 1-1】 初态为 $p_1=0.3\text{MPa}$、$V_1=5\times10^{-3}\text{m}^3$ 的空气，被压缩到 $V_2=2\times10^{-3}\text{m}^3$。假设此过程可视为准静态过程，过程中状态参数变化规律为 $pV^{1.2}=$常数，试计算并图示过程中的压缩功。

解：取被压缩的空气为热力系。

由题意可知，过程为准静态过程，且 $pV^{1.2}=$常数，则

$$p=\frac{p_1V_1^{1.2}}{V^{1.2}}$$

代入式(1-15b) 得

$$W_R = -\int_{V_1}^{V_2} p\mathrm{d}V = -\int_{V_1}^{V_2}\frac{p_1V_1^{1.2}}{V^{1.2}}\mathrm{d}V = -p_1V_1^{1.2}\times\frac{1}{-0.2}\left(\frac{1}{V_2^{0.2}}-\frac{1}{V_1^{0.2}}\right)$$

$$=0.3\times10^6\times(5\times10^{-3})^{1.2}\times\frac{1}{0.2}\times\left[\frac{1}{(2\times10^{-3})^{0.2}}-\frac{1}{(5\times10^{-3})^{0.2}}\right]=1508.4\ \text{(J)}$$

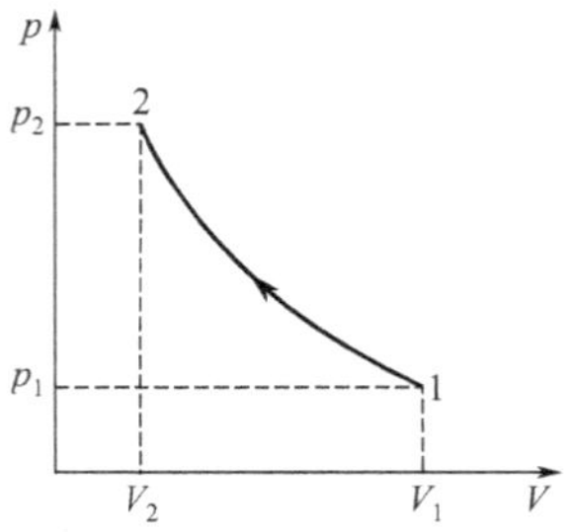

图 1-12　例 1-1 图

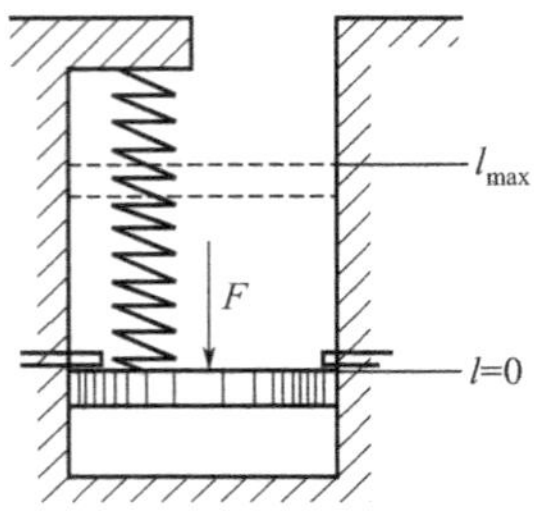

图 1-13　例 1-2 图

功量为正，说明气体从外界接受功。压缩过程的 p-V 图如图 1-12 所示，图中曲线 1-2 为该压缩过程，曲线下围成的面积 $12V_2V_11$ 为其压缩功的数值。

【例 1-2】 汽缸内存有一定量气体，$p_1=0.8\text{MPa}$、$V_1=1\times10^{-3}\text{m}^3$（见图 1-13）。初态时弹簧与活塞接触但不受力，设弹簧倔强系数 K 为 160N/cm，活塞面积 A 为 100cm^2，大气压力 p_0 为 0.1MPa。当拔去活塞的限制销钉后，气体突然膨胀，推动活塞压缩弹簧，过程终了时气体容积 $V_2=3\times10^{-3}\text{m}^3$。若忽略活塞本身的重量及摩擦，求过程中气体所做的功。

解： 以汽缸内的气体为热力系。

气体在有限的压差下突然膨胀，此过程为不平衡过程，这类过程的功需根据外力来计算。为此，必须先求出外力与位移之间的关系。

① 取活塞的位移，即弹簧被压缩的长度为 l。

过程开始时　$l_1=0$

过程终了时　$l_2=l_{max}=\dfrac{V_2-V_1}{A}=\dfrac{3\times10^{-3}-1\times10^{-3}}{100\times10^{-4}}=0.2\ (\text{m})$

② 每个瞬时活塞所受的外力 F_{sur} 为大气的作用力与弹簧的弹力之和，即

$$F_{sur}=p_0A+Kl$$

③ 过程中外力所做的功由式(1-16b) 得

$$W_{ac}=\int_{l_1}^{l_2}F_{sur}\mathrm{d}l=\int_0^{l_{max}}(p_0A+Kl)\mathrm{d}l=p_0Al_{max}+0.5Kl_{max}^2$$
$$=0.1\times10^6\times100\times10^{-4}\times0.2+0.5\times160\times10^2\times0.2^2=520(\text{J})$$

外力做功为正，说明外界得功，即热力系对外做功，故热力系的功为 −520J。

【例 1-3】 1mol 理想气体，其压力为 1MPa，体积为 $2.5\times10^{-3}\text{m}^3$。

① 等温可逆膨胀，体积增加一倍；

② 突然减压，使体积膨胀一倍，温度维持不变；

③ 向真空膨胀，温度不变，体积增加一倍。

试求气体与外界交换的功，在上述过程中压力与容积的关系为 $pV=$常数。

解： 以气体为热力系。

① 等温可逆膨胀。

因为　$pV=p_1V_1$

所以　$p=\dfrac{p_1V_1}{V}$

代入式(1-15b) 得

$$W_R=-\int_{V_1}^{V_2}p\mathrm{d}V=-\int_{V_1}^{V_2}\frac{p_1V_1}{V}\mathrm{d}V=-p_1V_1\ln\frac{V_2}{V_1}$$

$$=-1\times10^6\times2.5\times10^{-3}\ln\frac{2\times2.5\times10^{-3}}{2.5\times10^{-3}}=-1732.9(\mathrm{J/mol})$$

② 突然减压，体积膨胀一倍。

这是一个非平衡过程，需用外力来计算

因为 $$p_2V_2=p_1V_1$$

所以 $$p_2=\frac{p_1V_1}{V_2}=\frac{1}{2}\times1\times10^6=0.5\times10^6\ (\mathrm{MPa})$$

因为 $$p_{sur}=-p_2=-0.5\times10^6\,\mathrm{MPa}$$

代入式(1-16a) 得

$$W_{ac}=-p_2(V_2-V_1)=-0.5\times10^6\times(5-2.5)\times10^{-3}=-1250(\mathrm{J/mol})$$

由计算可看出，因过程为不可逆膨胀，所以产生的膨胀功的数量要小于可逆功的量，与可逆过程的功量相比，所做的功只为可逆时的（1250/1732.9）×100％＝72.13％。

③ 向真空膨胀。

因为　$p_{sur}=0$

所以　$W'_{ac}=0$

由此可见，由于这是个高度不可逆过程，热力系的做功本领完全丧失。

通过该例可得出如下结论：

对于做功过程　$|W_R|\geqslant|W_{ac}|$

对于耗功过程　$|W_R|\leqslant|W_{ac}|$

二、热量

热力系与外界之间除了以功的方式传递能量外，还常以热量的方式传递能量。热力学中对热量作如下定义：热量是热力系和外界之间仅仅由于温度不同而通过边界传递的能量。

热量与功一样，也是过程量，即过程参数，故常用 δq 或 δQ 表示微元过程中传递的微量的热量，而不代表热量的微增量。

在法定单位制中，热量的单位与功一样也为 J 或 kJ，对 1kg 工质而言，其单位为 J/kg 或 kJ/kg。在热力学中规定：热力系吸热为正，放热为负。

应当注意，热量和热能是两个不同的概念。热能是物体内分子紊乱运动即分子热运动所具有的能量，故它是可储存于物体内的一种能量，除与物体的数量、种类有关外，常与其所处的状态有关；而热量则是两物体之间由于温差的存在而传递的热能的数量，也称传热量，它不仅与物体本身有关，还与两物体所处的状态以及传热方式有关，因而不能说某物体含有多少热量或带入、带出多少热量。

三、功与热量的区别

尽管功与热量都是热力系与外界通过边界传递的能量，都属于过程参数，但两者之间有着本质的区别。热量的传递宏观上是由于热力系与外界之间存在温差造成的，微观上它是物体之间通过紊乱的分子运动发生相互作用而传递的能量；而功的传递宏观上是由于物体的宏观运动发生相互作用而传递的能量，常表现为压差的存在，微观上是物体之间有规律的微观运动发生能量的传递，如分子定向运动表现为机械功、电子的定向运动表现为电功等。也正是由于这个差别，热量不可能把它的全部效果表现为举起重物，相应地功称有序能，而热量称无序能。

第七节　热力循环

要实现热能和机械能之间连续不断的相互转换，仅靠单一过程是不可能的。例如本章第一节中图1-1所示的蒸汽动力循环中，工质水先在锅炉中被加热变成水蒸气，然后进入蒸汽轮机，在其中膨胀对外做功，做功后变为乏汽，再进入冷凝器被冷却水冷却重新冷凝为水，最后冷凝水经水泵加压而送回锅炉。如此周而复始，工质才能不断地将锅炉中燃料放出的热能转换成机械能。这种工质从某一状态出发，经过一系列中间状态变化过程，最后又重回复到原始状态的一系列过程的组合，称为热力循环，简称循环。若将循环过程表示在状态参数坐标图上，如压容图，则为一封闭的曲线。

根据循环的目的，热力学通常将循环分为两大类。

（1）正循环　正循环是指循环的结果是工质将高温热源的部分热能，连续不断地转变为机械能的循环，又称为热机循环。如蒸汽轮机循环、燃气轮机循环、内燃机循环等多属正循环。正循环在状态参数坐标图上是一条沿顺时针方向进行的封闭曲线。

（2）逆循环　借助外界提供的能量而将低温物体的热能移至高温物体的循环称逆循环。逆循环按其目的的不同，又可分为制冷循环和热泵循环两大类。逆循环在状态参数坐标图上是一条沿逆时针方向进行的封闭曲线。

无论是正循环，还是逆循环，它们都具有以下特征。

① 工质的任意一个状态参数的净增量都为零，并可用数学式$\oint \mathrm{d}x=0$表示，x表示任一状态参数，如h、u等。

② 循环过程中工质与外界交换的净功量等于其与外界的净传热量，即$\sum w_{\mathrm{B}}=\sum q_{\mathrm{B}}$。如蒸汽动力循环过程中，蒸汽在锅炉中吸收的热量的数量减去乏汽在冷凝器中放出的热量的数量，就等于蒸汽在汽轮机中做出的功量减去水泵所耗功量。

复习思考题

1-1　何谓工质、热力系、边界、外界？如何对热力系进行分类？

1-2　何谓热力状态、平衡状态？何谓状态参数？它的数学特征是什么？

1-3　热力学状态参数可分为哪几类？试举例说明。

1-4　何谓表压力、绝对压力、真空度？它们三者之间有何关系？我国法定单位制的单位是什么？为何表压力和真空度不能作为状态参数来进行热力计算？如某容器内工质的压力保持不变，压力表的读数也一定保持不变吗？

1-5　何谓温度？温度的微观特征是什么？目前主要采用的度量单位是什么？各种度量单位之间有何关系？

1-6　何谓状态方程、状态参数坐标图？它们各自的特点是什么？

1-7　何谓热力过程、可逆过程与准静态过程？它们有何不同？又有何联系？

1-8　何谓热量？其大小与哪些因素有关？法定单位是什么？正、负号如何规定？物质的温度越高，所具有的热量也越多，对否？

1-9　可逆容积功如何计算？法定单位是什么？正、负号如何规定？如何在p-v图上表示？热力系在恒定的环境中做不可逆膨胀时，膨胀功是否无法计算？

1-10　一热力系从同一状态出发，分别按可逆定压及不可逆定压过程膨胀到同一温度，试问在此两过程中内能、焓、比体积变量是否相同？对外界的做功量何者为大？

1-11　温度为100℃的热源，非常缓慢地把热量加给处于平衡状态下0℃的水、冰混合物。试问：①混合物经历的是准静态过程吗？②加热过程是否可逆？

1-12 下列各过程是否可逆，试述理由。①蒸汽绝热通过减压阀而进入汽轮机；②汽缸中储有水，缓缓对水加热使之蒸发而推动活塞；③定量气体在汽缸中缓缓推动活塞做无摩擦地压缩，为了使压缩产生的热量尽快传出汽缸，在汽缸外装有水套，水套中流过较空气温度低得多的冷却水。

1-13 一电热器，放在储有水的绝热刚体容器中，如图 1-14 所示。电热器通有电流，电热器本身及水被加热。如取：①电热丝；②水；③电热丝和水为热力系，试判断各热力系的传热量、做功量的正、负，各物之容积变化可略去不计。

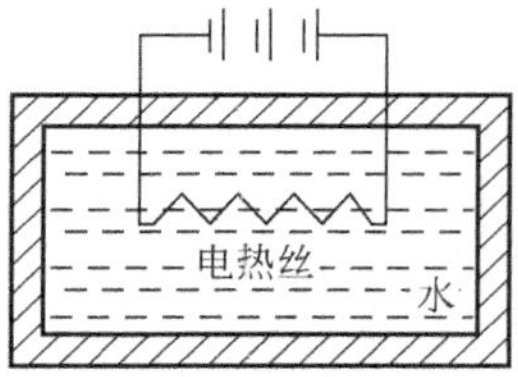

图 1-14 复习思考题 1-13 图

1-14 热量与热能有无区别？

1-15 何谓内能、焓、流动功？

1-16 状态能与传递能有何区别？判断下列能量中哪些是状态能、哪些是传递能？
①内能；②热量；③动能；④膨胀功；⑤重力位能；⑥流动功。

1-17 传递能有何特性？功量和热量都是传递能吗？两者有无区别？

1-18 何谓热力循环？它可分为哪几类？各类循环的目的是什么？它有何特征？工质经过一个不可逆循环，能否回复原来状态？

习题

1-1 某电厂锅炉出口的蒸汽压力由压力计读得为 13.6MPa，汽轮机进口的蒸汽压力计指示为 13.3MPa，凝汽器的真空度为 718mmHg，炉膛内烟气的真空度为 10mmH_2O，送风机出口的表压力为 350mmH_2O，若当时当地大气压为 755mmHg，试求各处的绝对压力为多少（bar）？

1-2 一活塞汽缸装置内储有气体，活塞的质量为 3kg，面积为 20cm^2，活塞上有质量为 m kg 的重物，当整个系统处于平衡时，测得气体的表压力为 4bar，试求重物的质量（图 1-15）？

1-3 一热力系发生状态变化时，其压力随容积改变而升降，变化规律为 $pv^{1.3}$＝常数，若该热力系初态的压力为 0.5MPa，容积为 0.3m^3，试问容积膨胀至 0.5m^3 时，对外做了多少膨胀功（J）？

1-4 某种设备如图 1-16 所示，其汽缸的最初容积为 0.1m^3，压力为 100kPa，恰好与外界大气压及活塞重量相平衡，此时弹簧与活塞刚好接触，但对活塞并无作用力，现对空气加热，直至其容积变为原先的两倍，气体压力为 300kPa，若过程中弹簧力正比于活塞位移。①试将过程表示在 p-v 图上；②将汽缸内空气取为热力系，求热力系做功量，并问该功量中用以压缩弹簧的部分所占百分比为多少？

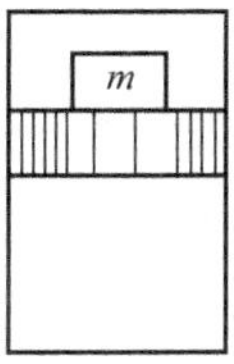

图 1-15 习题 1-2 图

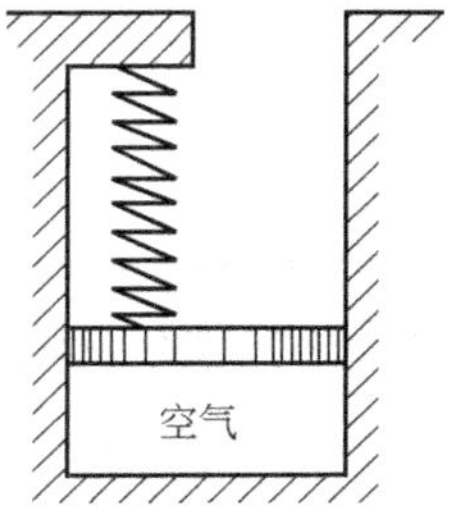

图 1-16 习题 1-4 图

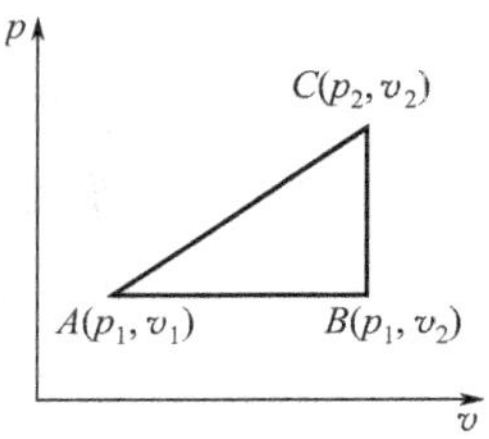

图 1-17 习题 1-5 图

1-5 1kg 气体 p_1、v_1 转变成 p_2、v_2，若第一次变化过程沿 $A \to B \to C$ 进行，第二次沿 $A \to C$ 直接进行（图 1-17），试计算此两过程中的 $\Delta T = T_C - T_A$ 和所做的膨胀功。设该气体的状态参数之间遵守 $pv = RT$（式中，R 为常数），由图 1-17 可见，AC 的斜率$=\Delta p/\Delta v = (p_2 - p_1)/(v_2 - v_1) = (p - p_1)/(v - v_1)$。

1-6 题 1-5 中若气体沿着 $A \to C \to B \to A$ 完成一循环，试求循环净功；如沿 $A \to B \to C \to A$ 完成一循环，循环净功又为多少？两循环的结果是否相同？

第二章　气体的 p、V、T 性质

宏观世界的物质是由大量分子、原子等微观粒子聚集而成的，一般可以分成气、液、固三种不同的聚集状态。由于气体与液体可以流动，所以统称为流体。在上述三种聚集状态中，气体最为简单，最容易用分子模型进行研究。

物质的性质取决于其状态，状态改变，其性质也发生变化。无论物质处于哪一种聚集状态，都有许多宏观性质，如压力 p、体积 V、温度 T、密度 ρ 等。在众多的宏观性质中，p、V、T 三者是物理意义非常明确、又易于直接测定的基本性质。由于物质的各宏观性质之间有一定的联系，对性质的研究常成为研究其他性质的基础。当物质的量 n 确定以后，其 p、V、T 性质不可能同时独立取值，即三者之间存在着以下函数关系

$$f(p,V,T)=0 \tag{2-1}$$

这种函数关系称作状态方程。状态方程也可以表示为包含物质的量 n 在内的四变量函数关系式，即

$$f(p,V,T,n)=0 \tag{2-2}$$

由于液态、固态等聚集态物质在温度、压力改变不大时，体积的变化很小；而气体在温度、压力改变时，体积的变化非常明显。所以本章的主要内容是研究气体的 p、V、T 三个基本状态参数之间的关系。

第一节　理想气体状态方程及微观模型

一、理想气体状态方程

从 17 世纪开始，波义耳（Boyle）、盖·吕萨克（Gay-Lussac）及阿伏加德罗（Avogadro）等著名物理学家，分别在特定的条件下测定了某些气体物质的量 n 与它们的 p、V、T 性质之间的相互关系，通过归纳总结得出了低压下气体的状态方程式

$$pV=nRT \tag{2-3}$$

式中　p——气体的压力，Pa；

T——气体所处的温度，K；

n——气体物质的量，mol；

V——$n$mol 气体在压力 p、温度 T 时占有的总体积，m^3；

R——常数，与气体种类无关，称为通用气体常数。

式(2-3) 称为理想气体的状态方程。理想气体状态方程在不同的条件下可以有不同的表现形式。

如根据 $n=\frac{m}{M}$，则式(2-3) 可以写成

$$pV=\frac{m}{M}RT \tag{2-3a}$$

应用式(2-3a) 时应注意质量 m 的单位，此处应采用 g，当 m 用 kg 为单位时，相应地 p 应用 kPa。

若根据 $\rho=\frac{m}{V}$，则式(2-3) 可表示为 $pM=\rho RT$

即

$$\rho=\frac{pM}{RT} \tag{2-3b}$$

由于密度 ρ 的法定单位为 kg/m^3，故应用式(2-3b) 时，p 的单位应用 kPa。

结合摩尔体积的概念，$v_m=\frac{V}{n}$，理想气体状态方程可以写成

$$pv_m=RT \tag{2-3c}$$

当采用 1kg 气体为计算基准时，相应地，气体的体积可用比体积 v 来替代，通用气体常数 R 要用对应的气体常数 $R'=\frac{R}{M}$来替代，相应地，理想气体状态方程为

$$pv=R'T \tag{2-3d}$$

二、通用气体常数 *R*

按照理想气体状态方程 $pV=nRT$，如果要计算通用气体常数 R 的值，似乎只需测定物质的量为 n 的任何气体于某确定的压力、温度条件下的体积 V，即可由理想气体状态方程求出，而与气体的种类、压力、温度条件均无关。但事实则不然，对于任何实际气体，只有当气体的压力很小，确切地讲，只有当压力 $p\to 0$ 时，才可以使用公式(2-3) 计算出 R 的值。但当压力很低（即 $p\to 0$）时，又难以准确测量气体的压力和体积。解决问题的方法是采用外推法，即取一定量的气体，在一定温度下测出不同压力 p 对应的摩尔体积 v_m，求出一系列的 pv_m 值，然后以 pv_m 为纵坐标，以 p 为横坐标，作 pv_m-p 等温线，并外推至 $p\to 0$，得 $(pv_m)_{p\to 0}$的值，再由式(2-3) 求出 R 的值。

图 2-1 是实验测得的 Ne、O_2 和 CO_2 在 275.15K 下的 pv_m-p 等温线。图 2-1 中水平虚线是理想气体的等温线，表示在恒温条件下，对于理想气体，$pV=nRT$ 或 $pv_m=$常数，不随压力而变。而对三种不同的实际气体，等温线随压力的降低偏离水平线的程度减小，当 $p\to 0$时，都能汇聚到同一点，pv_m 值最终都趋近于 2271.1Pa · m^3/mol。由此可求出 R 的值为

$$R=\lim_{p\to 0}\frac{pv_m}{T}=\frac{2271.1}{273.15}=8.314[J/(mol\cdot K)]$$

在其他温度条件下进行类似的测量时，所得 R 的数值完全相同。因此可以得出结论：仅在压力趋于零的极限条件下，各种气体的 p、V、T 行为才准确服从 $pV=nRT$ 或 $pv_m=RT$ 的定量关系，R 才确实是一个通用气体常数。在其他压力条件下，理想气体状态方程还只能是一种近似的函数关系。

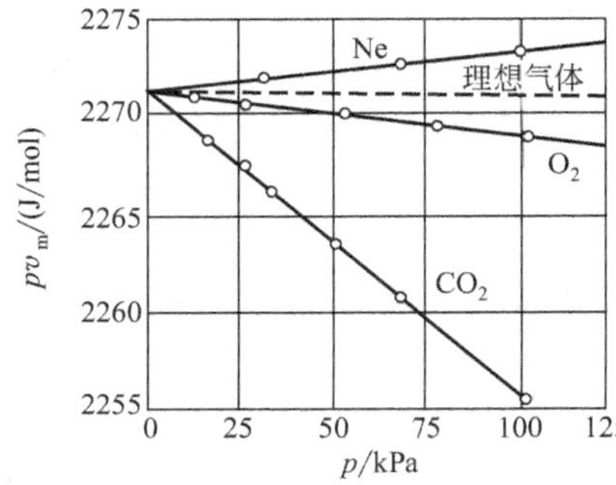

图 2-1　273.15K 下 Ne、O_2、CO_2 的 pv_m-p 等温线

理想气体状态方程关联了物质的量、压力、体积和温度四个参数，对于一定量的气体，在 p、V、T 之

表 2-1 通用气体常数

R 的数值	单 位
8.314	J/(mol·K)
0.08206	atm·L/(mol·K)
1.987	cal/(mol·K)
8314	m^3·Pa/(kmol·K)
848	kg·m/(kmol·K)

间，任意知道两个参数，就能确定第三个。

应用理想气体状态方程时，还必须注意以下三点：

① 所有压力均为绝对压力，如果已知表压或真空度，则必须换算成绝压；

② 方程式中的温度是绝对温度，如果测得的是摄氏温度，则必须加上 273.15；

③ 通用气体常数 R 的单位必须与 p、V、T 的单位相适应。

表 2-1 给出了不同单位制下的 R 值。

三、理想气体的定义及其微观模型

从严格的意义上讲，实际存在的各种气体都是实际气体。只有当气体的压力极低，即 $p\to0$时，气体的性质才能完全符合式(2-3)，所以将完全符合理想气体状态方程的气体定义为理想气体。理想气体可以看成是实际气体的压力$p\to0$的极限状态的气体。借助于对这种极限状态下的气体所做的微观分析，可以建立理想气体的物理模型。

根据分子运动理论，气体的宏观性质取决于气体内部做热运动的状态。而对实际气体，由于气体分子本身具有体积，分子之间也存在相互作用力。这两项因素均对分子的运动状况产生一定的影响。但当气体的密度比较小时，其分子之间的距离比较大，分子本身所占有的体积与气体所在空间相比是微乎其微的，分子间的作用力也极其微弱；特别是当 $p\to0$ 时，上述两种因素的影响更小，可以不计。由此提出理想气体的模型：①气体分子是弹性体；②分子是不占据体积的质点；③分子之间除了相互碰撞外，没有相互作用力。

根据理想气体的物理模型得出的一些结论，与低压下气体的实验结果完全相符。由此可以从本质上解释实际气体的性质之所以偏离理想气体状态方程的原因，以及该方程适用的条件。

在热工计算中，哪些工质可以作为理想气体处理呢？工质中常用的气体如 O_2、H_2、N_2、CO、CO_2 以及空气、燃气和烟道气等在通常使用的压力、温度条件下一般都可以作为理想气体处理。至于大气或燃气中少量的水蒸气，因为其分压很小，浓度很低，一般计算时也可以作为理想气体处理；但在蒸汽动力装置中作为工质的水蒸气，由于压力比较高，离液态不远，因而不能把它当作理想气体。至于在制冷装置中经常使用的工质，如氨（NH_3）、氟利昂等离液态也不远，显然也不能当作理想气体看待。

【例 2-1】 试计算在标准状况下，1kmol 理想气体的体积。

解： 标准状况下，$p=101325\text{Pa}$，$t=0℃$，即 $T=273.15\text{K}$

根据理想气体状态方程，得

$$v_m=\frac{nRT}{p}=\frac{1\times10^3\times8.314\times273.15}{101325}=22.4(\text{m}^3)$$

1kmol 的理想气体在标准状况下的体积为 22.4m^3，该数据在以后的计算中可作为常数处理。

【例 2-2】 某气柜内储有 121.6kPa、27℃的氯乙烯（C_2H_3Cl）气体 300m^3，若以 90kg/h 的流量输往使用车间，试问储存的气体能用多少小时？

解： 因为 $n=\frac{m}{M}$，由式(2-3a) 得气柜内气体的质量为

$$m=\frac{pVM}{RT}=\frac{121.6\times300\times62.5}{8.314\times(273.15+27)}=913.66(\text{kg})$$

气柜中气体能使用的时间为

$$\frac{913.66}{90}=10.15(\text{h})$$

第二节　理想气体混合物

在实际生产中经常使用的气体，很少是组分单一的纯物质，往往是由多种性质不同的气体混合而组成的混合气体。例如工艺上的工艺空气、水煤气、天然气以及燃气动力装置中采用的工质，都是由多种气体所组成的气体混合物。对于混合气体来说，其性质除与其所处状态即 p、V、T 有关外，还与其各组分的含量有关。所以，在对混合气体进行研究和计算时，首先必须明确混合气体的有关概念。

如果混合气体中的各组分气体在所处的状态下都和理想气体相接近或相同，那么它们的混合物也必将符合理想气体的性质，也就是说，混合气体必将符合理想气体状态方程，具有理想气体的所有特性，将这种气体混合物称为理想混合气体，简称为混合气体。

一、理想气体混合物的特征

作为理想气体混合物一般应具备以下主要特征：

① 气体混合物中各组分之间在研究条件下具有化学稳定性，即混合气体中各组分之间不会发生化学反应；

② 混合气体须服从理想气体的特征，即服从 $pV=nRT$ 方程；

③ 混合气体的性质取决于混合气体中各组分的量及热力性质；

④ 混合气体的性质，遵循道尔顿（J. Dalton）定律与阿马格（Amagat）定律。

二、道尔顿定律与分压力

一定量的混合气体，若其状态确定，即气体具有一定的温度 T、压力 p 和体积 V。对于混合气体中的任一组分来说，由于分子热运动的结果，无论该组分是单独存在或处于混合状态下，均能充满整个容器。换句话说，每一个组分的体积都等于混合气体的体积，温度也与混合气体的温度相同。根据上述理想气体的特征，若某一理想混合气体由 i 种气体所组成，其总体积为 V，总压力为 p，温度为 T，各组分的量分别用 n_1、n_2、n_3、…、n_i 表示。对任一组分 B，其所具有的压力称为分压，用 p_B 表示，则由理想气体状态方程可得

$$p_BV=n_BRT$$

或

$$n_B=\frac{p_BV}{RT}$$

对于混合气体

$$n=n_1+n_2+\cdots+n_i=\sum_B n_B=\frac{p_1V}{RT}+\frac{p_2V}{RT}+\cdots+\frac{p_iV}{RT}=\frac{V}{RT}(p_1+p_2+\cdots+p_i)$$

即

$$p_1+p_2+\cdots+p_i=\frac{nRT}{V}=p \tag{2-4}$$

由式(2-4) 可以得出结论：对理想混合气体，其总压力等于组成混合气体的各组分，在与混合气体相同的温度 T 下，单独占据混合气体的体积时所具有的压力（即分压力）之和。上述结论称为道尔顿分压定律。

对于理想气体混合物，因其行为符合理想气体状态方程，即 $pV=nRT$，则将其与 $p_BV=n_BRT$ 比较，得

$$\frac{p_B}{p}=\frac{n_B}{n}=y_B$$

或

$$p_B=y_Bp \tag{2-5}$$

式中　y_B——组分 B 的摩尔分数（详见本章第三节）。

该式表明，对总压力为 p 的混合气体，任一组分 B 的分压力 p_B 等于该组分的摩尔分数 y_B 与混合气体的总压力之乘积。

可以这样认为，混合气体的压力是由构成该混合气体的各组分对压力所做的贡献之和。道尔顿分压定律对于理想气体是准确的，而对于低压下的真实气体只能是近似适用。

分压力 p_B 是进行其他热力参数计算所依据的基本参数之一，在计算有化学反应的热力过程时经常使用。比如，在计算燃气动力装置的燃烧产物的放热量时，就要用各组分的分压力来计算其摩尔分数，然后根据摩尔分数求出该混合气体的摩尔定压热容数据。

【例 2-3】 已知混合气体中各组分的摩尔分数为 88%的氯乙烯、10%的氯化氢及 2%的乙烯，于恒定 1MPa 下经水洗涤除去氯化氢气体后，求剩余气体中各组分的分压力。

解：以 100mol 混合气体为计算基准，其中

$n_{氯乙烯}=n_1=88\text{mol}$，$n_{氯化氢}=n_2=10\text{mol}$，$n_{乙烯}=n_3=2\text{mol}$

经洗涤除去氯化氢气体后，混合气体中各组分的组成分别为

$$y_3=\frac{n_3}{n_1+n_3}=\frac{2}{2+88}=\frac{2}{90}=0.0222$$

$$y_1=1-y_3=1-0.0222=0.9778$$

除去氯化氢气体后，混合气体总压不变，各组分的分压分别为

$$p_3=y_3p=0.0222\times1=0.0222\ (\text{MPa})$$

$$p_1=p-p_3=1-0.0222=0.9778\ (\text{MPa})$$

三、阿马格定律及分体积

若某一理想混合气体由 i 种气体所组成，其总体积为 V，总压力为 p，温度为 T，各组分的量分别为 n_1、n_2、n_3、…、n_i。根据前面对理想气体的描述，理想气体的状态与气体的种类无关，所以对理想气体混合物中任一组分 B 在混合气体所处的温度与压力下，其体积称分体积，可表示为

$$V_B=n_B\frac{RT}{p} \tag{2-6}$$

对混合气体而言

$$V=n\frac{RT}{p}=\sum_B n_B\left(\frac{RT}{p}\right)=(n_1+n_2+\cdots+n_i)\frac{RT}{p}$$

$$V=V_1+V_2+\cdots+V_i \tag{2-7}$$

由式(2-6) 可以得出这样的结论：理想混合气体的体积等于任一组分 B 处于混合气体的温度和压力条件下所单独占有的体积（即分体积）之和，该定律称为阿马格定律或分体积定律。

同样也可以这样认为，混合气体的总体积是由构成该混合气体的各组分对体积所做的贡献之和。

将式(2-6) 结合 $V=\frac{nRT}{p}$，得

$$\frac{V_B}{V}=y_B$$

或
$$V_B=y_BV \tag{2-8}$$

分体积定律或阿马格定律表明，对理想气体混合物，其体积具有加和性，也就是说，在相同的温度、压力下，将几种纯理想气体混合时，混合前各纯组分的体积之和与混合后气体的总体积相等，这种加和性也是理想气体模型的必然结果。

同样，该定律也只适用理想气体混合物，对低压下的真实气体只能是近似符合，即在一定条件下，该定律可以对非理想气体的某些性质进行估算。

第三节　理想气体混合物的成分表示方法与换算

组成混合气体的任一组分均称为混合气体的组分，而任一组分在混合气体中所占的数量分数称为混合气体的成分。在工程计算中经常使用的有质量分数、容积分数和摩尔分数，现分述如下。

一、质量分数

(一) 质量分数的定义

混合气体中任一组分 B 的质量 m_B 与混合气体的总质量 m 的比值，称为组分 B 的质量分数，用 w_B 表示。

(二) 质量分数的计算式

如果混合气体是由 i 种气体所组成，各组分的质量分别为 m_1、m_2、m_3、…、m_i，则混合气体的总质量为

$$m=m_1+m_2+\cdots+m_i=\sum_B m_B$$

按质量分数的定义，则其计算式为

$$w_B=\frac{m_B}{m}=\frac{m_B}{\sum_B m_B} \tag{2-9a}$$

对于混合气体
$$\sum_B w_B=1 \tag{2-9b}$$

上式表明，在混合气体中所有组分的质量分数之和等于 1。

二、容积分数

(一) 容积分数的定义

混合气体中任一组分 B 的分容积 V_B 与混合气体的总容积 V 的比值，称为组分 B 的容积分数，用 φ_B 表示。

(二) 容积分数的计算式

如果混合气体是由 i 种气体所组成，各组分的分容积分别为 V_1、V_2、V_3、…、V_i，则混合气体的总体积为

$$V=V_1+V_2+V_3+\cdots+V_i$$

按容积分数的定义，则其计算式为

$$\varphi_B = \frac{V_B}{V} = \frac{V_B}{\sum_B V_B} \tag{2-10a}$$

对于混合气体

$$\sum_B \varphi_B = 1 \tag{2-10b}$$

上式表明，在混合气体中所有组分的容积分数之和等于1。

三、摩尔分数

（一）摩尔分数的定义

混合气体中任一组分 B 的摩尔数 n_B 与混合气体的总摩尔数 n 的比值，称为组分 B 的摩尔分数，用 y_B 表示。

（二）摩尔分数的计算式

如果混合气体是由 i 种气体所组成，各组分的摩尔数分别为 n_1、n_2、n_3、…、n_i，则混合气体的总摩尔数为

$$n = n_1 + n_2 + \cdots + n_i = \sum_B n_B$$

按摩尔分数的定义，任一组分 B 的摩尔分数 y_B 为

$$y_B = \frac{n_B}{n} = \frac{n_B}{\sum_B n_B} \tag{2-11a}$$

同样，对混合气体

$$\sum_B y_B = 1 \tag{2-11b}$$

即混合气体中所有组分的摩尔分数之和等于1。

在进行质量分数、容积分数和摩尔分数的计算时，采用任何单位制都是可行的，值得注意的是，在计算时必须注意单位的统一。一般情况下建议使用法定单位。

四、质量分数、容积分数和摩尔分数三者之间的关系

在实际应用过程中，常常是只知道组分 B 在混合气体中的某一个组成或数量分数，为了使用的需要，常需将一种数量分数换算成另一种数量分数。

（一）容积分数与摩尔分数之间的关系

由摩尔分数的概念，$y_B = \frac{n_B}{n}$，由式(2-10a)、式(2-6)、式(2-7) 得

$$\varphi_B = \frac{V_B}{V} = \frac{\frac{n_B RT}{p}}{\frac{nRT}{p}} = \frac{n_B}{n} = y_B$$

即

$$\varphi_B = y_B \tag{2-12}$$

式(2-12) 表明，在混合气体中，任一组分 B 的摩尔分数 y_B 与其容积分数在数值上是相等的。根据这一关系，当已知混合气体中任一组分的容积分数，在应用时可以直接将其作为摩尔分数进行使用。如果结合式(2-5)，可以得

$$\varphi_B = y_B = \frac{p_B}{p} \tag{2-13}$$

式(2-13) 在实际计算中具有重要意义，该式表明：混合气体中任一组分 B 的容积分数、摩尔分数及其分压力与总压力的比值是相等的，在使用时可以灵活运用。

（二）质量分数与摩尔分数之间的关系

1. 若已知摩尔分数，将其换算成质量分数

根据质量分数的定义

$$w_B = \frac{m_B}{\sum_B m_B}$$

在混合气体中，任一组分 B 的质量为该物质的量（或摩尔数）与其摩尔质量的乘积，即

$$m_B = n_B M_B \tag{2-14}$$

则

$$w_B = \frac{m_B}{\sum_B m_B} = \frac{n_B M_B}{\sum_B n_B M_B}$$

将上式右边分子、分母同时除以混合气体的总物质的量数（摩尔数），得

$$w_B = \frac{\frac{n_B}{n} M_B}{\sum_B \frac{n_B}{n} M_B} = \frac{y_B M_B}{\sum_B y_B M_B} \tag{2-15}$$

当已知混合气体中各组分的摩尔分数及各组分的摩尔质量时，可以根据上式计算该组分的质量分数。

2. 若已知质量分数，将其换算成摩尔分数

根据摩尔分数及物质的量的概念

$$y_B = \frac{n_B}{\sum_B n_B} = \frac{\frac{m_B}{M_B}}{\sum_B \frac{m_B}{M_B}}$$

将上式右边分子、分母同时除以混合气体的总质量，得

$$y_B = \frac{\frac{m_B}{m} \times \frac{1}{M_B}}{\sum_B \left(\frac{m_B}{m} \times \frac{1}{M_B}\right)} = \frac{\frac{w_B}{M_B}}{\sum_B \frac{w_B}{M_B}} \tag{2-16}$$

五、混合气体的平均分子量

在工程或实际生产中使用的气体大多是多种气体混合而成的混合气体，在混合气体中的各种单一气体分子处于均匀混合状态，其中各种气体的分子量各不相同。当对混合气体的整体进行研究或计算时，常常将混合气体作为整体考虑，假设是一种气体，该气体的分子数目与总质量和混合气体相同，那么，这种假设气体的分子量就作为混合气体的平均分子量。

混合气体的分子量与混合气体中各组分量的多少及其分子量有关，实质上是各组分分子量的折合量。

对于单一气体，若气体质量为 m_B，物质的量为 n_B，则

$$M_B = \frac{m_B}{n_B}$$

M_B 称该气体的摩尔质量，在数值上等于该物质的分子量。同样，对混合气体

$$\overline{M} = \frac{\sum_B m_B}{\sum_B n_B} = \frac{\sum_B n_B M_B}{\sum_B n_B} = \sum_B y_B M_B \tag{2-17}$$

【例 2-4】 某气体与空气混合燃烧，燃烧产物中各组分的容积分数分别为：CO_2 $\varphi_1=9.1\%$，CO $\varphi_2=0.8\%$，H_2O $\varphi_3=13\%$，O_2 $\varphi_4=5\%$，N_2 $\varphi_5=72.1\%$。

如果燃烧后气体的温度为600℃，气体的压力为101.325kPa。求：

① 产物中各组分的质量分数；

② 产物的平均分子量；

③ 产物中一氧化碳的分压（混合气体可视为理想气体）。

解：① 产物中各组分的质量分数。如 CO_2 的质量分数，因为 $\varphi_1=y_1=9.1\%$，由式(2-15）得

$$w_1=\frac{y_1M_1}{\sum_B y_BM_B}=\frac{0.091\times44}{0.091\times44+0.008\times28+0.13\times18+0.05\times32+0.721\times28}=0.1412$$

同理可以计算出其他组分的质量分数，计算结果见表 2-2。

表 2-2 计算结果

组分	容积分数 φ_B	质量分数 w_B	组分	容积分数 φ_B	质量分数 w_B
CO_2	0.091	0.1412	O_2	0.05	0.0564
CO	0.008	0.0079	N_2	0.721	0.7119
H_2O	0.13	0.0825			

② 产物的平均分子量。

由式(2-17）得

$$\overline{M}=\sum_B y_BM_B=0.091\times44+0.008\times28+0.13\times18+0.05\times32+0.721\times28=28.356$$

③ 产物中一氧化碳气体的分压。

$$p_2=y_2p=0.008\times101.325=0.8106\ (\text{kPa})$$

第四节 实际气体的微观模型与状态方程

一、理想气体状态方程的偏差与实际气体微观模型

理想气体状态方程是建立在理想气体的微观模型基础上的数学表达式，实际上理想气体状态方程对各种真实气体都是近似的。即使在常压范围内，在同样的温度、压力下，不同气体的摩尔体积也不是完全相同的。其原因是真实气体分子之间存在着相互作用力，加之气体分子本身占有一定的体积，当气体压力增大时，气体分子之间的距离将缩小，气体分子之间相互作用力增大，同时气体分子本身占有的体积与气体所占有的空间相比也越来越大，使得上述定律及方程也越来越不准确。

由此可以抽象地描绘真实气体的微观模型：①气体分子具有体积；②气体分子之间有作用力；③气体分子是不可压缩的刚体。

二、实际气体状态方程

对各种气体，只有在 $p\to0$ 时其行为才比较准确地服从理想气体状态方程，而随着现代科技的不断发展，愈来愈多地采用高压和低温技术，如制冷和深度冷冻过程等。由于气体压

力的提高和温度的降低，真实气体与理想气体之间的偏差也愈来愈显著。为了深入地说明真实气体不遵守理想气体定律的情况，必须对理想气体状态方程式进行必要的修正，只有这样才能更确切地反映真实气体状态参数的变化规律。

描述真实气体的状态方程很多，其中最早、最具有代表性和指导性的是范德华（Vander Waals）方程，也称为两常数方程或立方型状态方程。

（一）范德华方程

真实气体与理想气体的区别之一在于理想气体忽略了气体分子的体积。在理想气体状态方程中的体积项可以认为是每个气体分子能够自由活动的空间。对真实气体来说，由于气体分子具有一定的体积，这样就相应地减小了每个分子自由活动的空间（或者说容器中每个分子的活动空间）。以 b 表示 1mol 气体所有分子具有的体积，则容器中气体分子的实际自由活动空间为 v_m-b。

由于真实气体分子之间还存在相互作用力，对于气体内部的分子而言，其受力是平衡的或合力为零，但对于处于靠近容器内壁的气体分子，由于只受到内部气体分子的吸引力，其所受的总合力为指向气体分子的内部方向，这一影响使气体分子对容器内壁的压力减小。范德华将这种由于引力而减小的数值用 a/v_m^2 来表示，称为内压力。则对 1mol 气体而言，其真实的压力为 $p+a/v_m^2$，早期 Vander Waals 认为气体分子之间只有吸引力，现已证实，中低压下气体分子之间以吸引力为主，当压力很高时，气体分子之间的作用力会转变为排斥力。

通过对压力及体积的修正，由理想气体状态方程可以很方便地导出范德华方程式，即：

$$\left(p+\frac{a}{v_m^2}\right)(v_m-b)=RT \tag{2-18a}$$

或

$$v_m^3-\left(b+\frac{RT}{p}\right)v_m^2+\frac{a}{p}v_m-\frac{ab}{p}=0 \tag{2-18b}$$

上式为只适应于 1mol 气体的范德华方程。式中，常数 a、b 称为范德华常数，只与气体的种类有关，可由下式计算

$$a=\frac{27R^2T_C^2}{64p_C} \qquad b=\frac{RT_C}{8p_C} \tag{2-19}$$

用范德华方程描述气体状态方程，当描述的实际气体的压力趋于零时，即 $v_m\to\infty$，则范德华方程将还原成理想气体状态方程，即：

$$\lim_{p\to 0}\left(p+\frac{a}{v_m^2}\right)(v_m-b)=pv_m=RT \tag{2-20}$$

（二）其他状态方程简介

1. 雷德利克-克旺（Redlich-Kwong）方程

前面介绍的范德华方程只是提供了一种实际气体的简化模型，是从各种气体实测的 p、V、T 数据中拟合得出的。在中压范围内，其精度比用理想气体状态方程高。但是，该方程对实际气体提出的模型过于简化，所以其计算结果还不能满足工程上对高压数值计算的要求。在已经提出的两常数状态方程中，最为成功并应用较多的方程之一是雷德利克-克旺方程（简称 R-K 方程），即：

$$\left[p+\frac{a}{T^{0.5}v_m(v_m+b)}\right](v_m-b)=RT \tag{2-21a}$$

或

$$v_m^3-\frac{RT}{p}v_m^2+\frac{1}{p}\left(\frac{a}{T^{0.5}}-bRT-pb^2\right)v_m-\frac{ab}{pT^{0.5}}=0 \tag{2-21b}$$

式中，a、b 为两个因物质而异的常数，其值取决于真实气体的临界常数。

$$a=0.42748\frac{R^2T_C^{2.5}}{p_C} \qquad b=0.08664\frac{RT_C}{p_C} \tag{2-22}$$

已知 p、T 利用式(2-18)、式(2-21) 求体积 v_m 时，需求解一元三次非线性方程。比较快捷且计算精度较高的方法是采用 Excel 的单变量求解法或利用 Excel VBA 通过开发自定义函数进行计算，以下通过一实例说明上述两种方法。

【例 2-5】 试用范德华方程计算 400K、10MPa 下 CO_2 的摩尔体积，并与采用理想气体状态方程计算的结果进行比较。

解：采用理想气体状态方程计算

$$v_m=\frac{RT}{p}=\frac{8.314\times400}{10\times10^6}=3.3256\times10^{-4}\ (m^3/mol)$$

由手册查得 CO_2 的临界参数为：$T_C=304.2K$，$p_C=7.376\times10^6Pa$，由式(2-19) 计算范德华方程常数

$$a=\frac{27R^2T_C^2}{64p_C}=\frac{27\times8.314^2\times304.2^2}{64\times7.376\times10^6}=0.36585\ (Pa\cdot m^6/mol^2)$$

$$b=\frac{RT_C}{8p_C}=\frac{8.314\times304.2}{8\times10\times10^6}=4.2861\times10^{-5}\ (m^3/mol)$$

将 p、T、a、b 代入式(2-18b) 整理后得

$$v_m^3-3.7542\times10^{-4}v_m^2+3.6585\times10^{-8}v_m-1.5680\times10^{-12}=0$$

(1) 采用 Excel 单变量求解法

步骤 1：打开 Excel，在单元格 B1、B2、B3、B4 中分别输入上述方程的系数值 1、−3.7542E−04、3.6585E−08、−1.5680E−12；在单元格 C1、C2、C3、C4 中分别输入=B1/B4、=B2/B4、=B3/B4、1。

步骤 2：在单元格 B5 中输入=C1 * A5^3+C2 * A5^2+C3 * A5+C4，在单元格 A5 中输入 3.3256E−04。

步骤 3：选中单元格 B5，单击工具（T）⇒单变量求解（G）⇒单变量求解对话框，如图 2-2所示。

步骤 4：在图 2-2 的目标值（V）中输入 0，在可变单元格中输入 A5，按“确定”按钮⇒单变量求解状态对话框，如图 2-3 所示，单击“确定”按钮⇒单元格 A5 中的值 2.5670E−04 即为所求的解，Excel 的求解结果如图 2-4 所示。

所以 $v_m=2.5670\times10^{-4}m^3/mol$

(2) 采用 Excel VBA 自定义函数求解法

若能应用 Excel VBA，开发出直接求解范德华方程的自定义函数，则求解 v_m 会更加迅

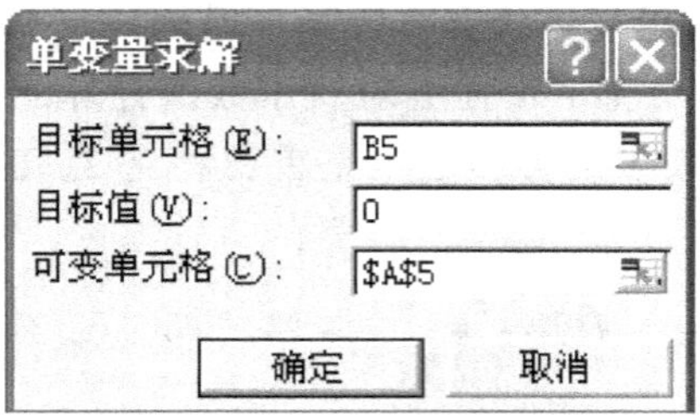

图 2-2 单变量求解对话框

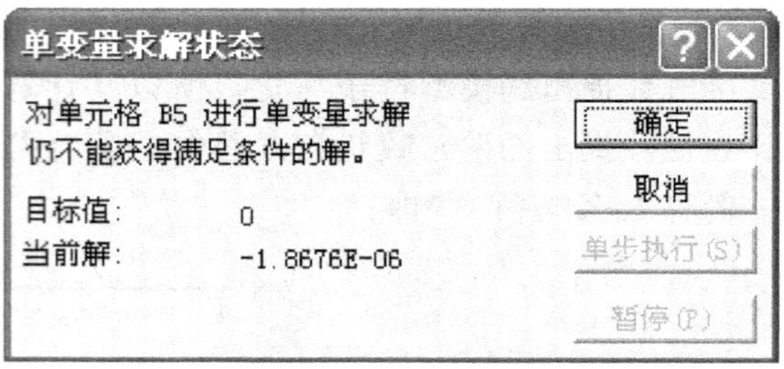

图 2-3 单变量求解状态对话框

B5 = =C1*A5^3+C2*A5^2+C3*A5+C4

	A	B	C	D	E
1	A1=	1	-6.37735E+11		
2	A2=	-3.7542E-04	2.3942E+08		
3	A3=	3.6585E-08	-2.3331E+04		
4	A4=	-1.5680E-12	1		
5	2.5670E-04	-1.8676E-06			

图 2-4 单变量求解结果

A6 = =vdWEqV_pTpcTcESP(10000000,400,7376000,304.2,0.0001)

	A	B	C	D	E	F	G
6	2.5670E-04						

图 2-5 采用 Excel VBA 自定义函数计算范德华方程体积根

速、正确，如图 2-5 所示。在单元格 A6 中输入＝vdWEqV _ pTpcTcESP（10000000，400，7376000，304.2，0.0001），函数中输入的 5 个数据依次表示气体压力（Pa）、温度（K）、临界压力、临界温度、牛顿（Newton）迭代法的迭代精度，按 Enter 键，即可得 $v_m = 2.5670\times10^{-4}\,m^3/mol$。

可见，计算结果完全一致，与理想气体状态方程计算结果误差为

$$(2.5670\times10^{-4}-3.3256\times10^{-4})/2.5670\times10^{-4}=-29.55\%$$

有关 Excel VBA 自定义函数的开发，有兴趣的读者可参阅相关书籍自行验证。

Excel VBA 自定义函数 vdWEqV _ pTpcTcESP 代码：

```
Public Function vdWEqV_pTPcTcESP(P,T,Pc,Tc,ESP)As Double
  Dim V0,R,A,B,a1,a2,a3,a4 As Double
  R=8.314
  V0=R*T/P
  A=27*R^2*Tc^2/64/Pc
  B=R*Tc/8/Pc
  a1=1
  a2=-(B+R*T/P)
  a3=A/P
  a4=-A*B/P
  vdWEqV_pTPcTcESP=Newton3(V0,ESP,a1,a2,a3,A4)
End Function
```

其中 Newton3 为另一自定义函数，用于求解一元三次非线性方程，其代码如下：

```
Public Function Newton3(V0,ESP,A,B,C,D)As Double
  Dim y0,y1,x,x1 As Double
  x1=V0
Do
  x=x1
  y0=A*x^3+B*x^2+C*x+D
  y1=3*A*x^2+2*B*x+C
```

```
    x1=x-y0/y1
  Loop Until Abs((x1-x)/x)<ESP
    Newton3=x1
  End Function
```

2. 维里方程

维里一词来源于拉丁文 Virial，是“力”的意思。维里方程是作为纯经验方程提出的，是采用了一个无穷级数来修正不同条件下实际气体的压缩因子 Z 偏离理想值的情况。维里方程式可表示为：

$$Z(v_m,T)=1+\frac{B}{v_m}+\frac{C}{v_m^2}+\frac{D}{v_m^3}+\cdots \tag{2-23}$$

式中，B、C、…称为第二、第三、…维里系数，是各修正项的比例常数。各种气体的维里系数的值与气体性质有关，还随气体的温度而变化，一般由实际测得的 p、V、T 数据拟合得出。

以上介绍了几种常见的气体状态方程，但无论是什么形式的状态方程，都有一个共同的特性，即当 $p\to 0$ 时，实际气体已相当于理想气体，而此时的气体状态方程式应满足 $pv_m=RT$ 的关系。

有关真实气体的其他状态方程，可参阅其他书籍或专著。

复习思考题

2-1 理想气体有哪些微观特征？

2-2 通用气体常数 $R=8.314\text{J/(mol}\cdot\text{K)}$ 与 $v_m=22.414\text{m}^3\text{/kmol}$ 是否在任何条件下都适用？与气体的种类和气体所处的状态是否有关？对混合气体是否也适用？

2-3 夏天，自行车在被晒得很热的马路上行驶时，为何容易引起轮胎爆破？

2-4 一氧气瓶内装有氧气，瓶上装有压力表，若氧气瓶的容积为已知，能否算出瓶内氧气的质量？

2-5 理想气体混合物有哪些特征？何谓道尔顿定律？何谓阿马格定律？

2-6 理想气体混合物的成分表示方法有哪几种？它们之间有何关系？如何计算理想气体混合物的平均分子量？

2-7 真实气体与理想气体有何区别？范德华方程是如何对理想气体状态方程进行校正的？

习题

2-1 某理想气体分子量为 30，试求其在温度 185℃、压力 9.6MPa 下的密度。

2-2 试用理想气体状态方程计算氧气在 386K、15.56MPa 下的摩尔体积。

2-3 容量为 0.027m^3 的刚体气筒内装有 $7\times10^5\text{Pa}$、20℃的空气。筒上装有一排气阀，压力达到 $8.75\times10^5\text{Pa}$ 时开启，压力降为 $8.4\times10^5\text{Pa}$ 时才关闭，若由于外界加热的原因造成阀门开启，问：①当阀门开启时，筒内温度为多少？②因加热而失掉多少空气（设筒内空气温度在排气过程中保持不变）？

2-4 在大气压力为 $1\times10^5\text{Pa}$、温度为 20℃时，压气机每分钟吸入空气 3m^3，如经此压缩后的空气送入容积为 8m^3 的储气筒，问需要多少时间才能使筒内压力升高到 $7.846\times10^5\text{Pa}$，设空气的温度无变化。

2-5 某电厂有三台锅炉合用一个烟囱，每台锅炉每秒钟产生烟气 73m^3（标准状况）。烟囱出口处的烟气温度为 100℃，压力近似等于 $1.0133\times10^5\text{Pa}$，烟气流速为 30m/s，求烟囱出口处直径。

第三章　能量与热力学第一定律

热力学第一定律即能量转换与守恒定律，它确定了各种形式的能量转换时相互之间的数量关系。热力学第一定律是热力学的基本定律，根据这个定律可建立封闭热力系和开口热力系的能量平衡方程，故它是热力分析和热工计算的基础。

本章的重点是封闭热力系和稳流热力系能量方程的建立及其应用。

第一节　热力学第一定律的实质

运动是物质存在的形式，而能量是物质运动的量度，故任何物质都具有能量。物质存在各种不同形态的运动，相应地也就具有各种不同形式的能量。人类在长期生产实践和大量科学实验的基础上，建立了能量转换与能量守恒定律。它指出："自然界一切物质都具有能量。能量既不能被创造，也不可能被消灭，只能从一种形式转变为另一种形式。在转换过程中，能量的总量恒定不变。"

能量转换与守恒定律是自然界的基本规律之一。它不是从任何其他理论得出的，而是人类无数实践经验的科学总结。当然，对热力学第一定律的建立贡献最大的，人们公认的是迈尔和焦耳。热力学第一定律的正确性已为无数事实所证明。这个定律已被广泛用于机械、电、热、电磁、化学、生物的各种变化过程中。

热力学第一定律有各种不同的表述方式。例如："第一类永动机是不能制成的"。所谓第一类永动机即一种不供给能量而能永远对外做功的机器。再如：热力学第一定律应用于热现象时表述为"当热能与其他形式的能量进行转换时，能的总量保持恒定"。尽管热力学第一定律有各种表述方式，但各种表述方式的实质都是能量守恒。当热力学第一定律用于分析实际问题时，需要将它表示为数学解析式，即根据能量守恒的原则，列出参与过程的各种能量的数量关系式——能量平衡方程。

将热力学第一定律应用到指定的过程时，必须明确应用的对象即热力系以及与它联系的外界，它的最基本的形式可表示为

$$\Delta E_{sys}+\Delta E_{sur}=0 \tag{3-1}$$

式中　ΔE_{sys}——热力系的能量变化；

ΔE_{sur}——外界的能量变化。

在这一热力系中，能量的变化可以不同形式出现，如热力系整体的内能、势能和动能的变化，或热力系的有限部分的势能和动能的变化。同样，外界的能量变化也包括各种形式能量的减少或增加。

一、封闭热力系的热力学第一定律

为了定量地分析热力系在热力过程中的能量转换，需要根据热力学第一定律，导出参与能量转换的各项能量之间的数量关系式，这种关系式称为能量方程。

对于封闭热力系来说，比较典型的情况是在状态变化过程中，动能和位能的变化为零，或与过程中参与能量转换的其他各项能量相比，可忽略不计。这样，由式(1-11)可得热力系的能量变化为 $\Delta E_{sys}=\Delta U$。

通过热力系与外界之间的边界传递的所有能量均以热和功的形式进行传递。这样，外界的总能量的变化必然等于其输入或输出的热和功。即

$$\Delta E_{sur}=-(Q+W)$$

式中，负号的意义是对热力系来说，得到或输出 Q、W；而对外界来讲，则为其输出或得到的 Q、W，它们的数值相等，但方向相反。将 ΔE_{sys}、ΔE_{sur} 代入式(3-1)可得

$$\Delta U=Q+W \tag{3-2a}$$

若工质由若干种物质混合而成或工质与外界传递的热和功为多项，则上式也可写成

$$\sum\Delta U_B=\sum Q_B+\sum W_B \tag{3-2b}$$

对于微元过程，则

$$dU=\delta Q+\delta W \tag{3-2c}$$

式(3-2a)～式(3-2c)是热力学第一定律用于封闭热力系所得的能量方程，称为热力学第一定律解析式。由于上述方程是由能量守恒原理直接导出的，故不受过程性质（可逆或不可逆）和工质性质（气体、液体）的限制，可普遍适用。

以上各式均对 m(kg) 质量的工质而言，若以 1kg 为基准时，则可写成

$$\Delta u=q+w \tag{3-3a}$$

$$du=\delta q+\delta w \tag{3-3b}$$

如果从流动的工质中取一定量的工质微团作为热力系，则过程中热力系的动能变化和位能变化一般应予考虑。若分析具有整体运动的封闭热力系中的能量平衡关系，则热力系的能量变化为

$$\Delta E_{sys}=\Delta U+\Delta E_k+\Delta E_p$$

外界的能量变化为

$$\Delta E_{sur}=-(Q+W)$$

同样将 ΔE_{sys}、ΔE_{sur} 代入式(3-1)可得

$$\Delta U+\Delta E_k+\Delta E_p=Q+W \tag{3-4a}$$

对于 1kg 工质而言，可写成

$$\Delta u+\Delta e_k+\Delta e_p=q+w \tag{3-4b}$$

式(3-4a)、式(3-4b)考虑了热力系动能和位能的变化，为热力系具有整体运动时的能量方程。

需要注意的是，以上各式中的功 W 或 w 可以有多种形式，如容积功、电功等。若过程经历的是准静态过程且非体积功为零时，则式中的功只指容积功，可用式(1-14)、式(1-15a)、式(1-15b)代入上述各式进行计算。

【例 3-1】 定量空气在状态变化过程中对外放热 40kJ/kg，内能增加 80kJ/kg，试问空气是被压缩还是膨胀？功量为多少？

解：热力系为 1kg 空气，由式(3-3a)可得

$$w=\Delta u-q=80-(-40)=120\ (\mathrm{kJ/kg})$$

计算结果讨论如下。

① 功为正，说明外界对空气做功，即空气被压缩，压缩所需功量为120kJ/kg。

② 热力系放热，使热力系本身储存能量减少，而外界对热力系做功，增加了热力系的储存能量，总的效果取决于通过边界传递的净能量的多少，本例中输入能量大于输出能量，故热力系储存能量增加。

【例 3-2】 对定量的某种气体提供热能 100kJ，使其由状态 1 沿 A 途径变化至状态 2（图 3-1），同时对外做功 60kJ。若外界对该气体做功 40kJ，迫使它从状态 2 沿 B 途径返回至状态 1，问返回过程中工质是吸热还是放热？其量为多少？又若返回时不沿 B 途径而沿 C 途径，此时压缩气体的功为 50kJ，问 C 过程中有无吸收热量？

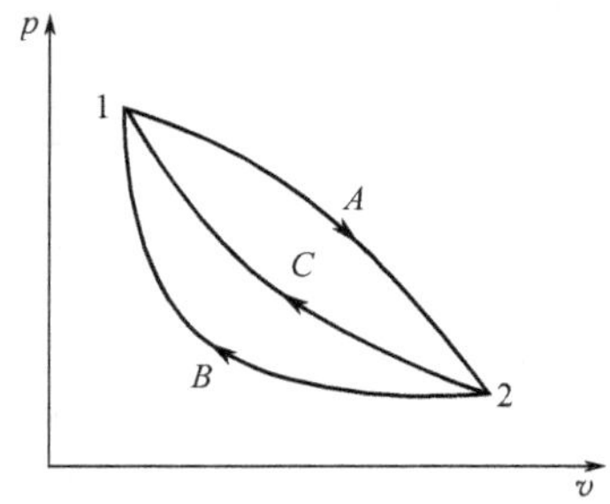

图 3-1 例 3-2 图

解：热力系为定量的某种气体。

(1) 气体由 $1A2$ 沿 $2B1$ 返回时与外界交换的热 Q_{2B1} 的计算。

因内能 U 为状态函数，故气体完成一循环后 $\Delta U=0$

即 $$Q_{1A2}+Q_{2B1}+W_{1A2}+W_{2B1}=0 \tag{A}$$

故 $$Q_{2B1}=-Q_{1A2}-W_{1A2}-W_{2B1}=-100-(-60)-40=-80\ (\mathrm{kJ})$$

(2) 由过程 $1A2$ 和 $2C1$ 组成循环时，气体与外界交换的热 Q_{2C1} 的计算。

与上述同理得 $$Q_{1A2}+Q_{2C1}+W_{1A2}+W_{2C1}=0 \tag{B}$$

$$Q_{2C1}=-Q_{1A2}-W_{1A2}-W_{2C1}=-100-(-60)-50=-90\ (\mathrm{kJ})$$

(3) 计算结果讨论如下。

① 计算所得热量均为负值，表示气体在两种不同的返回过程中均放出热量，且压缩的功愈大，放热量愈多。

② 若式(A) 减去式(B)，即得

$$Q_{2B1}-Q_{2C1}+W_{2B1}-W_{2C1}=0$$

或 $$Q_{2B1}+W_{2B1}=Q_{2C1}+W_{2C1}$$

可见，对两状态 1、2 间的一切过程，$Q+W$ 仅决定于过程初终态，与所经历的途径无关。

二、稳流热力系的热力学第一定律

工程上，许多热力设备如燃气轮机、蒸汽轮机、叶轮式压缩机等工作时，不断地有工质流入流出。研究这类设备中的能量转换，一般按照开口热力系考虑。

(一) 稳流热力系的概念

如果在流动过程中，开口系统内部及其边界上各点工质的热力参数及运动参数都不随时间而变，这种流动过程称为稳定流动过程，相应的热力系则称为稳流热力系。当热力设备在不变的工况下工作时，工质的流动过程可视为稳定流动过程；当其在启动、加速等变动工况工作时，工质的流动过程则属不稳定流动，如向气罐充气和气罐排空的过程等均属不稳定流动。设计热力设备及热力设备正常工作时，一般都按稳定流动过程计算。

(二) 稳流热力系热力学第一定律

如图 3-2 所示为一稳定流动的普遍情况，图中包含有粗细不同的输送流体的管路，流体

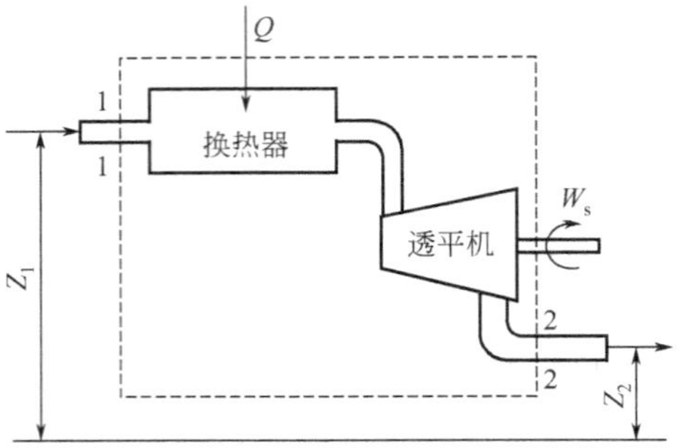

图 3-2　稳定流动过程

在管内连续稳定地从左端流至右端。管路中装有一个换热器向流体提供热量，流体通过管路中的透平机时向外做功。此处的功为轴功，所谓轴功是指流体流经设备之运动机构（不论是回转运动还是往复运动）时，由于流体的膨胀或被压缩，通过设备的轴与外界传递的功。

根据稳流过程的定义，上述过程必须满足：

① 热力系内工质数量保持不变，即要求来流的流量 m_1 与去流的流量 m_2 不变且两者相等，也就是 $m_1=m_2=m$；

② 热力系内无能量积累，即要求系统与外界之间的传热速率 Q 和传递的轴功率 W_s 不变，也就是单位时间内进入系统的能量和离开系统的能量相平衡。

这样，由式(1-9) 可得热力系的能量变化为

$$\Delta E_{sys}=\Delta H+\frac{1}{2}m\Delta C^2+mg\Delta Z$$

而外界的能量变化为　　$\Delta E_{sur}=-(Q+W_s)$

将 ΔE_{sys}、ΔE_{sur} 代入式(3-1) 可得

$$\Delta H+\frac{1}{2}m\Delta C^2+mg\Delta Z=Q+W_s \tag{3-5a}$$

对于微元过程，则

$$dH+mCdC+mgdZ=\delta Q+\delta W_s \tag{3-5b}$$

以上两式是热力学第一定律用于稳流热力系所得的能量方程，同样也称为热力学第一定律的解析式。由于上述方程也是由能量守恒原理直接导出的，故同样不受过程性质和工质性质的限制。应用时应注意各项单位的统一。

以上各式均对 m(kg) 的工质而言或以单位时间为基准。若以 1kg 工质为基准，则可写成以下形式

$$\Delta h+\frac{1}{2}\Delta C^2+g\Delta Z=q+w_s \tag{3-6a}$$

将 $h=u+pv$ 代入上式可得

$$\Delta u+\Delta(pv)+\frac{1}{2}\Delta C^2+g\Delta Z=q+w_s \tag{3-6b}$$

对于微元过程，则

$$dh+CdC+gdZ=\delta q+\delta w_s \tag{3-6c}$$

$$du+pdv+vdp+CdC+gdZ=\delta q+\delta w_s \tag{3-6d}$$

第二节　稳流热力系的轴功与技术功

一、稳流热力系的输出功——轴功

在实际生产中，常用的动力设备：耗功设备，如泵、风机和压缩机；产功设备，如热力机械中的蒸汽轮机、水力机械中的水轮机等，都是通过设备机械轴的转动实现热力系，即工

质与外界之间的功交换，这些设备的输入、输出功的计算都属于轴功的计算。

由式(3-6b) 得

$$\Delta u-q=w_s-\Delta(pv)-\frac{1}{2}\Delta C^2-g\Delta Z \tag{3-7}$$

式(3-7) 右边四项全属机械能，左边两项都是与热能有关的能量，它可通过容积的变化转变为机械能。可见，工质流经开口热力系时，由热能转变而成的膨胀功，一部分消耗于工质的流进流出，即用于克服前方阻挡力的推动功的差额；一部分用于增加工质的宏观动能和宏观位能；其余部分才作为热工设备机轴上输出的轴功。

由式(3-3a) 可得

$$\Delta u-q=w$$

代入式(3-7) 移项后可得

$$w_s=w+(p_2v_2-p_1v_1)+\frac{1}{2}\Delta C^2+g\Delta Z \tag{3-8a}$$

由此可得，稳流热力系对外输出的轴功等于流动过程中工质容积变化功与各种形式的机械能的增量的代数和。而对于封闭热力系，因不存在工质的流进与流出，故其输出功就是容积变化功。这是两种热力系的显著差别。

二、稳流热力系的做功能力——技术功

将式(3-8a) 改写成以下形式

$$w=p_1v_1-p_2v_2+w_s-\frac{1}{2}\Delta C^2-g\Delta Z \tag{3-8b}$$

分析式(3-8b) 可以看出，方程右边的后三项是工程上可以直接利用的。例如：火箭发动机的喷管中，利用$\frac{C_2^2-C_1^2}{2}$项，以得到高速气流；水泵中，利用 $g(Z_2-Z_1)$ 项，以提高水流的水位；而燃气轮机中，利用 w_s 项，对外做功。航空用的涡轮螺旋桨发动机既利用轴功 w_s 带动螺旋桨，又利用尾喷管中所增加的气流动能$\frac{C_2^2-C_1^2}{2}$项来获得高速的喷气流。但 $(p_2v_2-p_1v_1)$ 项与其他各项不同，它是维持工质流动所必须支付的功，在工程上不能直接利用。因此，流动过程中可利用的机械能不等于工质膨胀功的全部，而是膨胀功与流动净功之代数和，即

$$w+(p_2v_2-p_1v_1)=w_s-\frac{1}{2}\Delta C^2-g\Delta Z \tag{3-8c}$$

工程热力学中定义，在工质的稳定流动过程中，当定量的工质流经开口系统时，它的容积功与流动功之代数和称为开口热力系的技术功，用 W_t[m(kg)工质] 或 w_t(1kg 工质) 表示，即

$$w_t=w+(p_2v_2-p_1v_1) \tag{3-9}$$

或

$$w_t=w_s-\frac{1}{2}\Delta C^2-g\Delta Z \tag{3-10}$$

将式(3-10) 代入式(3-5)、式(3-6) 可得

$$\Delta H=Q+W_t \tag{3-11a}$$

$$\mathrm{d}H=\delta Q+\delta W_t \tag{3-11b}$$

$$\Delta h=q+w_t \tag{3-11c}$$

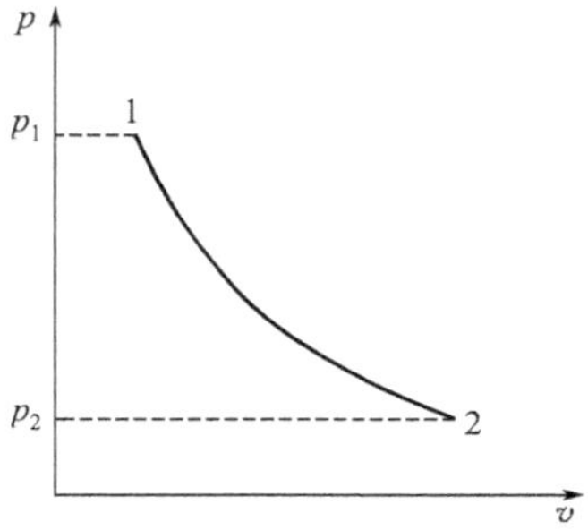

图 3-3　技术功的图示

$$dh=\delta q+\delta w_t \tag{3-11d}$$

对于可逆过程，将 $w_R=-\int_1^2 p\mathrm{d}v$ 代入式(3-9) 可得

$$w_{t(R)}=-\int_1^2 p\mathrm{d}v+(p_2v_2-p_1v_1)=\int_1^2 v\mathrm{d}p \tag{3-12a}$$

或

$$\delta w_{t(R)}=v\mathrm{d}p \tag{3-12b}$$

根据式(3-12a)，技术功在 p-v 图上可以用过程线 1-2 与纵轴 p 围成的面积表示，如图 3-3 上的面积 $12p_2p_11$。显然，技术功也是一个与过程的路线有关的过程量。

三、可逆轴功的计算及其应用

前面讨论了应用稳流热力系的热力学第一定律进行轴功计算的一般表达式，它们没有可逆与不可逆等条件的限制，若前面所讲的热力设备中进行的是可逆过程，则相应地轴功计算就成了可逆轴功的计算，其计算式和计算过程就可大大简化。

将式(3-12a) 代入式(3-10) 中可得

$$w_{s(R)}=\int_1^2 v\mathrm{d}p+\frac{1}{2}\Delta C^2+g\Delta Z \tag{3-13}$$

若工质进、出热力设备的宏观动能、位能的变化量很小，可忽略不计，则

$$w_{s(R)}\approx w_{t(R)}=\int_1^2 v\mathrm{d}p \tag{3-14}$$

式(3-13)、式(3-14) 是计算可逆轴功的一般形式，在具体应用时，应找出 v 与 p 之间的关系，然后进行数学上的处理。如可利用气体状态方程计算气体的压缩功或膨胀功。但对于一些特殊流体或特殊过程，式(3-14) 还可做相应的简化，如液体通过泵的加压过程。因液体容积随压力变化极小，故可将 v 视为常数提到积分号外面，即

$$w_{s(R)}\approx\int_1^2 v\mathrm{d}p\approx v\Delta p \tag{3-15}$$

这样，只要已知液体的容积和泵进出口的压差，便可计算出泵所耗的理论轴功。再如气体通过风机的输送过程，由于风机进出口压差较小，气体的容积变化不大，故可用风机进、出口状态下的气体的平均容积 $\bar{v}$ 或用进、出平均状态下的 $\bar{v}$ 来代替积分号中的 v，于是式(3-14) 可写成

$$w_{s(R)}\approx\int_1^2 v\mathrm{d}p\approx\bar{v}\Delta p \tag{3-16}$$

对于实际过程，可通过有关的效率或经验校正系数，由可逆轴功 $w_{s(R)}$ 来计算实际轴功 $w_{s(ac)}$，如：

对产功设备，因　$|w_{s(R)}|\geqslant|w_{s(ac)}|$

故

$$w_{s(ac)}=\eta w_{s(R)} \tag{3-17}$$

式中　η——做功效率。

对耗功设备，因　$|w_{s(R)}|\leqslant|w_{s(ac)}|$

故

$$w_{s(ac)}=w_{s(R)}/\Psi \tag{3-18}$$

式中　Ψ——压缩机或泵的效率。

第三节　理想气体的显热计算

在热工计算中，常常需要计算热力系在状态变化过程中与外界所交换的热量，尤其是显热的计算。所谓显热，是指工质在不发生相变化和化学变化的条件下，在加热或冷却过程中吸收或放出的热量。本节主要讨论利用比热容或摩尔热容计算显热的方法。

一、比热容与摩尔热容的定义、单位及影响因素

1kg 物质温度变化 1K（或 1℃）时与外界交换的显热，称为物质的比热容。比热容用符号 c'表示，法定单位制单位为 J/(kg・K) 或 kJ/(kg・K)。

1mol 或 1kmol 物质温度变化 1K（或 1℃）时与外界交换的显热，称为物质的摩尔热容。摩尔热容用符号 c 表示，法定单位为 J/(mol・K) 或 kJ/(kmol・K)。

无论是比热容还是摩尔热容，其数值大小取决于：工质的性质；换热方式(过程)；工质所处的状态。工程计算中用到的比热容和摩尔热容的数据，都是由实验测定的基础数据。

二、摩尔定容热容与摩尔定压热容

热量是过程量，因此工质的摩尔热容也与热力过程的性质有关。热力工程中常见的换热过程有接近容积不变和压力不变两种情况。因此，摩尔热容相应地分为摩尔定容热容和摩尔定压热容两大类，分别用符号 c_{v} 和 c_{p} 表示。其定义为：在定容（或定压）下，使 1mol 物质温度变化 1K（或 1℃）时，与外界交换的显热，称摩尔定容热容（或摩尔定压热容），相应的数学表达式为

$$c_{\mathrm{v}}=\frac{\delta q_{\mathrm{v}}}{\mathrm{d}T} \tag{3-19}$$

和

$$c_{\mathrm{p}}=\frac{\delta q_{\mathrm{p}}}{\mathrm{d}T} \tag{3-20}$$

因为定容过程 $\mathrm{d}v=0$，定压过程 $\mathrm{d}p=0$，所以由式(3-3b)、式(3-11c) 可得

$$\delta q_{\mathrm{v}}=\mathrm{d}u \tag{3-21}$$

$$\delta q_{\mathrm{p}}=\mathrm{d}h \tag{3-22}$$

若工质为理想气体，由于理想气体分子之间没有相互作用力，不存在内位能，只有分子运动的内动能，且分子内动能仅取决于温度。因此，理想气体的内能只是温度的单值函数，而与比体积无关，其数学表达式为 $u=f(T)$。另外，由焓的定义式 $h=u+pv$ 以及理想气体状态方程 $pv_{\mathrm{m}}=RT$ 可得

$$h=u+pv_{\mathrm{m}}=f_1(T)+RT=f(T)$$

可见，理想气体的焓也仅是温度的单值函数，而与压力无关，故将式(3-21)、式(3-22) 代入式(3-19)、式(3-20) 中可得理想气体的摩尔定容热容和摩尔定压热容

$$c_{\mathrm{v}}=\frac{\mathrm{d}u}{\mathrm{d}T} \tag{3-23}$$

和

$$c_{\mathrm{p}}=\frac{\mathrm{d}h}{\mathrm{d}T} \tag{3-24}$$

显然，理想气体的 c_{v} 和 c_{p} 都仅仅是温度的单值函数。

若对焓的定义式 $h=u+pv_{\mathrm{m}}$ 进行微分，可得

$$\mathrm{d}h=\mathrm{d}u+\mathrm{d}(pv_{\mathrm{m}})$$

将式(3-23)、式(3-24) 和 $pv_{\mathrm{m}}=RT$ 代入上式可得

$$c_p \mathrm{d}T = c_v \mathrm{d}T + R\mathrm{d}T$$

即

$$c_p = c_v + R \tag{3-25}$$

式(3-25) 称为迈尔（Mayer）方程，是热力学中很重要的关系式。该式说明，任何一种理想气体，在任何状态下，其摩尔定压热容 c_p 与摩尔定容热容 c_v 之差值恒等于通用气体常数 R。利用上述关系，在摩尔定压热容与摩尔定容热容两者之中，只要由实验测出其中一个，就可以计算出另一个。实际上，因摩尔定容热容实验测定较困难，一般测定的都是摩尔定压热容。

理想气体的摩尔定压热容与摩尔定容热容的比值称为绝热指数，用符号 k 表示，即

$$k = \frac{c_p}{c_v} \tag{3-26}$$

绝热指数 k 是一个重要的热力参数，在热力计算中经常用到。其值永远大于 1，且也是温度的函数，但在工程计算中，对一定组成的工质，常常作为常数处理。由式(3-25)、式(3-26) 可得 k、c_p、c_v、R 之间的关系，即

$$c_v = \frac{R}{k-1} \tag{3-27}$$

$$c_p = \frac{kR}{k-1} \tag{3-28}$$

三、显热的计算

由于实际生产中定压加热或冷却远比定容加热或冷却普遍，以摩尔定压热容为例，对 1mol 纯理想气体在定压加热或冷却过程中的显热计算加以讨论。

由式(3-22)、式(3-24) 可得

$$\delta q_p = \mathrm{d}h = c_p \mathrm{d}T \tag{3-29}$$

对于某一定压加热或冷却过程，热量计算公式为

$$q_p = \Delta h = \int_{T_1}^{T_2} c_p \mathrm{d}T \tag{3-30}$$

用上式计算 q_p，先要求出 c_p 与 T 的关系式或 c_p 值。关于理想气体的 c_p，分三种情况加以讨论。

（一）采用定值摩尔定压热容计算显热 q_p

根据分子运动学中能量按运动自由度均分的理论，理想气体的摩尔热容值只取决于气体分子的结构，而与气体所处的状态无关。凡分子中原子数目相同的气体，它们的摩尔热容都相等，称为定值摩尔热容。各种气体的定值摩尔热容及绝热指数列于表 3-1 中。

表 3-1　理想气体的定值摩尔热容和绝热指数

理想气体	单原子气体	双原子气体	多原子气体
c_v/[J/(mol·K)]	$\frac{3}{2}R$	$\frac{5}{2}R$	$\frac{7}{2}R$
c_p/[J/(mol·K)]	$\frac{5}{2}R$	$\frac{7}{2}R$	$\frac{9}{2}R$
$k=c_p/c_v$	1.667	1.40	1.286

由于对一有确定工质（理想气体）的热力系，其 c_p 为定值，则式(3-30) 成为

$$q_p = \Delta h = c_p(T_2 - T_1) = c_p \Delta T = c_p(t_2 - t_1) = c_p \Delta t \text{(J/mol)} \tag{3-31}$$

实验表明，单原子气体的摩尔热容理论值与实验数据基本一致。而对双原子气体和多原

子气体，实验数据与理论值就有比较明显的偏差，尤其在高温时偏差更大。工程计算中，如气体温度不太高或计算精度要求不高，可以采用式(3-31)，否则就必须采用下面的两种方法。

（二）采用真实摩尔定压热容计算显热 q_p

理想气体的摩尔定压热容实际上并非定值，而是温度的单值函数。对应于每一温度下的摩尔定压热容称为气体的真实摩尔定压热容。各种气体的真实摩尔定压热容都由实验测定，常用气体的真实摩尔定压热容可从有关手册中查得。为了便于工程应用，通常将真实摩尔定压热容与温度的关系式表示为温度的三次多项式，其常见的形式如下

$$c_p=a_0+a_1T+a_2T^{-2}+a_3T^2\text{(无机气体)} \tag{3-32a}$$

和

$$c_p=a_0+a_1T+a_2T^2+a_3T^3\text{(有机气体)} \tag{3-32b}$$

式中　T——热力学温度，K。

上式中的 a_0、a_1、a_2、a_3 为随气体性质而异的经验常数，由实验测定。式(3-32a) 一般为无机气体的多项式，式(3-32b) 为有机气体的多项式，常见气体的 c_p 形式及常数值可见附表 1-4。除采用多项式表示外，也有将真实摩尔定压热容与温度的关系描述成曲线的形式，如图 3-4 所示，表格的形式见附表 1-5。

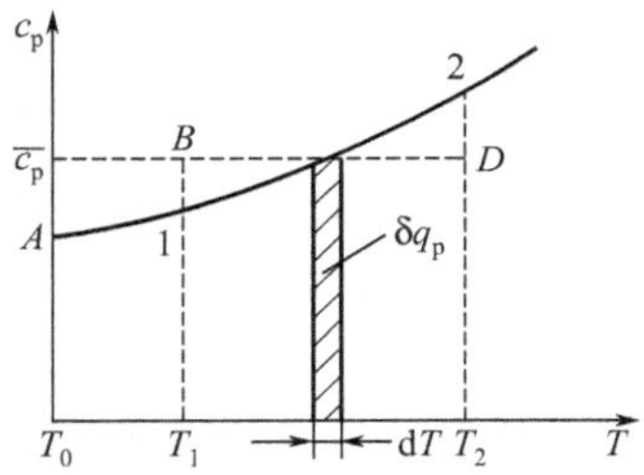

图 3-4　定压摩尔热容与温度的关系

如果已知 c_p 与 T 的关系式，即式(3-32)，代入式(3-30) 可得

$$q_p=\Delta h=\int_{T_1}^{T_2}c_p\mathrm{d}T=\int_{T_1}^{T_2}(a_0+a_1T+a_2T^{-2}+a_3T^2)\mathrm{d}T \tag{3-33a}$$

和

$$q_p=\Delta h=\int_{T_1}^{T_2}c_p\mathrm{d}T=\int_{T_1}^{T_2}(a_0+a_1T+a_2T^2+a_3T^3)\mathrm{d}T \tag{3-33b}$$

由式(3-33) 就可计算出工质由 $T_1(t_1)$ 变化至 $T_2(t_2)$ 的定压加热或冷却过程中所需的热量 q_p，其值也相应于图 3-4 中的面积 $12T_2T_11$。

利用式(3-33) 计算显热需进行逐项积分，相当烦琐。若采用 Excel 计算，则可大大提高计算效率，具体可参见例 3-3：在以往的工程计算中，为了便于快速、方便地计算，常采用平均摩尔定压热容数据进行计算。

（三）采用平均摩尔定压热容计算显热 q_p

所谓平均摩尔定压热容，是指在一定温度变化范围［$T_1(t_1)$ 变化至 $T_2(t_2)$］内，单位数量的工质吸入（或放出）的热量与温差的比值，即

$$\bar{c}_{p(t_1\to t_2)}=\frac{q_p}{t_2-t_1}=\frac{\int_{T_1}^{T_2}c_p\mathrm{d}T}{t_2-t_1} \tag{3-34}$$

式中　$\bar{c}_{p(t_1\to t_2)}$——气体由 t_1 变化至 t_2 区间的平均摩尔定压热容。

利用平均摩尔定压热容计算显热的基本思想是：在图 3-4 中，用矩形面积 BDT_2T_1B 代替曲边四边形面积 $12T_2T_11$，即

$$\text{面积 }BDT_2T_1B=\text{面积 }12T_2T_11=\bar{c}_{p(t_1\to t_2)}(t_2-t_1)$$

于是，由式(3-34) 可得

$$q_p=\Delta h=\bar{c}_{p(t_1\to t_2)}(t_2-t_1) \tag{3-35}$$

在工程计算中，常用 $\bar{t}=\frac{1}{2}(t_1+t_2)$ 下的真实摩尔定压热容作为 $t_1\sim t_2$ 区间内的平均摩

尔定压热容。具体处理时可将 $\bar{T}$ 代入式(3-32) 求得或由 $\bar{T}$（或 t）查热力学图、表而得。

虽然利用式(3-35) 计算 q_p 比较简便，但由于 $\bar{c}_{p(t_1\to t_2)}$ 的上、下限温度 $T_2(t_2)$、$T_1(t_1)$ 都是变化的，常称其为任意温度区间的平均摩尔定压热容，故其数据繁多，难以制成图表直接查用。具体应用时需注意，由于 t 下的真实摩尔定压热容并非 $t_1\sim t_2$ 区间的真正平均值，故采用此法计算的结果是近似值，只有当温差较小或在 $t_1\sim t_2$ 区间内 c_p-t 之间的关系近似直线时才能使用。为了既能制成统一的图、表供使用者查用，又能精确计算出过程的显热，需将上述方法作一些简单的变换。由图 3-4 可知，面积 $12T_2T_11$ 等于面积 $A_2T_2T_0A$ 与面积 $A_1T_1T_0A$ 之差，而后两个面积分别代表从 $T_0(t_0)$ 加热到对应温度 $T_2(t_2)$ 与 $T_1(t_1)$ 所需的热量。因此

$$q_p = \text{面积}\ A_2T_2T_0A - \text{面积}\ A_1T_1T_0A = \int_{T_0}^{T_2} c_p \mathrm{d}T - \int_{T_0}^{T_1} c_p \mathrm{d}T$$

$$= \bar{c}_{p(t_0\to t_2)}(t_2 - t_0) - \bar{c}_{p(t_0\to t_1)}(t_1 - t_0) \tag{3-36}$$

式中　t_0——基准态温度，工程上常取 0℃和 25℃。

当取 $t_0=0$℃时，式(3-36) 可写成

$$q_p = \Delta h = \bar{c}_{p_2} t_2 - \bar{c}_{p_1} t_1 \tag{3-37}$$

式中　$\bar{c}_{p_2}$、$\bar{c}_{p_1}$——从基准温度 t_0 至 t_2、t_1 的平均摩尔定压热容，为书写方便，下标括号中的 $t_0\to t_2$ 与 $t_0\to t_1$ 省略。

在具体应用式(3-37) 计算显热时，可由 t_2、t_1 直接查对应的平均摩尔定压热容表，如查附表 1-6 可得 $\bar{c}_{p_2}$、$\bar{c}_{p_1}$。根据平均摩尔定压热容图、表的数据来计算显热，相对于式(3-33)、式(3-35) 来讲，既简单又较准确。

（四）采用焓值数据计算显热 q_p

由式(3-30) 可知，$q_p=\Delta h$，因此，在实际的工程计算中，有时也可直接采用现成的焓值数据来计算显热。在许多参考书或手册上都可从相应的图、表中查到一些常用物质的焓值数据，这样计算显热就更加方便了。附表 1-7 列有几种常见气体在一定温度范围内的焓值数据，可供计算时查用。于是式(3-30) 可直接写成

$$q_p = \Delta h = h_2 - h_1 \tag{3-38}$$

式中　h_2、h_1——工质终、初态焓值，可根据工质的种类由 t_2、t_1 直接查得。

采用摩尔定压热容和焓值数据计算纯理想气体 q_p 的四种方法，对于 q_v 的计算，也同样适用，只需将上述各式中的 c_p、$\bar{c}_p$、h 分别换成 c_v、$\bar{c}_v$、u 即可。

对于理想气体混合物，上述各种计算方法及计算式同样适用，只需将各计算式中纯气体的摩尔定压热容换成混合物的摩尔定压热容即可。即

$$c_{pm} = \sum_B y_B c_{pB} \tag{3-39a}$$

$$\bar{c}_{pm} = \sum_B y_B \bar{c}_{pB} \tag{3-39b}$$

式中　y_B——混合气体中任一组分 B 的摩尔分数；

c_{pB}——混合气体中任一组分 B 的定值摩尔定压热容或真实摩尔定压热容；

c_{pm}——混合气体的定值摩尔定压热容或真实摩尔定压热容；

$\bar{c}_{pB}$——混合气体中任一组分 B 的平均摩尔定压热容；

$\bar{c}_{pm}$——混合气体的平均摩尔定压热容。

相应地，混合气体的 q_p 和 Q_p（n mol 气体）的计算式为

$$q_{\mathrm{pm}}=\Delta h_{\mathrm{m}}=c_{\mathrm{pm}}(T_2-T_1)=c_{\mathrm{pm}}\Delta T=c_{\mathrm{pm}}(t_2-t_1)$$
$$=c_{\mathrm{pm}}\Delta t=\sum_B y_{\mathrm{B}}c_{\mathrm{pB}}\Delta T$$
$$Q_{\mathrm{pm}}=\Delta H_{\mathrm{m}}=nc_{\mathrm{pm}}(T_2-T_1)=nc_{\mathrm{pm}}\Delta T=nc_{\mathrm{pm}}(t_2-t_1)$$
$$=nc_{\mathrm{pm}}\Delta t=\sum_B n_{\mathrm{B}}c_{\mathrm{pB}}\Delta T$$
$$q_{\mathrm{pm}}=\Delta h_{\mathrm{m}}=\int_{T_1}^{T_2}c_{\mathrm{pm}}\mathrm{d}T=\sum_B y_{\mathrm{B}}\int_{T_1}^{T_2}c_{\mathrm{pB}}\mathrm{d}T$$
$$Q_{\mathrm{pm}}=\Delta H_{\mathrm{m}}=\sum_B n_{\mathrm{B}}\int_{T_1}^{T_2}c_{\mathrm{pB}}\mathrm{d}T$$
$$q_{\mathrm{pm}}=\Delta h_{\mathrm{m}}=\bar{c}_{\mathrm{pm}}(T_2-T_1)=\bar{c}_{\mathrm{pm}}\Delta T=\bar{c}_{\mathrm{pm}}(t_2-t_1)$$
$$=\bar{c}_{\mathrm{pm}}\Delta t=\sum_B y_{\mathrm{B}}\bar{c}_{\mathrm{pB}}\Delta T$$
$$Q_{\mathrm{pm}}=\Delta H_{\mathrm{m}}=n\bar{c}_{\mathrm{pm}}(T_2-T_1)=n\bar{c}_{\mathrm{pm}}\Delta T=n\bar{c}_{\mathrm{pm}}(t_2-t_1)$$
$$=n\bar{c}_{\mathrm{pm}}\Delta t=\sum_B n_{\mathrm{B}}\bar{c}_{\mathrm{pB}}\Delta T$$
$$q_{\mathrm{pm}}=\Delta h_{\mathrm{m}}=\bar{c}_{\mathrm{p_2m}}t_2-\bar{c}_{\mathrm{p_1m}}t_1=\sum_B y_{\mathrm{B}}(\bar{c}_{\mathrm{p_2B}}t_2-\bar{c}_{\mathrm{p_1B}}t_1)$$
$$Q_{\mathrm{pm}}=\Delta H_{\mathrm{m}}=n(\bar{c}_{\mathrm{p_2m}}t_2-\bar{c}_{\mathrm{p_1m}}t_1)=\sum_B n_{\mathrm{B}}(\bar{c}_{\mathrm{p_2B}}t_2-\bar{c}_{\mathrm{p_1B}}t_1)$$

采用焓值数据计算混合气体的 q_{p} 和 Q_{p}，则可采用

$$q_{\mathrm{pm}}=\sum_B y_{\mathrm{B}}\Delta h_{\mathrm{B}}=\sum_B y_{\mathrm{B}}(h_{2\mathrm{B}}-h_{1\mathrm{B}})$$
$$Q_{\mathrm{pm}}=\sum_B n_{\mathrm{B}}\Delta h_{\mathrm{B}}=\sum_B n_{\mathrm{B}}(h_{2\mathrm{B}}-h_{1\mathrm{B}})$$

另外，对于液体和固体物料的显热计算，除方法一外，其他几种方法也同样适用。并且，由于液体、固体的容积随压力的变化不明显，其摩尔定压热容与摩尔定容热容可视为近似相等，即

$$c_{\mathrm{p}}\approx c_{\mathrm{v}}$$

事实上，对于稳定流动过程，若热力系与外界无轴功交换，且可忽略动能与位能的变化时，式(3-6a) 可简化为

$$q=\Delta h=q_{\mathrm{p}} \tag{3-40a}$$

因此，上述各种计算方法用于稳流热力系时，就无需过程定压这一条件的限制。

需要注意的是，在应用上述方法计算属同一问题中的不同部分的热量时，上述各种方法尽可能不要混用，否则会带来人为的误差。

【例 3-3】 试求常压下，将 1mol 氧气由 100℃加热至 500℃时所需的热量。

解：热力系为 1mol 氧气。

方法一：采用定值摩尔定压热容计算。

因氧气为双原子气体，故由表 3-1 得 $c_{\mathrm{p}}=\frac{7}{2}R$，代入式(3-31) 得

$$q_{\mathrm{p}}=c_{\mathrm{p}}(t_2-t_1)=\frac{7}{2}\times8.314\times(500-100)=11639.6(\mathrm{J})$$

方法二：采用真实摩尔定压热容计算。

(1) 手工计算。

由附表 1-4 可得　　$c_p = 29.96 + 4.184 \times 10^{-3} T - 1.674 \times 10^5 T^{-2}$

代入式(3-33a) 得

$$
\begin{aligned}
q_p &= \int_{T_1}^{T_2} (29.96 + 4.184 \times 10^{-3} T - 1.674 \times 10^5 T^{-2}) \mathrm{d}T \\
&= 29.96(T_2 - T_1) + 2.092 \times 10^{-3}(T_2^2 - T_1^2) + 1.674 \times 10^5 (T_2^{-1} - T_1^{-1}) \\
&= 29.96 \times 400 + 2.092 \times 10^{-3} \times (773.15^2 - 373.15^2) + 1.674 \times 10^5 \times (773.15^{-1} - 373.15^{-1}) \\
&= 12711.1(\mathrm{J})
\end{aligned}
$$

(2) 采用 Excel 单元格驱动法计算显热。

步骤 1：打开 Excel，在单元格 A1、B1、C1、D1、E1、F1 中分别输入变量名 n、T_1、T_2、a_0、a_1、a_2，在单元格 A2、B2、C2、D2、E2、F2 中分别输入上述各变量的值 1、373.15、773.15、29.96、4.184E−3、−1.674E5。

步骤 2：在单元格 A3 中输入 =A2 * (D2 * (C2−B2) + 0.5 * E2 * (C2^2−B2^2) − F2 * (C2^−1−B2^−1))，按“Enter”键，即可在 A3 单元格得到答案，如图 3-5 所示。

C3　=　=A2*(D2*(C2-B2)+0.5*E2*(C2^2-B2^2)-F2*(C2^-1-B2^-1))

	A	B	C	D	E	F	G
1	n	T1	T2	a0	a1	a2	
2	1	373.15	773.15	29.96	4.184E-03	-1.674E+05	
3	(1)单元格驱动计算值:		12711.1				

图 3-5　Excel 单元格驱动法计算显热

利用 Excel 单元格驱动法计算显热的优点在于，此法简单、易学。将此计算法作为 Excel 文件保存后，以后遇到类似的问题时，只需在相应的单元格中重新输入新的参数值，便可得到正确的结果。

(3) 采用 ExcelVBA 自定义函数计算显热。

如图 3-6 所示，在单元格 C4 中输入 =QO2(1,100,500)，按“Enter”键，即可在 C4 单元格得到答案。

C4　=　=QO2(1,100,500)

	A	B	C	D
4	(2)自定义函数计算值:		12711.1	

图 3-6　Excel VBA 自定义函数计算显热

以下是 Excel VBA 自定义函数 QO2 的程序代码，有兴趣的读者可自行验证。

```
Public Function JSHeat_1(A,B,C,D,n,T1,T2)As Double
JSHeat_1=n*(A*(T2-T1)+0.5*B*(T2^2-T1^2)-C*(1/T2-1/T1)+1/3*D*(T2^3-T1^3))
'利用恒压真实热容进行积分计算过程的热效应，cp=f(T)=A+BT+CT^-2+DT^2的形式
End Function
Public Function QO2(n,t1,t2)As Double
'O2(g)热效应计算,已知物料量 mol,初温 t1℃,终温 t2℃
```

```
Dim TT1,TT2,a0,a1,a2,a3 As Double
TT1=t1+273.15
TT2=t2+273.15
a0=29.96
a1=4.184*0.001
a2=-1.674*100000
a3=0
QO2=JSHeat_1(a0,a1,a2,a3,n,TT1,TT2)
End Function
```

方法三：采用任意温度区间平均摩尔定压热容计算。

由 $\bar{t}=\frac{1}{2}(t_1+t_2)=\frac{1}{2}\times(100+500)=300(℃)$，即 $\bar{T}=573.15K$ 查附表 1-5 得，$\bar{c}_p=31.82J/(mol\cdot K)$，代入式(3-35) 得

$$q_p=\bar{c}_{p(t_1\to t_2)}(t_2-t_1)=31.82\times(500-100)=12728\ (J)$$

方法四：采用由基准温度至某一温度的平均定压摩尔热容计算。

由 $t_1=100℃$、$t_2=500℃$

查附表 1-6 得　　　0～100℃：$\bar{c}_{p_1}=29.538J/(mol\cdot K)$

　　　　　　　　　0～500℃：$\bar{c}_{p_2}=31.334J/(mol\cdot K)$

代入式(3-37) 得

$$q_p=\bar{c}_{p_2}t_2-\bar{c}_{p_1}t_1=31.334\times500-29.538\times100=12713.2\ (J)$$

方法五：采用焓值数据计算。

由 $T_1=373.15K$、$T_2=773.15K$

查附表 1-7 得　　$h_1=2958.8J/mol$　　$h_2=15675.5J/mol$

代入式(3-38) 得

$$q_p=\Delta h=h_2-h_1=15675.5-2958.8=12716.7\ (J)$$

由以上五种计算方法所得结果可以看出，除第一种方法外，其他四种计算方法所得结果十分接近，尤其是方法四和方法五十分吻合。

【例 3-4】 已知烟气的容积为 15.6m^3（标准状况），测得其容积分数为 $\varphi_{CO_2}=0.104$、$\varphi_{O_2}=0.0518$、$\varphi_{H_2O}=0.0992$、$\varphi_{N_2}=0.745$。若该烟气在锅炉空气预热器进口处的温度为 500℃，出口处温度为 200℃，试求该烟气所放出的热量。

解：以烟气为热力系。

采用以 0℃为基准的平均摩尔定压热容数据计算，则

$$Q_{p烟气}=\Delta H_{烟气}=n_{烟}\ (\bar{c}_{p2烟}t_2-\bar{c}_{p1烟}t_1)$$

查附表 1-6 得各气体的 $\bar{c}_{PB}$[kJ/(kmol·K)] 见表 3-2。

表 3-2　查询结果

组　分	CO_2	O_2	H_2O	N_2
0～500℃ $\bar{c}_{PB}$	44.573	31.334	35.630	29.864
0～200℃ $\bar{c}_{PB}$	40.059	29.931	34.118	29.228
φ_B	0.104	0.0518	0.0992	0.745

所以
$$\bar{c}_{p1烟} = \sum_B \varphi_B \bar{c}_{p_1 B} = 32.042[kJ/(kmol \cdot K)]$$
$$\bar{c}_{p2烟} = \sum_B \varphi_B \bar{c}_{p_2 B} = 30.876[kJ/(kmol \cdot K)]$$
所以
$$Q_{p烟气} = \Delta H_{烟气} = 15.6 \div 22.4 \times (30.876 \times 200 - 32.042 \times 500) = -6856.9(kJ)$$

第四节 热力学第一定律在稳流热力系中的应用

稳流热力系的热力学第一定律，即稳定流动能量方程反映了工质在稳定流动过程中能量转换的一般规律。这个方程在工程上应用很广，但具体问题要做具体分析。在与实际工程的实施条件结合起来时，有时可将某些次要因素略去不计，使能量方程简单明了。现以几种典型的热工设备为例，说明稳定流动能量方程的应用。

一、锅炉及各种换热器

对于该类设备，不管选择何种热力系，其轴功 $w_s = 0$，过程中工质的位能变化和动能变化都较小，可略去不计。但是，根据所选择的热力系的种类及过程的条件，稳定流动能量方程的简化形式将有所不同。

（一）以设备中的某种工质为热力系

式(3-5a) 可简化为

$$\Delta H = Q_{传} \tag{3-40b}$$

式中 ΔH ——工质在换热过程中的焓变；

$Q_{传}$ ——工质与另一工质或与另一工质及外界环境之间传递的热量。

若该工质为锅炉中的水，则 $Q_{传}$ 为水在锅炉中升温汽化时所吸收的热量；若该工质为一换热器中的冷流体，则 $Q_{传}$ 为该冷流体所吸收的热；若该工质为热流体，则 $Q_{传}$ 为该热流体在传热过程中向外传出的热（注意，此处传出的热不一定等于冷流体吸收的热的数量，除非该换热器没有热损失）。

【例 3-5】 有一水平位置的热交换器，其进、出口的截面积相等。空气进入时的温度、压力和流速分别为 30℃、0.105MPa 和 10m/s，离开时的温度和压力为 130℃和 0.104MPa。试计算当空气的质量流量为 100kg/h 时，从热交换器吸收多少热量？已知空气的平均比定压热容为 1.005kJ/(kg·K)。

解：以空气为热力系，1kg 为物料计算基准。

因热交换器无轴功交换 $w_s = 0$，水平放置 $g\Delta Z = 0$。因此式(3-6a) 可简化为：

$$\Delta h + \frac{1}{2}\Delta C^2 = q$$

因热交换器进、出口截面积相等，空气的压力不高可视为理想气体，故

$$\frac{C_2}{C_1} = \frac{v_2}{v_1} = \frac{\dfrac{RT_2}{p_2 M}}{\dfrac{RT_1}{p_1 M}}$$

即
$$C_2 = C_1 \frac{p_1 T_2}{p_2 T_1} = 10 \times \frac{0.105 \times (130+273)}{0.104 \times (30+273)} = 13.43(m/s)$$

$$\frac{1}{2}\Delta C^2=\frac{1}{2}\times(13.43^2-10^2)=40.2(\text{J/kg})$$

$$\Delta h=\bar{c}_p\Delta t=1.005\times(130-30)=100.5(\text{kJ/kg})$$

所以
$$q=\Delta h+\frac{1}{2}\Delta C^2=100.5+40.2\times10^{-3}=100.54(\text{kJ/kg})$$

则
$$Q=mq=100\times100.54=1.005\times10^4(\text{kJ/h})$$

以上计算结果表明：气体流经传热设备时所吸收的热，其中绝大部分用于提高它的焓，而提高它的动能的那一部分是微不足道的，完全可以忽略。即对该类设备进行热量衡算时，完全可以直接采用式(3-40b)。

（二）以整个设备为热力系

式(3-5a) 可简化为

$$\Delta H_{热}+\Delta H_{冷}=Q_{损} \tag{3-41}$$

式中 $\Delta H_{热}$——热流体的焓变；

$\Delta H_{冷}$——冷流体的焓变；

$Q_{损}$——整个设备与外界环境的热交换，即设备的热损失。

当设备绝热时，式(3-41) 又可进一步简化成

$$\Delta H_{热}+\Delta H_{冷}=0 \tag{3-42a}$$

或
$$\sum H_B^{入}=\sum H_B^{出} \tag{3-42b}$$

设该类设备的热效率为 η_{I}，则

$$\eta_{\text{I}}=\frac{\Delta H_{冷}}{-\Delta H_{热}}\times100\% \tag{3-43}$$

【例 3-6】 某台锅炉每小时产汽 40t，已知锅炉进水焓 $h_1=410\text{kJ/kg}$，锅炉出口蒸汽焓 $h_2=2780\text{kJ/kg}$，燃煤的发热量 $q_{dw}=-30000\ \text{kJ/kg}$，锅炉效率为 $\eta_{\text{I}}=80\%$，试求锅炉每小时燃煤量 m 为多少？

解：以整个锅炉为热力系。

根据题意，由式(3-43) 得 $\quad\Delta H_{热}\ \eta_{\text{I}}+\Delta H_{冷}=0$

而 $\quad\Delta H_{冷}=m_{水}(h_2-h_1)=40\times1000\times(2780-410)=9.480\times10^7(\text{kJ/h})$

所以
$$\Delta H_{热}=-\frac{\Delta H_{冷}}{\eta_{\text{I}}}=-\frac{9.480\times10^7}{80\%}=-1.185\times10^8$$

又因为燃气的焓的获得是由于空气与煤燃烧的结果，即

$$\Delta H_{热}=mq_{dw}$$

故
$$m=\frac{\Delta H_{热}}{q_{dw}}=\frac{-1.185\times10^8}{-30000}=3.95\times10^3\ (\text{kg/h})$$

【例 3-7】 若将例 3-4 中烟气放出的热量用于加热空气，问能将多少立方米的空气（标准状况）由 $t_1=40℃$加热到 $t_2=300℃$。

① 假定烟气与空气的换热过程中无散热损失；

② 若换热过程中有热损失 700kJ，求被加热的空气量及加热器的热效率。

解：以整个加热器为热力系。

① 换热过程无散热损失时，由式(3-42a) 得

$$\Delta H_{烟气}+\Delta H_{air}=0$$

由例 3-4 得
$$\Delta H_{烟气}=-6856.9\text{kJ}$$

而空气的焓变为　　$\Delta H_{air}=n_{air}(\bar{c}_{p_2 air}t_2-\bar{c}_{p_1 air}t_1)$

由附表 1-6 查得 0～40℃时　　$\bar{c}_{p_1 air}=29.105\text{kJ/(kmol}\cdot\text{K)}$

0～300℃时　　$\bar{c}_{p_2 air}=29.521\text{kJ/(kmol}\cdot\text{K)}$

所以

$$\Delta H_{air}=n_{air}(29.521\times300-29.105\times40)=7692.1n_{air}(\text{kJ})$$

故　　$\Delta H_{烟气}+\Delta H_{air}=-6856.9+7692.1n_{air}=0$

解上式得　　$n_{air}=0.8914\text{kmol}$

即　　$V_{air}=22.4\times0.8914=19.97\text{m}^3$（标准状况）

② 加热器有散热损失时，由式(3-41) 得

$$\Delta H_{烟气}+\Delta H_{air}=Q_{损}$$

即　　$-6856.9+7692.1n_{air}=-700$

解之得　　$n_{air}=0.8004\text{kmol}$

即　　$V_{air}=22.4\times0.8004=17.92\text{m}^3$（标准状况）

加热器热效率为

$$\eta_t=\frac{\Delta H_{air}}{-\Delta H_{烟气}}\times100\%=\frac{6856.9-700}{6856.9}\times100\%=89.79\%$$

二、汽轮机和燃气轮机

工质流过汽轮机或燃气轮机时压力降低，对外做功。外界并未给工质加热，工质对外散热也很小，动能差和位能差也很小，即 q、Δe_k、Δe_p 相对于 w_s 可略去不计。于是稳定流动能量方程应用于汽轮机和燃气轮机时就可简化为

$$w_s=h_2-h_1 \tag{3-44}$$

即工质在汽轮机或燃气轮机中所做的功的数值等于工质焓的减少。

【例 3-8】 已知蒸汽进入透平时的焓值为 3230kJ/kg，流速为 50m/s，离开透平时的焓值为 2300kJ/kg，流速为 120m/s，蒸汽出口管比进口管低 3m，蒸汽的流量为 10000kg/h。若忽略透平的散热损失，试求：①透平输出功率；②若忽略进出口蒸汽的动能差和位能差，计算对输出功率的计算值所产生的误差。

解：热力系为蒸汽。

(1) 透平机输出的功率。因透平散热可忽略，则由式(3-6a) 得

$$w_s=\Delta h+\frac{1}{2}\Delta C^2+g\Delta Z=(2300-3230)+\frac{1}{2}\times(120^2-50^2)\times10^{-3}+9.81\times(-3)\times10^{-3}$$

$$=-930+5.95-0.029=-924.1(\text{kJ/kg})$$

透平输出的功率为

$$P=924.1\times10000\div3600=2566.9(\text{kW})$$

(2) 若忽略动能差，则其对 w_s 计算值引起的误差为

$$5.95\div(-924.1)\times100\%=-0.64\%$$

若忽略位能差，则其对 w_s 值带来的误差为

$$0.029\div924.1\times100\%=0.003\%$$

可见，对于透平这一类无热只有轴功交换的设备，在做能量衡算时，完全可以直接采用式(3-44)。

三、泵与风机

工质流经泵与风机时，压力增加，外界对工质做功。由于工质流经设备的时间很短，散

热量可略去不计，且进出口动能差、位能差都很小。因此，稳定流动能量方程的简化形式与式(3-44) 完全相同，只是此时工质在泵与风机中被压缩所得之功等于其焓的增量。

四、压缩机

当气体流经压缩机时，受到压缩，气体的压力升高。一般情况下，进出口气流的动能差和位能差可以忽略。

如果无专门的冷却措施，气体对外界有散热，数值不大，即 $q\approx0$，这样稳定流动能量方程的简化式同样是式(3-44)；如果散热 q 不能忽略，则

$$w_s=h_2-h_1-q \tag{3-45}$$

五、喷管或扩压管

工质流经诸如喷管、扩压管等管道时不对设备做功，即 $w_s=0$；位能差很小，可略去不计；工质的流速很大，来不及与外界交换热量，所以 $q=0$，因此，稳定流动能量方程可简化为

$$\Delta h+\frac{1}{2}\Delta C^2=0 \tag{3-46}$$

可见，在喷管或扩压管中，动能的变化值等于焓的变化值。

综上所述，能量守恒是一切热力设备在能量转换时所共同遵从的原则，是一切热力过程的共性。但此种共性是通过各过程的个性表现出来的。要正确应用能量方程式，首先必须牢固地掌握能量守恒这个基本原则，其次还需分析各热力过程所实施的条件，最后将一般规律和具体条件相结合，从而得到反映该热力过程的具体规律。

复习思考题

3-1 热力学第一定律说明了什么问题？有人说热力学第一定律的应用无非是能量收支平衡账，是吗？

3-2 式 $q+w=(u_2-u_1)$ 是热力学第一定律的普遍表示，能否根据该式列出孤立热力系、封闭热力系和稳流热力系的具体计算形式，并说明各式的特殊性。

3-3 下列各式是否正确，各式的使用条件是什么？

①$\delta q=du+\delta w$；②$\delta q=du+pdv$；③$\delta q=du+d(pv)$。

3-4 热量、热能、内能有无区别？

3-5 工质膨胀时是否必须对工质加热？工质边膨胀边放热，可能吗？工质边压缩边吸入热量，可以吗？工质吸热后内能一定增加吗？对工质加热，其温度反而降低，是否可能？

3-6 何谓稳流热力系？

3-7 膨胀功、流动功、轴功和技术功的差别何在？相互有无联系？试用 p-v 图说明之。何谓可逆技术功、可逆轴功？如何计算？

3-8 焓 $h=u+pv$ 中 pv 是工质流动时的推动功，故对于开口热力系，流动工质具有状态参数焓，在封闭热力系中，因不存在推动功，所以不存在焓这个量，对否？

3-9 一绝热刚体容器用隔板分成两部分，左边储有高压气体，右边为真空，抽去隔板时，气体立即充满整个容器。问工质内能、温度将如何变化？如该刚体容器为绝对导热体，则工质内能、温度又如何变化？

3-10 何谓显热？何谓比热容、摩尔热容？它们之间有何关系？

3-11 在无热力学数据手册的情况下，能否估计 O_2、N_2、CO_2 等气体的摩尔热容数据？

3-12 c_p 与 c_v 哪个大，为什么？

3-13 理想气体的 c_p 与 c_v 之差及 c_p 与 c_v 之比值是否在任何温度下都等于一个常数？

3-14 理想气体的显热计算方法有哪几种？各种方法有何特点？

3-15 如何计算理想气体混合物的显热？

3-16　$q=\Delta h$ 这一计算式是否一定要在定压条件下才能使用？

3-17　何谓热效率？如何计算换热设备的热效率？

3-18　将稳流热力系的热力学第一定律的表达式应用于锅炉和换热器时，其形式怎样？

3-19　将稳流热力系的热力学第一定律的表达式应用于汽轮机、燃气轮机、风机、泵、压缩机、喷嘴和扩压器时的具体形式是什么？

习题

3-1　每小时进入锅炉空气预热器的空气容积为 60000m^3，表压力为 1471Pa，温度为 40℃，若在定压下被加热至 340℃，当时当地大气压为 1.02×10^5 Pa，求：①空气预热器中每小时加给空气的热量；②每小时由空气预热器流出的空气的体积。

3-2　燃气轮机进口处的燃气压力为 9.807×10^5 Pa，温度为 800℃，每秒流入燃气 12.6m^3，出口温度为 500℃，设燃气（标准状况）的 $\bar{c}_p=1.344\times10^3$ J/(m^3·K)，气体常数 $R=0.292\times10^3$ J/(kg·K)，试求燃气轮机的功率（kW），热损失忽略不计（燃气视为理想气体）。

3-3　一空气预热器的冷空气的温度为 20℃，空气（标准状况）流量为 90000m^3/h，加热用热烟气温度为 350℃，组成为 $N_2=0.74$、$CO_2=0.18$、$H_2O(g)=0.04$、$O_2=0.04$，换热后温度降为 110℃。若将冷空气温度提高至 100℃，试求烟气（标准状况）流量（m^3/h）？设过程进行时压力不变。

3-4　一封闭热力系在状态变化过程中放热 10kJ，并做出 25kJ 的功，然后对热力系加热 15kJ 使其恢复初态。试问恢复过程中热力系是否做功？

3-5　1.03bar 的蒸汽进入一散热器，入口处蒸汽的比体积和焓分别为 1.64m^3/kg 和 2677kJ/kg。蒸汽在压力不变的情况下放热凝结后离开散热器，出口处的比体积和焓分别为 0.001m^3/kg 和 421kJ/kg。若忽略宏观动能和位能，试问 1kg 蒸汽从散热器中传出的热量为多少？

3-6　图 3-7 所示是由三个可逆过程所组成的循环。12 是绝热过程，23 是定压过程，31 是定容过程。若过程 12 中工质内能的变化是－50kJ/kg，则该循环净传热量为多少？这是一个有功输出的循环，还是一个消耗功的循环？图中：$p_1=5$bar，$v_1=0.025$m^3/kg，$p_2=1$bar，$v_2=0.2$m^3/kg。

3-7　某物质的内能只是温度的函数，且遵守下列关系式：$U=125+0.152t$（kJ），此物质的温度由 100℃变到 200℃。温度每变化 1℃所做的功为 $\delta W/dt=0.46$kJ/℃。试求变化过程中的传热量。

3-8　某电厂有一台国产 400t/h 的直流锅炉，蒸汽出口的焓为 3500kJ/kg，锅炉给水的焓为 1008kJ/kg。已知燃用发热量为 22300kJ/kg 的煤时，锅炉的耗煤量为 53t/h。试求：①该锅炉的效率为多少？②若该锅炉的蒸发量提高到 430t/h，耗煤量增加 3t/h，则锅炉效率是增加了还是降低了，变化多少？

3-9　某电厂一台国产 5×10^4 kW 的汽轮机发电机组，锅炉的蒸汽量为 220t/h，汽轮机进出口的蒸汽的焓分别为 832kcal/kg 和 570kcal/kg。试求：①汽轮机发出的轴功率为多少（kW）？②若汽轮机进口处蒸汽的速度为 70m/s，出口处的速度为 140m/s，则对汽轮机功率的计算有多大影响？③如已知凝汽器出口处蒸汽的凝结水的焓为 35kcal/kg，而 1kg 冷却水带走 10kcal 的热量，问每小时需多少吨冷却水？是蒸汽量的几倍？设上述设备无热损失。

3-10　一油泵将密度为 850kg/m^3 的润滑油从 0.7bar 升压至 1.2bar，泵出口位置比进口高 2m，进口截面为 0.05m^2，出口截面为 0.05m^2，若每分钟流入泵 0.1m^3 的油，试求泵需要的功率（kW）。

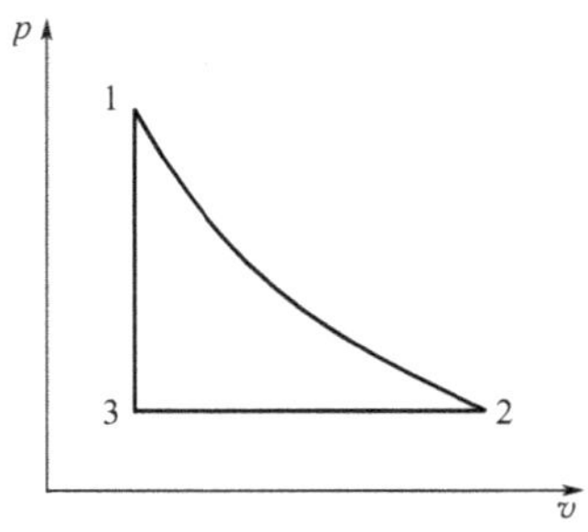

图 3-7　习题 3-6 图

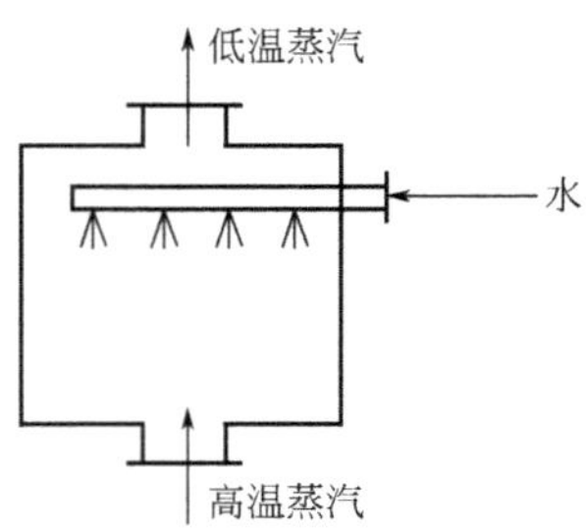

图 3-8　习题 3-11 图

3-11 工程中，有时将水喷射至高温高压蒸汽中使蒸汽降温降压，图 3-8 所示的减压器就是一例。若蒸汽压力为 5×10^5 Pa，温度为 300℃，焓为 3062kJ/kg，水压力为 10bar，温度为 40℃，焓为 168.3kJ/kg。水喷入后全部蒸发。降温降压后蒸汽的压力为 5bar，温度为 152℃，焓为 2749kJ/kg，从该装置散失至环境的传热速率为 3kJ/s。试求使 1kg/s 的高温蒸汽降温所需的水量（kg/s）。

3-12 1kg 某物质自绝对压力为 10×10^4 Pa 及容积为 20m^3 变为 150×10^4 Pa（绝对）及 4m^3。如该物质内能不变，问焓是否变化？

3-13 将 20℃、压力为 1×10^5 Pa 的水用泵打到压力为 1MPa 的锅炉中，水的流量为 2×10^4 kg/h，试求水泵的理论功率，已知 20℃、1×10^5 Pa 的水的比体积为 0.0010018m^3/kg。

3-14 某鼓风机风量为 0.5m^3/s（标准状况），风压为 1.5×10^4 Pa（表压），气体入口温度为 30℃，出口温度为 45℃。试求该风机的理论功率（大气压力为 1.013×10^5 Pa）。

3-15 今有 94℃的热水连续地从一储槽以 3.8×10^{-3} m^3/s 的流量泵送，泵的功率为 1500W，热水在途中经一换热器，放出 7.0×10^5 J/s 的热量，并输送到比第一储槽高 15m 的第二储槽中，试求第二储槽中水的温度。已知水的比热容为 4.184kJ/(kg·K)，94℃水的比体积为 0.0010388m^3/kg。

3-16 压力为 1.5MPa、温度为 400℃的过热水蒸气，通过一 ϕ75mm 的标准管，以 3m/s 的速度进入透平机，透平机的乏汽用 ϕ250mm 的标准管引出，压力为 10kPa，温度为 50℃。求透平机的输出功率。假设透平机无热损失，蒸汽在始、终态的热力学数据为 $h_1=3254.5$kJ/kg、$v_1=0.2288$$m^3$/kg；$h_2=2592$kJ/kg、$v_2=15.00$$m^3$/kg。

3-17 压力为 101.325kPa、温度为 10℃的 CO_2，压缩至 354.638kPa，要求压缩后 CO_2 的温度为 93.4℃，已知压缩 1kmolCO_2 耗功 1.226×10^4 kJ，压缩机输入管内径为 150mm，CO_2 流速为 3m/s。问在压缩过程中需向 CO_2 气体供热还是从中取热？计算传热速率。设压缩过程中位能和动能变化可以忽略不计。已知始、终态的热力学数据为：$h_1=716$kJ/kg、$v_1=0.55$$m^3$/kg；$h_2=770$kJ/kg、$v_2=0.018$$m^3$/kg。

3-18 某化肥厂有二段转化炉气，其流量为 2.15×10^5 m^3/h（标准状况），今用废热锅炉机组回收余热，转化炉气温度由 1000℃降到 380℃，产生 10MPa、440℃的过热蒸汽，废热锅炉进水为 10MPa 下的饱和水，若不计热损失，问废热锅炉产汽量为多少？若此蒸汽在透平机中进行不可逆绝热膨胀做功，透平机乏汽压力为 0.1MPa，温度为 100℃。试计算透平机输出的轴功率。已知转化炉气的 $\bar{c}_p=36.0$kJ/(kmol·K)。

3-19 采用定值摩尔定压热容、真实摩尔定压热容、任意温度区间定压平均摩尔热容、0℃为基准的平均摩尔定压热容以及焓值数据法分别计算出 1kmol 氮气，在常压下从 100℃升到 600℃所吸收的热量。

第四章　气体的主要热力过程与气体的压缩

第一节　概　　述

一、分析热力过程的目的

热动力装置中热能和机械能之间的相互转换是通过工质的一系列状态变化过程实现的。对热动力装置中进行的热力过程进行分析，可以清楚地理解热能与机械能之间相互转换的情况以及影响转换的因素。在工程上，对各种与热有关的装置进行能量分析时，都会涉及热力过程的分析与计算。分析热力过程的目的主要是根据过程进行的条件，确定过程状态参数的变化规律，并分析能量的数量之间的平衡关系。

二、分析热力过程的方法

实际的热力过程比较复杂。主要是各种过程存在着一定程度的不可逆因素，同时，过程中工质的各状态参数又都在变化，很难找出其参数的变化规律。为了便于分析，将实际进行的过程作一定的简化。一是将实际进行的不可逆过程简化为可逆过程，二是以实际过程中状态参数的变化为主，将实际变化过程简化为状态参数变化的典型过程。这样，将工程上常见的热力过程近似地概括成几种典型的可逆过程，只要过程的特征相同，不论工质流动与否，都可以作为同一种典型过程处理，如本章介绍的定容、定压、定温及绝热和多变过程。分析这些典型的过程，可以定性地分析与评价实际热力装置的工作情况。

三、分析热力过程用到的基础知识

分析热力过程时主要根据热力学第一定律、理想气体状态方程以及过程方程，确定过程中状态参数的变化规律，并分析过程中的能量转换关系。

第二节　四种典型的热力过程分析

为了便于讨论，以下的公式推导及表达式均以 1kg 为基准。

一、定容过程

（一）定容过程的定义

定容过程是指热力系的体积（或容积）在热力过程中保持不变的热力过程。

（二）定容过程方程式及 p-v 图

定容过程，即 $v=$常数。在系统的变化过程中物质的质量不变，$v=\dfrac{V}{m}$为常数，按气体状态方程式结合定容过程方程式，有

$$\frac{p_1}{T_1}=\frac{p_2}{T_2}=\frac{p}{T}=\text{常数}$$

或
$$\frac{p_1}{p_2}=\frac{T_1}{T_2} \tag{4-1}$$

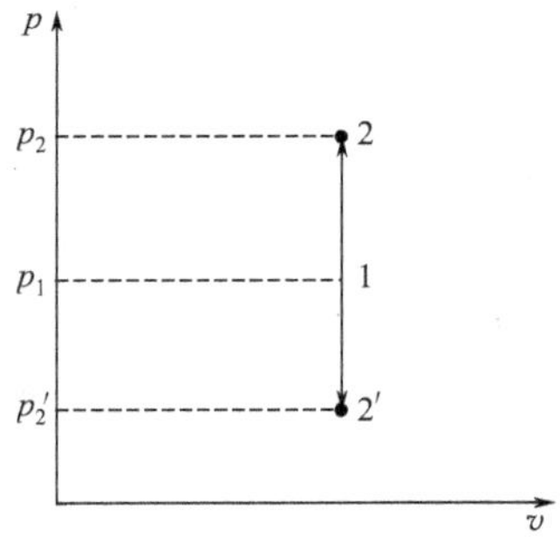

图 4-1　定容过程

式(4-1) 说明在定容过程中，气体的压力与热力学温度成正比。若以 p 为纵坐标，v 为横坐标，将定容过程的曲线描绘在 p-v 图上，如图 4-1 所示。从图上可以看出，当气体被加热时，其温度升高，压力必然增大（如过程 1→2）；当气体被冷却时，其温度降低，压力也必然降低（如过程 1→2′）。

（三）定容过程的 w_R、$w_{t(R)}$、q_v、Δu、Δh 的计算

1. w_R 的计算

在定容变化过程中，因为 v=常数，所以 $dv=0$。则可逆体积功为

$$w_R=-\int_{v_1}^{v_2} p\mathrm{d}v=0$$

上式表明，在定容准静态过程或可逆过程中，其容积功（或体积功）为零。

2. $w_{t(R)}$ 的计算

由式(3-12a) 可得

$$w_{t(R)}=\int_1^2 v\mathrm{d}p=\int_{p_1}^{p_2} v\mathrm{d}p=v(p_2-p_1) \tag{4-2}$$

即图 4-1 中四边形 $12p_2p_1$ 所围的面积。

3. q_v 的计算

根据比定容热容的定义式(3-19)、式(3-23)，得

$$q_v=\int_1^2 c'_v\mathrm{d}T=\int_{T_1}^{T_2} c'_v\mathrm{d}T=\bar{c}'_v(T_2-T_1) \tag{4-3}$$

4. Δu 的计算

对理想气体，因为 $w_R=0$，所以在任意两状态之间的内能变化都可以表示为

$$\Delta u=q_v=\bar{c}'_v(T_2-T_1) \tag{4-4}$$

即定容过程中给工质所加的热量全部转变成工质的内能。

5. Δh 的计算

由式(3-35) 可得
$$\Delta h=\bar{c}'_p(T_2-T_1) \tag{4-5}$$

上式表明，定容过程中，工质的焓变与气体在变化过程中的始末温度及气体的平均热容有关。

二、定压过程

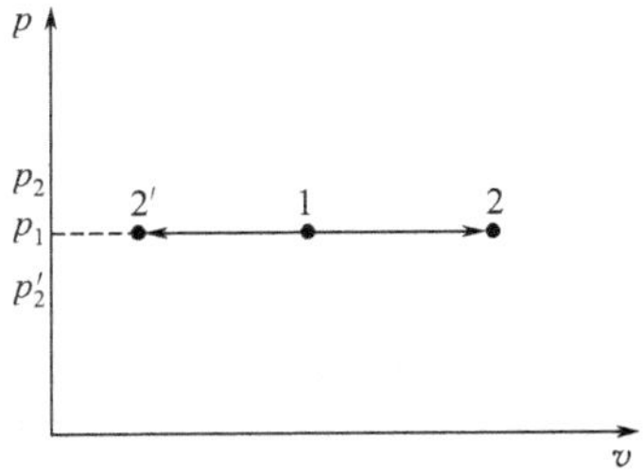

图 4-2　定压过程

（一）定压过程的定义

定压过程是指热力系在状态变化过程中压力保持恒定（即 $dp=0$）的热力过程。

在实际过程中，诸如供热通风工程等热力设备中的许多加热或放热过程都是在压力变化很小的情况下进行的，这些过程都可以视为定压过程。

（二）定压过程方程式及 p-v 图

如图 4-2 所示，定压过程线为一水平线，因为在过程中

p＝常数。若在系统的变化过程中物质的量保持不变，将理想气体状态方程结合定压过程方程，得

$$\frac{v_1}{T_1}=\frac{v_2}{T_2}=\frac{v}{T}=常数 \tag{4-6}$$

式(4-6) 表明，当物质的量一定，气体的压力维持恒定，气体的容积（体积）与热力学温度成正比。所以，当气体的温度升高、压力不变时，气体的体积将增加（图中过程1→2）；当气体温度下降时，体积必然降低（图中过程 1→2′）。

（三）定压过程 w_R、$w_{t(R)}$、q_p、Δu、Δh 的计算

1. w_R 的计算

$$w_R=-\int_1^2 p\mathrm{d}v=-p\int_{v_1}^{v_2}\mathrm{d}v=-p(v_2-v_1)=-(pv_2-pv_1)=-R'(T_2-T_1) \tag{4-7}$$

该式表明，在定压过程中，气体的膨胀功全部用于维持流体流动。

2. $w_{t(R)}$ 的计算

因为压力不变，即 $\mathrm{d}p=0$，$w_{t(R)}=\int_1^2 v\mathrm{d}p=0$

即当气体作定压流动时，可以利用的技术功为零。在图 4-2 中，过程线为一条线，其与纵轴包围的面积为零。

3. q_p 的计算

$$q_p=\int_1^2 c_p'\mathrm{d}T=\int_{T_1}^{T_2}c_p'\mathrm{d}T=\bar{c}_p'(T_2-T_1) \tag{4-8}$$

或根据 $q=\Delta u-w$ 的关系式，求得

$$q_p=(u_2-u_1)+p(v_2-v_1)=h_2-h_1=\Delta h \tag{4-8a}$$

4. Δu 的计算

$$\Delta u=\int_1^2 c_v'\mathrm{d}T=\int_{T_1}^{T_2}c_v'\mathrm{d}T=\bar{c}_v'(T_2-T_1) \tag{4-9}$$

5. Δh 的计算

由热力学第一定律可知，$q_p=\Delta h-w_t$

所以 $$q_p=\Delta h=\bar{c}_p'(T_2-T_1) \tag{4-10}$$

从上面的计算可以看出，对于定压过程，过程的热量等于过程的焓变。

三、定温过程

（一）定温过程的定义

定温过程是指热力系在状态变化过程中温度保持不变的热力过程。

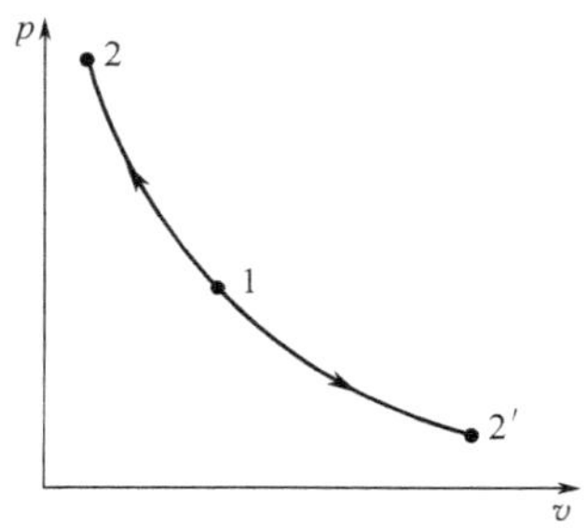

图 4-3 定温过程

（二）定温过程的状态方程式及 p-v 图

由于过程中温度保持不变，即 T＝常数，结合气体状态方程，得 $p_1v_1=p_2v_2=pv$＝常数。即

$$\frac{p_1}{p_2}=\frac{v_2}{v_1} \tag{4-11}$$

上式表明，在理想气体的定温变化过程中，压力与比体积成反比。图 4-3 中的定温线为一等边双曲线，1→2 过程为定温放热过程，1→2′过程为定温加热过程。

（三）定温过程 w_R、$w_{t(R)}$、q、Δu、Δh 的计算

1. w_R 的计算

$$w_R=-\int_1^2 p\mathrm{d}v=-\int_{v_1}^{v_2} p\mathrm{d}v=-\int_{v_1}^{v_2}\frac{R'T}{v}\mathrm{d}v=-R'T\ln\frac{v_2}{v_1}$$

结合式(4-11)，则

$$w_R=R'T\ln\frac{p_2}{p_1} \tag{4-12}$$

2. $w_{t(R)}$ 的计算

$$w_{t(R)}=\int_1^2 v\mathrm{d}p=\int_{p_1}^{p_2}\frac{R'T}{p}\mathrm{d}p=R'T\int_{p_1}^{p_2}\frac{\mathrm{d}p}{p}=R'T\ln\frac{p_2}{p_1}=-R'T\ln\frac{v_2}{v_1} \tag{4-13}$$

从 w_R、$w_{t(R)}$ 的计算可以看出，在定温变化过程中，气体的膨胀功与技术功在数值上是相等的。

3. Δu 和 Δh 的计算

对理想气体，u 及 h 均为温度的函数，在定温变化过程中，温度不变，所以 $\Delta u=\Delta h=0$。

4. q_R 的计算

根据热力学第一定律，因为 $\Delta u=0$

所以
$$q=-w_R=-w_{t(R)}=R'T\ln\frac{v_2}{v_1} \tag{4-14}$$

对理想气体，在等温变化时，热与功为等量转换。

四、可逆绝热过程

（一）可逆绝热过程的定义

可逆绝热过程是指热力系在可逆且与外界没有热量交换的条件下进行的热力过程。

事实上，完全做到过程的绝热是不可能的。在实际应用中，当过程的变化极快、工质与外界交换的热量不多时，可以近似看成绝热过程。

（二）可逆绝热过程方程式及 p-v 图

对绝热可逆过程，由 $\delta q_R=c_v'\mathrm{d}T+p\mathrm{d}v=0$，得

$$c_v'\mathrm{d}T=-p\mathrm{d}v \tag{①}$$

再由 $\delta q_R=c_p'\mathrm{d}T-v\mathrm{d}p=0$，得

$$v\mathrm{d}p=c_p'\mathrm{d}T \tag{②}$$

将②÷①得
$$\frac{v}{p}\frac{\mathrm{d}p}{\mathrm{d}v}=-\frac{c_p'}{c_v'}=-k\text{，即}\frac{\mathrm{d}p}{p}=-k\frac{\mathrm{d}v}{v}$$

在过程变化中，若 c_p'、c_v' 的值取定值，则 k 的值为定值。将上式积分，得

$$\ln p+k\ln v=\text{常数，或}\ln p+\ln v^k=\text{常数}$$

即
$$\ln(pv^k)=\text{常数} \tag{4-15}$$

式(4-15)中，k 为绝热指数，近似计算时，可取表 3-1 中的数据，即对单原子分子，$k=1.667$；对双原子分子，$k=1.40$；对多原子分子，$k=1.286$。

因为 $\ln(pv^k)=$常数，所以 $p_1v_1^k=p_2v_2^k=$常数，或

$$\frac{p_2}{p_1}=\left(\frac{v_1}{v_2}\right)^k=\left(\frac{v_2}{v_1}\right)^{-\frac{1}{k}} \tag{4-16}$$

根据理想气体状态方程，得

$$\frac{p_2}{p_1}=\frac{\dfrac{R'T_2}{v_2}}{\dfrac{R'T_1}{v_1}}=\frac{T_2v_1}{T_1v_2}$$

代入式(4-16) 得

$$\frac{T_2}{T_1}=\left(\frac{v_1}{v_2}\right)^k\times\left(\frac{v_1}{v_2}\right)^{-1}=\left(\frac{v_1}{v_2}\right)^{k-1}=\left(\frac{v_2}{v_1}\right)^{1-k} \tag{4-17}$$

结合理想气体状态方程，式(4-17) 可写成

$$\frac{T_2}{T_1}=\left(\frac{R'T_1/p_1}{R'T_2/p_2}\right)^{k-1}=\left(\frac{p_2T_1}{p_1T_2}\right)^{k-1}=\left(\frac{p_2}{p_1}\right)^{k-1}\left(\frac{T_1}{T_2}\right)^{k-1}$$

即

$$\frac{T_2}{T_1}=\left(\frac{p_2}{p_1}\right)^{\frac{k-1}{k}} \tag{4-18}$$

在过程变化中，k 值总是大于1，所以在 p-v 图中，绝热线的斜率的绝对值大于等温线的斜率。在图 4-4 上，1→2 过程为绝热压缩，1→2′过程为绝热膨胀。

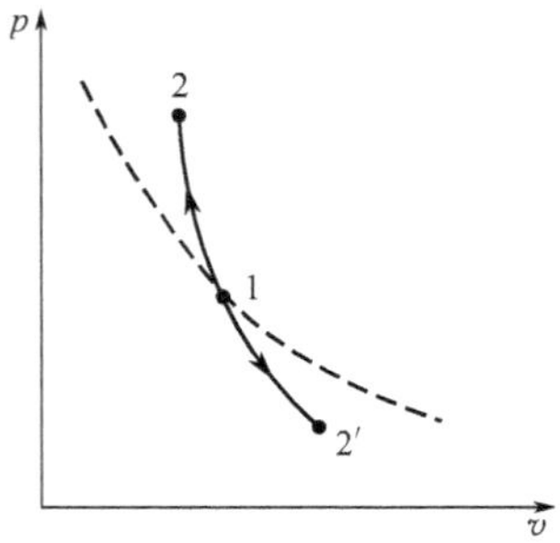

图 4-4 绝热可逆过程

（三）可逆绝热过程 w_R、$w_{t(R)}$、q_R、Δu、Δh 的计算

1. w_R 的计算

因为过程为绝热，所以 $q=0$，结合热力学第一定律可知，无论过程是否可逆，工质经绝热过程所做的膨胀功完全由工质内能的减少得到。

根据$\frac{c'_p}{c'_v}=k$ 和 $c'_p-c'_v=R'$，且将 c'_p、c'_v 视为常数，则

$$w_R=\Delta u=c'_v(T_2-T_1)=\frac{c'_vR'}{R'}(T_2-T_1)=\frac{c'_vR'}{c'_p-c'_v}(T_2-T_1)$$

$$=\frac{R'}{k-1}(T_2-T_1)=\frac{R'}{k-1}T_1\left(\frac{T_2}{T_1}-1\right) \tag{4-19}$$

或

$$w_R=\frac{1}{k-1}(p_2v_2-p_1v_1) \tag{4-19a}$$

当过程为可逆时，上式结合式(4-18) 得

$$w_R=\frac{R'T_1}{k-1}\left[\left(\frac{p_2}{p_1}\right)^{\frac{k-1}{k}}-1\right]=\frac{p_1v_1}{k-1}\left[\left(\frac{p_2}{p_1}\right)^{\frac{k-1}{k}}-1\right] \tag{4-20}$$

或

$$w_R=\frac{R'T_1}{k-1}\left[\left(\frac{v_2}{v_1}\right)^{1-k}-1\right]=\frac{p_1v_1}{k-1}\left[\left(\frac{v_2}{v_1}\right)^{1-k}-1\right] \tag{4-20a}$$

2. $w_{t(R)}$的计算

对绝热过程，因为 $q=0$，根据 $\Delta h=q+w_t$，得 $w_{t(R)}=\Delta h$

对理想气体，比定压热容在过程变化中为定值时

$$w_{t(R)}=c'_p(T_2-T_1)=\frac{R'c'_p}{c'_p-c'_v}(T_2-T_1)=\frac{k}{k-1}R'T_1\left(\frac{T_2}{T_1}-1\right)$$

$$=\frac{k}{k-1}p_1v_1\left(\frac{T_2}{T_1}-1\right) \tag{4-21}$$

当过程可逆时，上式结合式(4-18) 得

$$w_{t(R)}=\frac{k}{k-1}R'T_1\left[\left(\frac{p_2}{p_1}\right)^{\frac{k-1}{k}}-1\right]=\frac{k}{k-1}p_1v_1\left[\left(\frac{p_2}{p_1}\right)^{\frac{k-1}{k}}-1\right] \tag{4-22}$$

【例 4-1】 在定压下加热一定量的空气，已知空气的初始参数：$V_1=3\text{m}^3$，$t_1=27℃$；终态参数：$V_2=9\text{m}^3$；空气的平均分子量为 29，$c'_p=1.004\text{kJ/(kg·K)}$，$c'_v=0.717\text{kJ/(kg·K)}$。在加热过程中消耗的热量为 3012kJ。试求空气的终态温度以及过程中气体的内能、焓值的变化，过程的技术功和容积功。

解：因为在加热过程中空气的量不变，且过程定压，所以$\frac{V_1}{T_1}=\frac{V_2}{T_2}$

加热后空气的终态温度为 $T_2=\frac{V_2}{V_1}T_1=\frac{9}{3}\times(273+27)=900(\text{K})$，即 $t_2=627℃$

空气的质量为 $$m=\frac{Q_p}{c'_p\Delta T}=\frac{3012}{1.004\times(900-300)}=5(\text{kg})$$

气体的焓变为 $$\Delta H=Q_p=3012\text{kJ}$$

气体内能的变化为

$$\Delta U=mc'_v\Delta T=5\times0.717\times(900-300)=2151(\text{kJ})$$

过程的功为 $$W_R=\Delta U-Q=2151-3012=-861\ (\text{kJ})$$

$$W_{t(R)}=\Delta H-Q_p=0$$

【例 4-2】 某定温压缩过程，工质为空气，初态参数：$p_1=101.325\text{kPa}$，$t_1=35℃$。在汽缸内将空气等温压缩到原来体积的十分之一，在压缩过程中，空气的热容可以视为定值。若被压缩的空气的量为 1kmol，求在压缩过程中气体内能、焓的变化，与外界交换的容积功和技术功，气体与环境交换的热量。

解：对等温过程，有 $p_1V_1=p_2V_2$

所以压缩后气体的压力为

$$p_2=\frac{p_1V_1}{V_2}=\frac{101.325}{(1/10)}=1013.25(\text{kPa})$$

因为压缩过程温度不变，即 $\Delta u=0$，$\Delta h=0$。由热力学第一定律，得

$$q=-w=-w_t=-RT_1\ln\frac{p_2}{p_1}=-8.314\times(273+35)\ln\frac{1013.25}{101.325}=-5896(\text{kJ})$$

【例 4-3】 若将例 4-2 中压缩过程改为可逆绝热压缩，则上述各项结果分别为多少？已知空气的绝热指数为 $k=1.40$。

解：绝热压缩后气体的压力为

$$p_2=p_1\left(\frac{v_1}{v_2}\right)^k=101.325\times\left(\frac{1}{1/10}\right)^{1.4}=2545.2(\text{kPa})$$

压缩终温 $$T_2=T_1\left(\frac{v_1}{v_2}\right)^{k-1}=(273+35)\times10^{0.4}=773.7(\text{K})$$

压缩过程的功

$$w_R=\frac{R}{k-1}(T_2-T_1)=\frac{8.314}{1.4-1}\times(773.7-308)=9679.6(\text{kJ})$$

因为过程为绝热

所以 $q=0$

过程中气体内能的变化为 $\Delta u=w_R=9679.6\text{kJ}$

过程中气体焓的变化为 $\Delta h=k\Delta u=1.4\times9679.6=13551.4\ (\text{kJ})$

第三节　多变过程

一、多变过程

所谓多变过程，是指热力系在状态变化过程中遵循 pv^{β}=常数的状态变化过程。工质在状态变化过程中，p、V、T 都发生变化，但仍遵循一定的规律，因此，多变过程可以说是一些有规律变化的过程总称。

pv^{β}=常数，称为多变过程的状态方程式，式中，β 为多变指数，其取值范围为 $-\infty$～$+\infty$，但一般情况下其值介于 0～k。

二、多变过程的过程方程及 *p-v* 图

可逆多变过程的过程方程，其形式与可逆绝热过程的相同，只需将式(4-16)～式(4-18)中的绝热指数 k 换成多变指数即可，即

$$\frac{p_2}{p_1}=\left(\frac{v_2}{v_1}\right)^{\frac{1}{\beta}} \tag{4-23}$$

$$\frac{T_2}{T_1}=\left(\frac{v_2}{v_1}\right)^{1-\beta} \tag{4-24}$$

$$\frac{T_2}{T_1}=\left(\frac{p_2}{p_1}\right)^{\frac{\beta-1}{\beta}} \tag{4-25}$$

多变过程的 p-v 图如图 4-5 所示，图中可逆的多变过程为一条任意的双曲线，将多变过程与上节四个典型的热力过程相比较，可以看出：当 $\beta=0$ 时，p=常数，此过程为定压过程；当 $\beta=1$ 时，pv=常数，此过程为定温过程；当 $\beta=k$ 时，pv^k=常数，此过程为可逆绝热过程（或称定熵过程）；当 $\beta=\pm\infty$时，$p^{\frac{1}{\beta}}v$ 常数，$\beta=\pm\infty$，$p^0=1$，v=常数，此过程为定容过程。由此可见 p-v 图上过程线的分布规律。

对于多变过程，因 pv^{β}=常数，得　$\ln p+\beta\ln v$=常数

将上式两边求导得

$$\frac{dp}{dv}=-\beta\frac{p}{v} \tag{4-26}$$

式(4-26) 即为多变过程线的斜率。

若从不同的起始点出发，对于不同的过程，可以得到不同的曲线。如：当 $\beta=0$ 时，$\frac{dp}{dv}=0$，过程线的斜率为 0，是一条水平线，为定压过程；当 $\beta=1$ 时，$\frac{dp}{dv}=-\frac{p}{v}$，为定温过程线；当 $\beta=k$ 时，$\frac{dp}{dv}=-k\frac{p}{v}$，为绝热可逆过程（等熵过程）线；当 $\beta=\pm\infty$，$\frac{dp}{dv}\to\infty$，过程线为一垂线，为定容过程线。

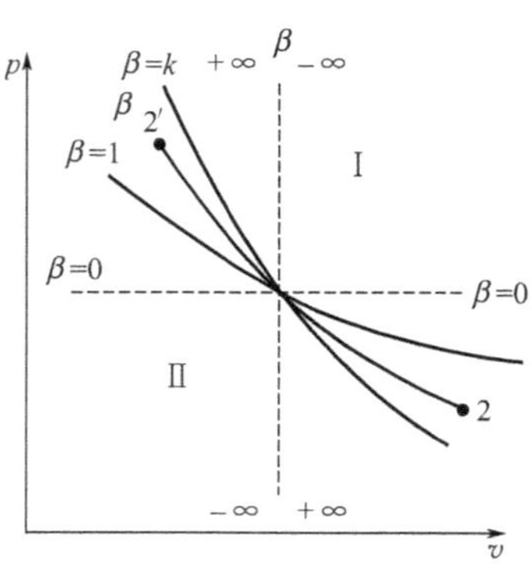

图 4-5　多变过程

如图 4-5 所示，比较 $\beta=1$ 及 $\beta=k$ 的过程线可以看出 $\left|\frac{dp}{dv}\right|_T<\left|\frac{dp}{dv}\right|_S$，即在 p-v 图上绝热可逆过程线（等熵线）比等温过程线陡；当 $1<\beta<k$ 时，多变过程线位于绝热可逆

过程线和等温过程线之间。由此可见，过程线的分布规律为：从定容线开始，过程线按顺时针方向排列旋转时，多变指数从$-\infty \sim 0 \sim +\infty$递增变化。$\beta<0$ 的情况一般比较少见，即图中Ⅰ、Ⅱ区。

三、多变过程 w_R，$w_{t(R)}$，q_R，Δu，Δh 的计算

1. 多变过程 w_R 的计算

在多变过程中，除 $\beta=1$ 外，只需将可逆绝热过程 w_R 的计算式(4-20)、式(4-20a) 中的绝热指数 k 换成多变指数 β 即可，即

$$w_R = \frac{R'T_1}{\beta-1}\left[\left(\frac{p_2}{p_1}\right)^{\frac{\beta-1}{\beta}} - 1\right] \tag{4-27a}$$

$$w_R = \frac{R'T_1}{\beta-1}\left[\left(\frac{v_2}{v_1}\right)^{1-\beta} - 1\right] \tag{4-27b}$$

2. $w_{t(R)}$ 的计算

将式(4-22) 中绝热指数 k 换成多变指数 β 得

$$w_{t(R)} = \frac{\beta}{\beta-1}p_1 v_1\left[\left(\frac{p_2}{p_1}\right)^{\frac{\beta-1}{\beta}} - 1\right] \tag{4-28}$$

从计算可以看出，$w_{t(R)}$ 为 w_R 的 β 倍。

3. q_R 的计算

因为 $q_R=\Delta u-w_R$，且将 c'_v、c'_p 视为常数，所以

$$q_R = \int_{T_1}^{T_2} c'_v \mathrm{d}T - \frac{1}{\beta-1}R'(T_2 - T_1) = c'_v(T_2 - T_1) - \frac{R'}{\beta-1}(T_2 - T_1)$$

$$q_R = c'_v(T_2 - T_1) - \frac{k-1}{\beta-1}c'_v(T_2 - T_1) = c'_v\left(1 - \frac{k-1}{\beta-1}\right)(T_2 - T_1)$$

$$= c'_v\frac{\beta-k}{\beta-1}(T_2 - T_1) \tag{4-29}$$

令

$$c'_\beta = \frac{\beta-k}{\beta-1}c'_v$$

则

$$q_R = c'_\beta\ (T_2 - T_1)$$

式(4-29) 中，c'_β 称为多变过程的比热容。

4. Δu 的计算

$$\Delta u = \int_1^2 c'_v \mathrm{d}T = \int_{T_1}^{T_2} c'_v \mathrm{d}T = c'_v(T_2 - T_1) \tag{4-30}$$

5. Δh 的计算

$\Delta h = c'_p(T_2 - T_1)$ 结合$\frac{c_p}{c_v}=k$，得

$$\Delta h = k\Delta u \tag{4-31}$$

【例 4-4】 一定量的空气经历可逆多变压缩过程，空气的始态参数：温度为 40℃，压力为 101.325kPa，体积为 $4m^3$；终态参数：压力为 506.625kPa，体积为 $1m^3$，求压缩过程的压缩功、空气的放热量、空气内能的变化。已知空气的多变指数为 1.16，空气的定压热容同例 4-1。

解：气体压缩后的温度为

$$T_2 = T_1\left(\frac{p_2}{p_1}\right)^{\frac{\beta-1}{\beta}} = 313 \times \left(\frac{506.625}{101.325}\right)^{\frac{1.16-1}{1.16}} = 390.8(\mathrm{K})$$

由气体状态方程计算得空气的质量为

$$m=\frac{p_1V_1M}{RT_1}=\frac{101.325\times 4\times 29}{8.314\times(273+40)}=4.517\ (\text{kg})$$

过程的压缩功为

$$W_R=mw_R=m\times\frac{R'T_1}{\beta-1}\left[\left(\frac{p_2}{p_1}\right)^{\frac{\beta-1}{\beta}}-1\right]$$

$$=4.517\times\frac{(8.314\div 29)\times 313}{1.16-1}\left[\left(\frac{506.625}{101.325}\right)^{\frac{1.16-1}{1.16}}-1\right]=4.517\times 139.4=629.64(\text{kJ})$$

技术功为 $W_{t(R)}=\beta w_R=1.16\times 629.64=730.38\ (\text{kJ})$

气体内能的变化为

$$\Delta U=mc'_v(T_2-T_1)=4.517\times 0.717\times(390.8-313)=251.95(\text{kJ})$$

为便于应用，将上述几种典型热力过程的基本公式列于表 4-1 中。

表 4-1　气体主要热力过程的基本公式

过　程	定容过程	定压过程	定温过程	定熵过程	多变过程
过程指数	∞	0	1	k	β
过程方程	v=常数	p=常数	T=常数	pv^k=常数	pv^β=常数
p、v、T 关系	$\frac{p_1}{p_2}=\frac{T_1}{T_2}$	$\frac{v_1}{T_1}=\frac{v_2}{T_2}$	$p_1v_1=p_2v_2$	$p_1v_1^k=p_2v_2^k$ $\frac{T_2}{T_1}=\left(\frac{p_2}{p_1}\right)^{\frac{k-1}{k}}$ $\frac{T_2}{T_1}=\left(\frac{v_1}{v_2}\right)^{k-1}$	$p_1v_1^\beta=p_2v_2^\beta$ $\frac{T_2}{T_1}=\left(\frac{p_2}{p_1}\right)^{\frac{\beta-1}{\beta}}$ $\frac{T_2}{T_1}=\left(\frac{v_2}{v_1}\right)^{1-\beta}$
容积功 w_R 计算式	$w_R=0$	w_R $=p(v_1-v_2)$ $=R'(T_1-T_2)$	$w_R=R'T\ln\frac{p_2}{p_1}$ $=p_1v_1\ln\frac{p_2}{p_1}$	$w_R=\Delta u=\frac{1}{k-1}(p_2v_2-p_1v_1)$ $=\frac{R'T_1}{k-1}\left[\left(\frac{p_2}{p_1}\right)^{\frac{k-1}{k}}-1\right]$ $=\frac{p_1v_1}{k-1}\left[\left(\frac{p_2}{p_1}\right)^{\frac{k-1}{k}}-1\right]$ $=\frac{R'}{k-1}(T_2-T_1)$	$w_R=\frac{R'T_1}{\beta-1}\left[\left(\frac{p_2}{p_1}\right)^{\frac{\beta-1}{\beta}}-1\right]$ $w_R=\frac{R'T_1}{\beta-1}\left[\left(\frac{v_2}{v_1}\right)^{1-\beta}-1\right]$
技术功 $w_{t(R)}$ 计算式	$w_{t(R)}$ $=v(p_2-p_1)$ $=R'(T_2-T_1)$	$w_{t(R)}=0$	$w_{t(R)}=w_R$	$w_{t(R)}=\Delta h=kw_R=k\Delta u$	$w_{t(R)}$ $=\frac{\beta}{\beta-1}p_1v_1\left[\left(\frac{p_2}{p_1}\right)^{\frac{\beta-1}{\beta}}-1\right]$ $w_{t(R)}=\beta w_R$
热量的计算	$q_v=\Delta u$	$q_p=\Delta h$	$-q=w_R=w_{t(R)}$	$q=0$	$q_R=c'_\beta(T_2-T_1)$ $c'_\beta=\frac{\beta-k}{\beta-1}c'_v$ $\beta\neq 1$
Δu 的计算	$\Delta u=\bar{c}'_v(T_2-T_1)$		$\Delta u=0$	$\Delta u=\bar{c}'_v(T_2-T_1)$	
Δh 的计算	$\Delta h=\bar{c}'_p(T_2-T_1)$		$\Delta h=0$	$\Delta h=\bar{c}'_p(T_2-T_1)$	

第四节　压缩机的用途、分类及原理

一、压缩机的用途

在现代工业中，加压或高压气体的使用十分普遍。例如，常利用高压气体作为各种气动机械的动力（如空气锤、风动工具、膨胀机等）；各种化工过程中对气体的压缩（如合成氨生产中原料气的压缩）；空气分离装置中对空气的压缩；制冷工业中气体的液化及制冷剂的压缩等。另外，诸如工业通风、高炉的鼓风和固体颗粒的干燥与运输等都常用到加压或高压气体。将所有用来压缩气体的设备称为压气机或压缩机，而被压缩的气体称为压缩气体。一般将出口表压大于 300kPa 的气体输送机械统称为压缩机。

二、压缩机的分类、原理、特点

压缩机按其工作原理及构造形式可以分为活塞式压缩机和叶轮式压缩机两大类。活塞式压缩机通常用于要求压力比较高、流量不大的场所；而离心式压缩机通常用在要求压力不高、排气量大的地方。

（一）活塞式压缩机

活塞式压缩机的主要部件是活塞和汽缸。汽缸的端部有能随汽缸内压力变化而自动开、闭的进气及排气阀门。活塞式压缩机有单、多级之分，下面以单级为例说明其工作原理。

活塞式压缩机通过压缩气体的容积来达到增加气体压力的目的。单级活塞式压缩机的工作过程如图 4-6 所示，分为三个阶段。

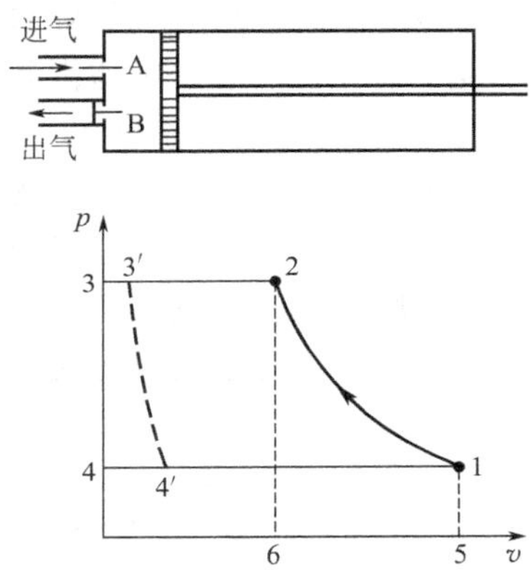

图 4-6 单级活塞式压缩机

吸气过程：由于进气管内气体的压力大于汽缸内气体的压力，故进气阀门自动开启，随着活塞向右移动，被压缩的气体吸入汽缸。图中 4→1 表示吸气过程，在吸气过程中，压力不变，气体的容积随着汽缸容积的增加而增加。当活塞运动到右端点时，进气过程终了，汽缸内气体的压力为 p_1，温度为 T_1，容积为 V_1，进气阀关闭。

压缩过程：在外力作用下活塞自右向左移动，图中 1→2过程为压缩过程，随着活塞的向左移动，气体容积减小，压力升高。当气体被压缩到等于出口阀的压力时，排气阀 B 将开启，此时气体的压力为 p_2，温度为 T_2，体积为 V_2。

排气过程：活塞继续向左运动，汽缸内气体将被排出汽缸，图中 2→3 表示排气过程，至此，活塞式压缩机完成一个理想压缩工作循环过程。即图 4-6 中 1→2→3→4→1 的过程。在实际工作中，由于压缩机排气常有一定量的气体不能被排完，将排气时未排完的气体所占的体积称为余隙，故实际压缩循环过程应如图中 1→2→3′→4′→1 所示。

根据不同的工作条件，活塞式压缩机的压气过程可以分为三种不同情况。一种是压气过程极快，过程中气体来不及与外界进行热量交换或交换的热量极少，可以视为绝热压缩的过程，出口气体温度较高；第二种是过程进行较慢，且散热较好，在压气过程中气体温度始终保持与初温相同，称为等温过程；第三种介于上述两种情况之间，即在压气过程中气体向外界散热，但温度也有上升，称为多变过程。一般的压缩过程严格来讲都属第三种，此时 β 值介于 $1\sim k$。

活塞式压缩机主要是通过活塞直接对气体做功，其主要部件有汽缸、活塞、传动部分、原动机等。这类压缩机在制造上比较容易，结构比较简单，一般能产生较高的终压，具备一定的应用范围。但该类压缩机受余隙的影响，使其出口压力受限，加之为间歇吸气及排气、介质夹带润滑油以及排气量比较低等特点，使之在应用上受到一定限制。

（二）叶轮式压缩机

叶轮式压缩机与活塞式压缩机的不同之处是，叶轮式压缩机靠叶轮的旋转推动气体并使气体首先获得较高的动能，然后经扩压管提高气体的压力，从而达到压缩气体的目的。根据气体的流动方向，叶轮式压缩机又分为径流式压缩机和轴流式压缩机两种。

离心式压缩机中气体的流动方向与叶轮的直径方向一致，而轴流式压缩机中气体的流动方向与叶轮直径方向垂直。叶轮式压缩机一般都分级，每一级的基本结构和操作原理与离心泵类似。对单级的离心压缩机，出口压力不高，要获得较高的终压，则需要较多的级数，设备体积也较大，这种压缩机尽管每一级的压缩比不大，但由于级数比较多，转速较高，所以都能获得较高的终压。不管在何种压缩机中压缩，由于压力升高，气体温度升高不可避免，所以当气体的压缩比较大时，气体的温升也比较显著。所以，这类压缩机一般都分成几段，每段含有几级，叶轮的直径也逐渐缩小，段间设置冷却器降低每段进口温度，以降低功耗。

离心式压缩机与活塞式压缩机相比，具有连续吸、排气，排气量大及无余隙等优点。但当要求出口压力较高时，需要的级数也较多，且在偏离工作点时效率会降低，制造与加工的难度也比较大。离心式压缩机的发展趋势是高压力、大流量、大功率。

（三）其他类型的压缩器

气体压缩另一种形式的设备是引射式压缩器。汽轮机凝汽器中用以抽取不可凝气体的抽气器，就是这种引射式压缩器的一种。工业上有时会遇到这样的要求，实际需要的是中压的蒸汽，而所能供应的是高压蒸汽。如果通过节流方式来降低蒸汽压力满足用户需要，显然是不经济的。这时可采用引射式压缩器以少量高压蒸汽，引射低压蒸汽并与之混合，从而获得较多的中压蒸汽。

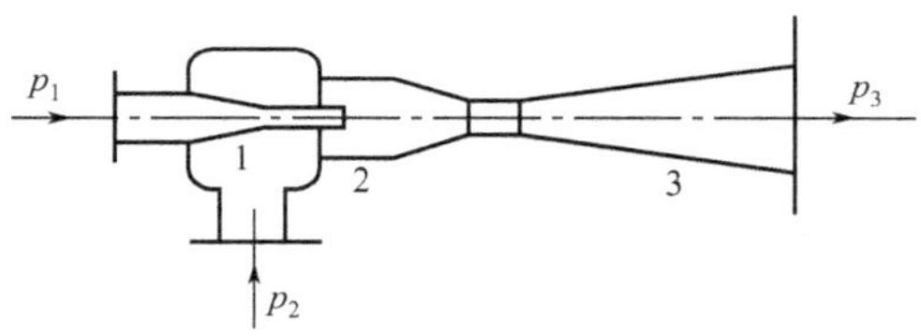

图 4-7　引射式压缩器

1—喷管；2—混合室；3—扩压管

图 4-7 所示为引射式压缩器的结构简图。压力为 p_1 的高压蒸汽经过喷管 1 膨胀加速，压力降低，动能增加。在喷管出口，当压力降至被引射流体压力 p_2 以下时，将被引射的流体引入混合室 2，两股气流进行混合，并以某一平均速度流向扩压管 3，减速增压至 p_3，从而达到压缩的目的。

引射式压缩器的优点是结构简单，没有运动部件。由于在混合和扩压过程中不可逆因素极大，能量损耗亦大，所以理论上和实用上引射式压缩器的效率都很低。但由于其特殊的优点，工程上仍有实用价值，如在制冷装置、凝汽器以及小型锅炉中的给水设备等方面均有应用。

第五节　单级活塞式压缩机的理论功耗

一、理想压缩过程

同一气体在进出口状态一定时，采用不同的压缩方式压缩，其功耗就不相等。为了简化，将具有下列特征的压缩过程称为理想压缩或理论压缩：①对压缩机而言，活塞无重量，而且活塞与汽缸之间没有摩擦；②气体在通过进气阀、排气阀时没有阻力，气体本身也没有扰动；③压缩机没有余隙，被吸入的气体能彻底被排出，压缩机的容积效率为 100%。实际上完全的理想压缩并不存在。

二、理想气体单级理论压缩功的计算及在 p-v 图上的表示

（一）可逆等温压缩

等温压缩是指气体在压缩过程中温度保持不变。在实际情况下，完全做到等温压缩是不可能的，但作为比较的标准可以用来衡量实际过程的经济性。

对理想气体，若忽略压缩过程中气体的动、位能变化，其理论压缩功就是其技术功，由式(4-13) 得

$$w_{s(R),T}=R'T_1\ln\frac{p_2}{p_1}=p_1v_1\ln\frac{p_2}{p_1} \tag{4-32}$$

在图 4-8 中，其数值相当于面积 12341。

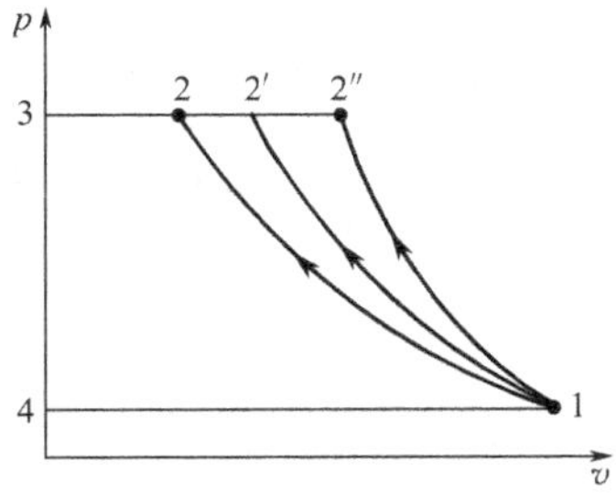

图 4-8 可逆多变压缩

（二）可逆绝热压缩

绝热压缩只是一种极限情况，在气体被压缩时，若是完全绝热，则压缩过程产生的热量将全部用来升高气体的温度。实际上，即使压气过程气流速度再快，停留时间再短，总还是有热量的损失。对可逆绝热过程进行讨论，可以用来评价实际工作过程的经济性。

同样，由式(4-22) 得

$$w_{s(R),s}=\frac{k}{k-1}p_1v_1\left[\left(\frac{p_2}{p_1}\right)^{\frac{k-1}{k}}-1\right]=\frac{k}{k-1}R'T_1\left[\left(\frac{p_2}{p_1}\right)^{\frac{k-1}{k}}-1\right] \tag{4-33}$$

其值相当于图 4-8 中 12″341 包围的面积。

需要注意的是，该方程只适用于理想气体且 k 为常数的情况。

（三）可逆多变压缩

气体在实际压缩过程中，通常都是介于上述两种过程之间的多变过程。在多变过程中，气体的 p、V、T 之间的关系和压缩功的计算与绝热过程相似，只需将绝热过程压缩功计算式中的绝热指数 k 改成多变指数 β 即可。即

$$w_{s(R),\beta}=\frac{\beta}{\beta-1}p_1v_1\left[\left(\frac{p_2}{p_1}\right)^{\frac{\beta-1}{\beta}}-1\right]=\frac{\beta}{\beta-1}R'T_1\left[\left(\frac{p_2}{p_1}\right)^{\frac{\beta-1}{\beta}}-1\right] \tag{4-34}$$

其值在图 4-8 中相当于面积 12′341。

多变指数 β 值一般介于 1～k，根据汽缸的绝热情况，β 值在此范围内变化。冷却情况好时，β 值接近 1，若冷却情况不好，则与 k 值接近。

从上面的讨论可以看出，气体的压缩功主要与压缩比（压缩机出口压力与进口压力的比值）及气体的初温有关。压缩比越大、初温越高，功耗就越大。在压缩比一定的情况下，为了降低压缩功耗，增加压缩机的打气能力，应该尽量降低压缩机进口气体的温度。

【例 4-5】 设空气的初态参数为 $p_1=0.1033\text{MPa}$，$t_1=15.6℃$，将 1kmol 的空气压缩到终态 $p_2=1.760\text{MPa}$。试比较等温、绝热和多变过程的理论功耗和终点温度。已知空气的多变指数 $\beta=1.25$。

解：空气在压力较低时可以看成是理想气体。

① 等温压缩理论功耗

$$w_{s(R),T}=nRT_1\ln\frac{p_2}{p_1}=1\times8.314\times(15.6+273)\ln\frac{1.76}{0.1033}=6803.4(\text{kJ})$$

② 绝热压缩过程理论功

$$w_{s(R),S}=\frac{k}{k-1}nRT_1\left[\left(\frac{p_2}{p_1}\right)^{\frac{k-1}{k}}-1\right]$$

$$=\frac{1.4}{1.4-1}\times 1\times 8.314\times(15.6+273)\times\left[\left(\frac{1.760}{0.1033}\right)^{\frac{1.4-1}{1.4}}-1\right]=10482.2(\text{kJ})$$

③ 多变压缩理论功

$$w_{s(R),\beta}=\frac{\beta}{\beta-1}nRT_1\left[\left(\frac{p_2}{p_1}\right)^{\frac{\beta-1}{\beta}}-1\right]$$

$$=\frac{1.25}{1.25-1}\times 8.314\times(15.6+273)\times\left[\left(\frac{1.760}{0.1033}\right)^{\frac{1.25-1}{1.25}}-1\right]=9155.3(\text{kJ})$$

压缩过程的终态温度为：

绝热压缩 $T_2=T_1\left(\frac{p_2}{p_1}\right)^{\frac{k-1}{k}}=288.6\times\left(\frac{1.760}{0.1033}\right)^{\frac{1.4-1}{1.4}}=648.8(\text{K})$ 或 $t_2=648.8-273=375.8(℃)$

多变压缩 $T_2=288.6\times\left(\frac{1.760}{0.1033}\right)^{\frac{1.25-1}{1.25}}=508.8(\text{K})$ 或 $t_2=235.8℃$

从上面的计算可以看出，在 $1<\beta<k$ 的条件下，当压缩比一定时，等温压缩的功耗最小，终温最低；绝热压缩功耗最大，终温最高；多变压缩功耗和终温介于上述两者之间。

第六节 多级压缩和级间冷却

一、多级压缩的必要性

多级压缩在工程上也称多段压缩。工程上气体的压缩通常都是采用这种压缩方法，将压缩进行分级（或分段）的主要原因有以下几个方面。

1. 控制压缩终温

从前面的例题可以看出，绝热压缩的终温大于多变压缩的终温，且这两种压缩产生的终温都比较高。通常在压缩机上使用的润滑油，在温度大于 140℃时（对应的压缩比为 3 左右）均会产生结焦等现象，从而会影响压缩机的正常运行；另外，过高的压缩终温还可能引起被压缩的气体本身或气体之间发生化学反应等，甚至产生爆炸等危险；再者，当终温比较高时，压缩机的材质及结构也会因此而产生影响。如果采用分级压缩，可以有效地控制压缩终温，避免上述现象的发生。

2. 降低压缩功耗

图 4-9 所示为两级压缩过程示意图，现以绝热压缩过程为例，图中 1→9 为等温压缩过程，1→2 为气体在低压缸内的绝热压缩过程，2→3 为段间气体的定压冷却过程，3→4 为气体在高压缸内的绝热压缩过程。该两级压气过程的总功耗为每一级功耗之和。在 p-v 图上，总功耗相当于面积 7123457，其面积为第一级功耗 71267 与第二级功耗 63456 之和。而当只采用一级绝热压缩时，面积则相当于图中的 71857。很明显，由于分级节省的功耗值为 32843 所围成的面积，所以，当要求进出口压力一定（即压缩比一定）时，采用分级压缩可以有效地节省功耗。从理论上讲，分级越多，整个压缩过程越接近等温线，所耗的压缩功也就越少，这是其一；此外，压缩级数越少，每一级的出口压力就越高，实际压缩机中由于余隙内的气体在进气时膨胀所占的体积就越大，压缩机的容积效率就越小，当膨胀后气体的体

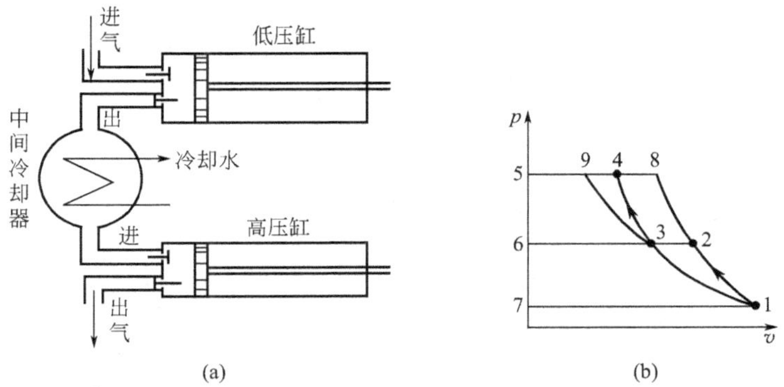

图 4-9　两级活塞压缩机

积达到压缩机的最大吸气容积时，压缩机将无法压出气体。由于压缩机的余隙的影响，使得压缩机的功耗增加。而采用分级后，由于每段压缩的压缩比都不大，使得余隙的影响减小，功耗也就可以降低。但是如果分的级数越多，压缩机的结构就越复杂，制造、安装、检修等的成本和难度就越大，并且分级越多，气体的流动阻力也就越大。所以，在工程上一般都不采用较多的级数，通常为 2～4 级，具体可视初、终态压力及被压缩的气体性质、压缩机的类型而定。

3. 满足工艺过程的要求

在以气体为原料的生产过程中，为了满足在生产过程中不同工段对压力的要求，通常将气体不断从压缩机中引出，经相应处理后再引入下一个工段。如合成氨过程中各个工段对气体的压力要求各不相同。所以，客观上为了满足不同工艺过程对压力的不同要求，压缩过程也就必须进行分段。

二、多级可逆压缩功的计算

多级可逆压缩的功耗，为各级压缩功耗之和。假如被压缩的为理想气体，在压缩过程中气体的量保持不变，气体经每一级压缩后，都能冷却到第一级进气的温度，而每一级的压缩均为多变压缩。则多级多变压缩所耗的功的总和为

$$w_{s(R),\beta}=\frac{\beta}{\beta-1}p_1v_1\left[\left(\frac{p_2}{p_1}\right)^{\frac{\beta-1}{\beta}}-1\right]+\frac{\beta}{\beta-1}p_2v_2\left[\left(\frac{p_3}{p_2}\right)^{\frac{\beta-1}{\beta}}-1\right]$$
$$+\frac{\beta}{\beta-1}p_3v_3\left[\left(\frac{p_4}{p_3}\right)^{\frac{\beta-1}{\beta}}-1\right]+\cdots+\frac{\beta}{\beta-1}p_\theta v_\theta\left[\left(\frac{p_{\theta+1}}{p_\theta}\right)^{\frac{\beta-1}{\beta}}-1\right]$$

若 $T_1=T_2=\cdots=T_\theta$，则上式可以写成

$$w_{s(R),\beta}=\frac{\beta}{\beta-1}R'T_1\left[\left(\frac{p_2}{p_1}\right)^{\frac{\beta-1}{\beta}}+\left(\frac{p_3}{p_2}\right)^{\frac{\beta-1}{\beta}}+\cdots+\left(\frac{p_{\theta+1}}{p_\theta}\right)^{\frac{\beta-1}{\beta}}-\theta\right] \tag{4-35}$$

式中　θ——压缩机的级数；

p_θ，$p_{\theta+1}$——第 θ 级压缩的进、出口压力，Pa。

三、多级可逆压缩的最小功耗的计算及在 p-v 图上的表示

为了使多级压缩机的总功耗减到最小，就必须合理分配各级汽缸的压缩负荷，也就是要合理地选择一个段间压力或最佳中间压力。现以两级压缩为例来说明。如图 4-10 所示，要使两级压缩功耗最小，则必须选择合适的中间压力 p_2，使图中阴影部分的面积最大。按式(4-35)，压缩机的总压缩功为

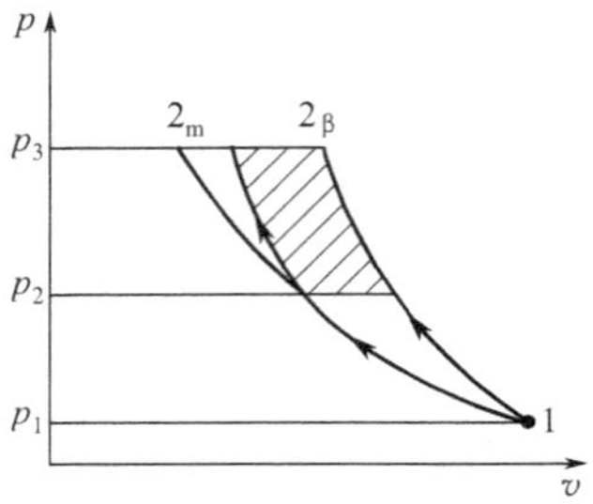

图 4-10　两级最佳多变压缩

$$w_{s(R),\beta}=\frac{\beta}{\beta-1}RT_1\left[\left(\frac{p_2}{p_1}\right)^{\frac{\beta-1}{\beta}}+\left(\frac{p_3}{p_2}\right)^{\frac{\beta-1}{\beta}}-2\right] \tag{4-36}$$

为了使压缩功最小，须符合条件

$$\left(\frac{\partial w_{s(R),\beta}}{\partial p_2}\right)_{p_1,p_3,\beta}=0 \tag{4-37}$$

将式(4-36) 代入上式，整理得

$$\frac{p_2}{p_1}=\frac{p_3}{p_2}=r \tag{4-38}$$

式中　r——压缩比。

从式(4-38) 可以看出，对两级压缩机来讲，当$\frac{p_2}{p_1}=\frac{p_3}{p_2}$时，即两级采用相同的压缩比时，总功耗最小；同样，对于级数为 θ 的多级压缩过程，只要做到各级的压缩比相同，各级进气的温度相同，则压缩过程的总功耗就最小。

$$r=\frac{p_2}{p_1}=\frac{p_3}{p_2}=\cdots=\frac{p_{\theta+1}}{p_\theta}$$

如果只知道进口和最后出口的压力，那么级数为 θ 的可逆压缩过程的最小功耗为

$$w_{s(R),\beta}=\frac{\beta}{\beta-1}R'T_1\left[r^{\frac{\beta-1}{\beta}}+r^{\frac{\beta-1}{\beta}}+\cdots+r^{\frac{\beta-1}{\beta}}-\theta\right]$$

因为
$$\frac{p_{\theta+1}}{p_1}=r^\theta$$

所以
$$r=\left(\frac{p_{\theta+1}}{p_1}\right)^{\frac{1}{\theta}}$$

代入上式得

$$\begin{aligned}w_{s(R),\beta}&=\frac{\beta}{\beta-1}R'T_1\left[\left(\frac{p_{\theta+1}}{p_1}\right)^{\frac{\beta-1}{\theta\beta}}+\left(\frac{p_{\theta+1}}{p_1}\right)^{\frac{\beta-1}{\theta\beta}}+\cdots+\left(\frac{p_{\theta+1}}{p_1}\right)^{\frac{\beta-1}{\theta\beta}}-\theta\right]\\&=\frac{\theta\beta}{\beta-1}R'T_1\left[\left(\frac{p_{\theta+1}}{p_1}\right)^{\frac{\beta-1}{\theta\beta}}-1\right]\end{aligned} \tag{4-39}$$

这里讨论的各类压缩过程的计算均系可逆条件下的理论压缩功，但在实际压缩过程中，由于存在各种不可逆的因素，使得实际压缩过程中所消耗的功率总是大于理论功率。上述计算只能作为与实际过程相比较的标准。

四、级间冷却

级间冷却也称段间冷却，是减少气体压缩功耗的主要手段之一。气体压缩后，段间的放热量及水冷却器冷却水量的计算，可采用式(3-40b)、式(3-41)。

若只需单独计算压缩后气体的放热量，则可以气体为热力系，由式(3-40b) 得

$$Q_{放}=\Delta H_{气}=n\bar{c}_{p气}\ (T_{压入}-T_{压出})$$

式中　$T_{压入}$——下一级（如第二级）压缩机入口气体温度，若不计水冷却器出口管至压缩机入口管之间的热损失，此温度也等于水冷却器出口气体的温度，K；

$T_{压出}$——前一级（如第一级）压缩机段间出口气体温度，同样若忽略管道热损失，此温度也等于水冷却器入口气体的温度，K。

若不仅要计算压缩后气体的放热量，而且还要计算段间水冷却器的冷却水用量，则可取整个水冷却器为体系，由式(3-41) 得

$$\Delta H_{气}+\Delta H_{水}=Q_{损}$$

即
$$n\bar{c}_{p气}(T_{压入}-T_{压出})+m\bar{c}_{p水}(T_{冷出}-T_{冷入})=Q_{损}$$

或
$$n\bar{c}_{p气}(T_{压入}-T_{压出})+m(h_{冷出}-h_{冷入})=Q_{损}$$

式中 $T_{冷出}$——水冷却器出口冷却水温度，K；

$T_{冷入}$——水冷却器入口冷却水温度，K；

$h_{冷出}$——水冷却器出口冷却水焓值，kJ/kg；

$h_{冷入}$——水冷却器入口冷却水焓值，kJ/kg。

【例 4-6】 空气从初态 $p_1=10^5$ Pa，$t_1=27$℃，经三级压缩、中间冷却，最终被压缩至 $p_2=4.9\times10^6$ Pa，各级压缩的多变指数相等、为 1.25，且水冷却器出口气体温度均与初温相同。求：①压缩机向外提供 200kg/h 压缩空气时的最小理论功耗；②气体在各级汽缸外水夹套中的放热量；③气体在中间水冷却器中的放热量；④冷却水总用量，假定水夹套中和水冷却器中的冷却水入口温度相同，都为 20℃，出口水温也相同，都为 25℃，水的平均比定压热容为 4.1868kJ/（kg·K）；⑤若采用单级压缩，假设 β 仍为 1.25，则上述情况将怎样？空气可视为理想气体，其定压比热容和定容比热容可见例 4-1，绝热指数 $k=1.4$，水夹套和水冷却器的热损失可忽略不计。

解：① 压缩机的最小理论总功率 $P_{总}$。

由式(4-39) 得

$$P_{总}=\frac{\theta\beta}{\beta-1}mR'T_1\left[\left(\frac{p_{\theta+1}}{p_1}\right)^{\frac{\beta-1}{\theta\beta}}-1\right]$$

$$=\frac{3\times1.25}{1.25-1}\times\frac{200}{3600}\times\frac{8.314}{29}\times300\times\left[\left(\frac{4.9}{0.1}\right)^{\frac{1.25-1}{3\times1.25}}-1\right]=21.23\ (\text{kW})$$

② 气体在各级汽缸外水夹套中的放热量 Q_β。

因各级压缩比、多变指数 β、进口温度、进口气量相同，所以各级出口气体温度也相同，则各级出口气体温度 $T_{压出}$ 为：

$$T_{压出}=T_1\left(\frac{p_{\theta+1}}{p_1}\right)^{\frac{\beta-1}{\theta\beta}}=300\times\left(\frac{4.9}{0.1}\right)^{\frac{1.25-1}{3\times1.25}}=388.9\ (\text{K})$$

由式(4-29b) 得

$$Q_{\text{I}\beta}=Q_{\text{II}\beta}=Q_{\text{III}\beta}=m\frac{\beta-k}{\beta-1}c_V'(T_{压出}-T_1)=200\times\frac{1.25-1.4}{1.25-1}\times0.717\times(388.9-300)$$

$$=-7649.0(\text{kJ/h})$$

③ 气体在中间水冷器中的放热量 Q_p。

同样，由于操作条件相同，气体在两个水冷器中的放热量相同，故

$$Q_{\text{I}p}=Q_{\text{II}p}=mc_p'(T_1-T_{压出})=200\times1.004\times(300-388.9)=-17851.1(\text{kJ/h})$$

④ 冷却水总用量 $m_{水}$。

因水夹套和水冷器的热损失都忽略不计，故冷却水的吸热量与气体的放热量在数量上相等，加上两设备中冷却水的进、出口温度亦相同，故

$$-Q_{吸}=3Q_\beta+2Q_p=3\times(-7649.0)+2\times(-17851.1)=-58649.2(\text{kJ/h})$$

而
$$Q_{吸}=m_{水}\ c_{p水}'(T_{水出}-T_{水入})$$

代入数据得
$$58649.2=m_{水}\times4.1868\times(25-20)$$

解得
$$m_{水}=2801.6\text{kg/h}$$

⑤ 采用单级多变压缩。

$$P=\frac{\beta}{\beta-1}mR'T_1\left[\left(\frac{p_2}{p_1}\right)^{\frac{\beta-1}{\beta}}-1\right]=\frac{1.25}{1.25-1}\times\frac{200}{3600}\times\frac{8.314}{29}\times300\times\left[\left(\frac{4.9}{0.1}\right)^{\frac{1.25-1}{1.25}}-1\right]$$

$$=28.14(\text{kW})$$

与三级压缩相比，增加功耗为

$$\frac{P-P_{总}}{P_{总}}=\frac{28.14-21.23}{21.23}\times100\%=32.55\%$$

$$T'_{压出}=T_1\left(\frac{p_2}{p_1}\right)^{\frac{\beta-1}{\beta}}=300\times\left(\frac{4.9}{0.1}\right)^{\frac{1.25-1}{1.25}}=653.4(\text{K})$$

$$Q'_{\beta}=m\frac{\beta-k}{\beta-1}c'_{v}(T'_{压出}-T_1)=200\times\frac{1.25-1.4}{1.25-1}\times0.717\times(653.4-300)$$

$$=-30406.4(\text{kJ/h})$$

$$m'_{水}=\frac{-Q'_{\beta}}{c'_{p水}(T_{水出}-T_{水入})}=\frac{30406.5}{4.1868\times(25-20)}=1452.5(\text{kg/h})$$

*第七节　实际压缩机功率与原动机功率的估算

在实际应用中，由于存在传动损耗等各种损耗，实际输入的功率必然大于各种理论计算的功率，下面分别予以说明。

一、理论功率 P_{id}

压缩机的理论功率是指按前面几种压缩过程进行计算所得到的可逆功率。也可以说是在压气过程中被压缩的气体所需的最小功率。

二、指示功率 P_i

气体在汽缸内流动时，由于摩擦、湍动等阻力及其他诸多因素，造成在压缩机压气时需要多消耗一部分能量，因此在实际压气过程中消耗的功率要比前面理论计算的功率大一些，考虑上述因素的功率称为指示功率。指示功率可以通过示功器测得，指示功率也就是活塞实际给气体的功率。根据压缩过程的性质，可以有下列三种情况。

1. 以理论等温压缩为比较标准

$$P_{i,T}=\frac{P_{id,T}}{\eta_{i,T}} \tag{4-40}$$

式中　$\eta_{i,T}$——等温指示效率，其值通常在 0.65～0.76；

$P_{id,T}$——理论等温压缩功率，kW。

2. 以理论绝热压缩为比较标准

$$P_{i,s}=\frac{P_{id,s}}{\eta_{i,s}} \tag{4-41}$$

式中　$\eta_{i,s}$——绝热指示效率，其值通常在 0.85～0.97；

$P_{id,s}$——理论绝热压缩功率，kW。

3. 以理论多变压缩过程为比较标准

$$P_{i,\beta}=\frac{P_{id,\beta}}{\eta_{i,\beta}} \tag{4-42}$$

式中　$\eta_{i,\beta}$——多变指示效率；

$P_{id,\beta}$——理论多变压缩功率，kW。

实际计算时，由于多变过程操作条件难以确定，故通常采用式(4-40)、式(4-41) 进行计算，式中 $\eta_{i,T}$、$\eta_{i,s}$可查有关手册。

三、轴功率 P_F

轴功率就是原动机给压缩机轴的功率，主要克服压缩机内传动装置之间的摩擦等，所以压缩机的轴功率就必须大于活塞给气体的功率（指示功率）。

$$P_F = \frac{P_i}{\eta_m} \tag{4-43}$$

式中 η_m——压缩机的机械效率，一般为 0.88～0.92。

四、原动机的有效功率 P_e

原动机与压缩机之间往往是通过带、齿轮等传动机构进行连接，在机械传动的过程中存在功的损耗，所以原动机输出的有效功率就必须大于压缩机的轴功率。所谓原动机的有效功率，就是指原动机必须输出的最小功率。

$$P_e = \frac{P_F}{\eta_c} \tag{4-44}$$

式中 η_c——传动效率，其值由传动方式决定，一般平带传动为 0.90～0.94；V 带传动为 0.92～0.98；齿轮变速箱传动为 0.96～0.99；直接连接可取 1。

五、原动机功率 P_0

由于原动机（如电动机等）本身内部存在一些功的损失，同时为了保证压缩机工作运行可靠，选用的电动机的功率都要比原动机的有效功率大一些，一般可取：

$$P_0 = (1.1 \sim 1.2)P_e \tag{4-45}$$

具体选择原动机功率时，通常还需将上述计算结果进行圆整，最后才能确定。工程上，为了便于估算压缩机的实际功率，也可以直接采用压缩机效率来表示上述几个效率，即

$$\eta = \frac{理论功率}{实际功率}$$

η 因压缩机的类型和生产能力不同而取不同的经验值。

复习思考题

4-1 工质膨胀过程是否一定会做功？定容过程中是否做功？在定温过程中是否有热量传递？工质的内能和焓是否有变化？在绝热过程中，工质的 T 是否有改变？对工质加热，其温度是否一定会升高？有可能降低吗？

4-2 在 p-v 图上，温度向哪个方向增大？

4-3 已知过程曲线处于 p-v 图上的不同位置，如何判断过程中 q、Δu、Δh 及 w 的正负号？

4-4 有一循环过程，其中 13 为定压过程，23 为绝热过程，12 为定容过程，且都为可逆过程。试确定：①Δu_{12}与Δu_{13}哪个大？②Δh_{12}与 Δh_{13}哪个大？

4-5 封闭在容器内的定量气体进行可逆变化，且过程中不对外做膨胀功。试问气体的比体积如何变化？气体内能变化与外界交换热量之间有何关系？若上述气体经历的是有摩擦的不可逆过程，对外仍不做膨胀功，气体的比体积又如何变化？气体的内能变化与加热量之间的关系又如何？

4-6 流体在输送管道中可逆流动时，如对外不做技术功，此时流体压力将如何变化？过程中流体与外界交换的热量和流体的焓变之间有何关系？若上述流动为有摩擦的不可逆过程，对外仍不做技术功，问流体压力又将如何变化？过程加热量与流体的焓变又成什么关系？

4-7 压缩机可分为哪几类？各类压缩机的原理是什么？

4-8 典型的压缩过程可分为哪几类？各类压缩过程的可逆轴功如何计算？如何在 p-v 图上表示？

4-9 为什么要采用多级压缩？多级压缩功如何计算？多级压缩的最小功耗如何计算？为使多级压缩功耗最小，则各级压缩比该如何确定？

4-10 为什么多级压缩能降低压缩功耗？

4-11 多级压缩一定要采用级间冷却吗？不用它可以吗？为什么？

4-12 实际压缩机功率及相对应的原动机的功率如何进行估算？

习题

4-1 某理想气体吸收 3349kJ 的热量而做定压变化。设定容比热容为 0.741kJ/(kg·K)，气体常数 R' 为 0.297kJ/(kg·K)，求对外所做的功和内能变化量。

4-2 将温度为 200℃的空气定温压缩到原来容积的 1/2，再使它可逆绝热膨胀到定温压缩前的压力。求最终温度，并画出 p-v 图（$k=1.40$）。

4-3 一压气机将表压力为 0.4903×10^5 Pa、温度为 27℃的 2kg 空气，在汽缸内压缩到容积为原来的 1/4。试按照定温过程与绝热过程求出下列各数值（当时当地大气压为 760mmHg）：①此压缩空气的总容积；②压缩终了空气的压力及温度；③空气在压缩过程中放出或加入的热量、压缩功及内能、焓的变化量；④画出压缩过程的 p-v 图；⑤比较定温与绝热两种不同的压缩过程中的耗功情况及最终温度。

4-4 有一采暖设备，每小时可提供 40℃的热空气 4000m³，设备进口处的大气温度为 25℃，空气在该设备进出口风道中的流速不超过 5m/s，当时当地大气压为 760mmHg。求：①设备进出口风道的直径；②该设备传递给空气的热量；③空气通过采暖设备时内能、焓的变化。

4-5 将初温为 523K 的理想气体可逆定温压缩到原来容积的 1/2 时，需消耗一定量的功，问：在多高的温度下，消耗同量的功而能将气体可逆定温地压缩到原来容积的 1/4？

4-6 1kg 空气在 $t=100$℃下作如下四种定温膨胀过程：①向真空膨胀；②空气在外界压力恒等于终压时进行膨胀；③空气分两次膨胀：先在外界压力恒等于体积在 50m³ 时的压力下膨胀到 50m³，再在外界压力恒等于终压时膨胀到 100m³；④可逆膨胀。试计算各过程的功量，并加以比较。设初态体积为 25m³，终态体积为 100m³。

4-7 某理想气体在汽缸内作可逆绝热膨胀，当容积变为原来的 2 倍时，温度由 40℃降为－36℃，同时气体对外做功 60kJ/kg，设比热容为定值，试求比定压热容 c_p 与比定容热容 c_V。

4-8 1kg 理想气体经一可逆绝热过程由初态 1 到达终态 2，此过程中气体所做功为 w_{12}，试证明由状态 2 经一可逆定容加热过程到达终态 3，且加热量 q_{23} 等于 w_{12} 时，此理想气体的最终温度 T_3 等于初态温度 T_1。

4-9 空气被压缩时，一个极限情况是绝热压缩，另一个极限情况是定温压缩。如有 1kg 的空气，其原来的压力 $p_1=0.9807\times10^5$ Pa，温度 $t_1=17$℃，压缩终了时的表压力为 6.8449×10^5 Pa。当时当地的大气压为 0.9807×10^5 Pa。设过程都是可逆的，而且比热容为定值，试求这两种压缩过程中的功、热量和内能的变化量。

4-10 $p_1=0.9807\times10^5$ Pa、$t_1=20$℃的空气，在压缩机中被可逆绝热压缩到 $p_2=7.846\times10^5$ Pa 后流出。求：①压缩前后气体的基本参数？②压缩 1kg 的空气所消耗的技术功。

4-11 空气在压气机中被绝热压缩。压缩前空气的参数为 $p_1=1$bar、$t_1=25$℃；压缩后空气的参数为 $p_2=6$bar、$t_2=240$℃。设比热容为定值。试求：①此压缩过程是否可逆；②压缩 1kg 空气所消耗的轴功；③如为可逆绝热压缩，压缩 1kg 空气所需消耗的轴功又为多少？

4-12 某空气压缩机每分钟吸入 $p_1=0.9807\times10^5$ Pa、$t_1=27$℃的空气 10m³，并将它可逆地压缩到 6.855×10^5 Pa 后送入储气筒，求：①绝热压缩时所需的功率为多少（kW）？②如果采用定温压缩，则节省的功率为多少？③如果压缩过程的多变指数为 1.35，其所需的功率与①、②比较哪一个大？将三种压缩过程在 p-v 图上表示出来。④设该压气机采用了闪火点为 180℃的润滑油，压缩过程的多变指数仍为 1.35。为安全起见，不允许压缩空气的温度超过 155℃，求压缩后的压力为多少？

4-13 有一压缩机，每分钟吸 $p_1=0.9807\times10^5$ Pa、$t_1=60$℃的空气 400m^3，排出时 $p_2=4.904\times10^5$ Pa、$t_2=73$℃。设过程可逆多变。试求：①带动此压气机的功率为多少（kW）？②该压气机每分钟放出的热量为多少（kJ）？

4-14 一台两级压缩机，每小时吸入 500m^3（标准状况）的空气。空气的初态压力为 $p_1=0.9807\times10^5$ Pa，温度 $t_1=20$℃，经压缩后压力提高到 58.54×10^5 Pa。若空气进入各级汽缸时的温度相同，且各级压缩指数均为 1.3，试求：①压气机所消耗的理论功率为多少（kW）？②各级汽缸的排气温度为多少？③每一级水套及中间冷却器所吸收的热量。④画出 p-v 图。

4-15 某厂高压压缩机一段吸气量为 17m^3/min（实际状态），吸入的半水煤气的干基组成（体积）为：$CO_2=8\%$、$CO=32\%$、$H_2=38\%$、$N_2=22\%$。温度为 40℃，现气体由 1.2×10^5 Pa 压缩到 3.95×10^5 Pa。试计算等温压缩、绝热压缩的多变压缩的理论压缩功率。已知多变指数为 1.2，绝热指数为 1.35。计算结果说明了什么？并将上述三种过程画在同一 p-v 示意图上。

4-16 某化肥厂用一种六段压缩机，生产能力为 16000m^3/h（以一段进口状态计），已知给定条件如下：①

压缩机段数	压力/MPa		进口温度/℃	多变指数
	进口	出口		
Ⅰ	0.1	0.3	35	1.35
Ⅱ	0.3	0.9		
Ⅲ	0.9	2.7		
Ⅳ	2.5	5.75		
Ⅴ	5.75	13.225		1.4
Ⅵ	13.225	32.0		

② 三段压缩后送洗涤塔除 CO_2，总气量减少 28%。五段压缩后送铜洗，又减少总气量的 4%。试计算上述压缩机所需理论压缩功率（kW）。

第五章　能质与热力学第二定律

热力学第一定律说明了能量在传递和转化时的数量关系，它是能量衡算的理论依据。例如：两个温度不同的物体之间发生热量传递时，热力学第一定律就能说明某一物体所失去的热能必等于另一物体获得的热能。但它却无法说明热能究竟从何物体传至何物体、在什么条件下传递以及过程将进行到何时为止。再如：对于热能与机械能的相互转化过程，热力学第一定律只能说明在整个过程中热力系与外界交换的净热量与净功量的数值相等，但它也同样不能说明热能是否能自发地转变为机械能？能不能全部转变成机械能？在极限条件下有多少热能可以转变成机械能？转变程度受哪些因素影响？另外，对过程中能量的合理利用问题，热力学第一定律同样不能解决。例如：对同一种冷流体，由初温 100℃加热至终温 200℃，其一，采用初温为 300℃的烟气与其换热来实现，换热后烟气降为 200℃；其二，采用初温为 1000℃的高温燃气来对其进行加热，换热后燃气降为 900℃。若这两种换热过程中换热器均无热损失，则这两个换热过程的热效率都为 100%，那么这两个换热过程是不是同样完善呢？

上述三个例子说明了热力学第一定律存在局限性，它的局限性在于没有阐明能量传递和转换过程中有关传递的方向、转换的条件和限度等问题，未能阐明各种能量在质量即品质上的差异。而这些问题，普遍存在于实际生产、生活过程中，要解决上述这些问题，必须依靠热力学第二定律。

第一节　能质与能质蜕变

一、能的不等价性

任何事物都是数量与质量的统一体，能量也不例外。从用能的观点看，能的数量与质量都是十分重要的，但从下面的例子中可以看出，在许多情况下，能的质量比其数量更为重要。

同为热能，木材的燃烧热只能煮烧食品，而焦炭的燃烧热则可用来冶炼金属。

同为空气，常压空气只能作助燃剂，而压缩空气则可驱动空气锤。

同样的物质水，当其为液态的热水时，只能用于采暖，而变为高温高压的水蒸气后，则可驱动蒸汽轮机对外做功。

形态相同的能量的效用有差别，不同形态的能量，其效用的差别则更为显著。

机械能，如气流的动能、高位水的重力位能，只要配置简单的带叶轮设备，即可转变为有用的功。而常温下的气流、水流中储存的内能，即使采用极其复杂的装置，也是无法将其内能转变为功的。

不难看出，相同数量的能量，当其形态不同或形态虽同而状态不同时，它们的实际效用，也就是使用价值是不同的。换言之，对于不同的能来说，等量并不等价。能的这种不等价性，显示了能的品质差异，即能质的差异。

根据能质的差异，可将能量分为三个等级，即高级能，也就是有序能，该能量理论上可百分之百地转化为功，如电能、机械能等；低级能，只能部分转化为功的能量，如内能、高于环境温度的热能等；僵态能（也称寂态能、死态能），其转化为功的能力为零，如环境状态下的热能。

二、能质的蜕变与过程的方向

热力学第一定律指出，能量在传递和转换过程中，其总量是不变的，即能量数量上是守恒的。但能质在过程中是否也守恒呢？为了弄清能质在过程中的变化规律，先来讨论以下几种常见的过程。

（一）流体的流动过程

当流体在管道中流动时，由于流动阻力的作用，必将导致其压力的降低。若管道无阻力，则理论上流体的这部分压降可用来推动带叶轮设备而对外做功。可见，流体在流动过程中由于阻力的原因必将逐渐减小其做功能力，即使其能质下降。

（二）气体绝热膨胀过程

若有一汽缸-活塞系统，初态参数 p_1、v_1，终态参数 p_2、v_2（$p_1>p_2$），发生绝热膨胀过程，且膨胀过程中活塞与汽缸之间有显著的摩擦存在。取汽缸内气体为热力系，由式(3-3a)可得

$$\Delta u=u_2-u_1=w_m$$

式中，w_m 为活塞运动克服摩擦阻力所消耗的功。以摩擦热的形式存在，由于 w_m 为负，因而有

$$u_2<u_1$$

可见，气体在绝热有摩擦的膨胀过程中，内能不断地转化为摩擦热，逐渐失去了做功的能力，致使气体的能质不断下降。

（三）电流的输送过程

在电流输送过程中，由于导体电阻的存在，当电流通过时，使一部分电能转换为热能而散失到环境中，这部分电能因此失去了做功能力，致使电路中电能的总做功能力也相应地减小。

（四）有温差的传热过程

设有一汽包中存有高温、高压的过热水蒸气，若将其引入汽轮机，则蒸汽流可推动叶轮对外做功。若利用该蒸汽来加热一定量的冷水使其变为热水，加热过程无任何热损失，尽管在上述过程中能量的数量未变，但最终不管是被加热的水还是蒸汽的冷凝水，都已无做功能力。显然，高温的热能变成低温的热能后，其做功能力必将减小甚至完全丧失。

上述几种过程说明，尽管在过程中传递和转换的能的数量不变，但其可以直接用来做功的机械能、电能以及具有做功能力的热能，却由于阻力或温差的存在，导致它们的做功能力逐渐减小甚至完全丧失。

由此可以推论，任何不可逆过程的进行，最终必将导致能质的下降，即做功能力的减小。因此，凡是可以进行的过程，其净的结果总是能质的下降，这种现象称为能量的蜕变，或称能量的贬值、降级等。这种效应，常称为耗散效应。正是由于这种效应，导致了目前的能源危机，而能源危机实质上就是能质的危机，即高级能在用能过程中越来越少，低级能和

僵态能随着用能过程的进行越来越多。过程的不可逆必将导致能质的蜕变，这一重要论断，热力学上称为不可逆性原理。

毫无疑问，工程实际中的一切用能过程，都遵循能质蜕变规律。因此，在用能过程中，除了要充分利用其数量外，更要对能质的变化加以科学合理的控制，以发挥能量的最大效用，做到合理用能。

第二节　热力学第二定律的实质及表述

人类从大量的观察和实践中认识到，一切有能量作用的过程或现象，都遵守热力学第一定律即能量守恒定律，然而并不是遵循能量守恒的过程都能实现。例如，电能通过电炉丝转变为热能，但此热能再也无法转变成等量的电能；高温物体可自发地将其热能传给低温物体，而低温物体再也无法自发地将其得到的热能重新传给高温物体；燃料通过燃烧放出能量，却不能使燃烧放出的能再变为等量的燃料能；物体运动时由于摩擦导致生热，但绝不能使摩擦热重新转换为物体的动能。尽管以上例子所述的过程各不相同，但它们有一点是相同的，即能量的传递和转换是有方向性的。

上面所叙述的一些客观现象，在进行的过程中都存在着方向性问题。但单明确过程进行的方向性问题是远远不够的，还需明确过程进行的有关条件和限度问题，如热功转换过程就是一个典型的例子。对于这些问题，热力学第一定律都无法解决。热力学第二定律就是为了解决能量在传递和转换过程中有关传递方向、转化的条件和限度等问题的。

尽管上面所叙述的一些客观现象，都是属于自然的规律，但是，这个规律的意义直到19世纪，在研究如何提高热机效率的过程中才被人们所认识。在审查卡诺于1820年提出的有关热机的最高效率的原理时，1850年由克劳修斯（R. Clausius）、1851年由开尔芬（Lord. Kelvin）分别提出了第二定律的两种表述。

1. 克劳修斯说法

热不可能自动从低温物体传给高温物体。

2. 开尔芬说法

不可能从单一热源吸热使之完全变为有用的功，而不引起其他变化。

除了上面两种说法外，热力学第二定律还有其他不同的表达方法，克劳修斯说法和开尔芬说法只是其中两种较为典型的说法。但不论用何种表述方法，其实质都是一致的，都是说的同一个问题，即“自发过程都是不可逆的”。这里，克劳修斯的说法指出了传热过程的不可逆性，开尔芬的说法则指出了功转化为热的不可逆性。

在克劳修斯的说法中，“自动”两字包含着无需消耗外功就能实现的意思。实际上克劳修斯的说法包含了两层意思，其一是指热能由高温物体向低温物体的传递是可以自发地进行的；其二是指热能由低温物体向高温物体传递不能自发地进行，但并非不能进行，只是要花费某种代价，即要提供一定的条件。如热泵供热，就是利用消耗外界提供的机械能而将低温物体的热能传向高温物体的典型例子。

开尔芬的说法是利用热为能源来获得功的经验总结，它并没有说热不可能完全变为有用的功，而是强调从单一热源和不引起其他变化的条件下不可能。这一点可以用理想气体在汽缸-活塞的体系中等温膨胀过程来说明。由于是理想气体，所以 $\Delta U=0$，根据热力学第一定律 $\Delta U=Q+W$ 得到 $Q=-W$，即气体从环境吸收的热量全部用来对环境做功。乍一看，这似乎与第二定律相矛盾，但事实上，第二定律要求"系统不引起其他变化"，在上面这个例子中就没有满足这个条件。因为通过等温膨胀，汽缸中气体的压力下降了，体积增大了，使该过程不可能无限地继续进行。所以，要想不引起其他变化（在体系或环境中）而使从单一热源吸取的热完全变为功是不可能的。再如，对于理想气体的等温可逆膨胀过程，气体在此过程中所吸取的热量全部变为膨胀功 $-\int_1^2 p\mathrm{d}v$；而当等温可逆压缩使体系复原时，没有在环境中留下变化，那么能不能利用可逆的等温膨胀与压缩构成循环过程来不断地做功呢？这也是不行的。因为膨胀阶段做出的功正好在压缩阶段全部用去，循环的净功仍等于零。因此，开尔芬说法也有两层含义，其一是指作为热机不能只有一个热源，必须要有两个温度不同的热源，这就是实现将热能连续地转变为功的这一非自发过程的条件；其二是指热机从热源吸取的热量不可能全部变为功，因为循环中必然要有一部分热量排放给环境即低温热源，这实际上是指出了热能转换为功的限度。从开尔芬的说法可以引申出另一种说法，即"不可能制造出一种循环操作的机器，它的作用只是从单一热源吸取热量，使之完全变为有用的功"。该机器称为第二类永动机，故热力学第二定律的又一说法是：第二类永动机是制造不出来的。

需要注意的是，热力学第二定律与第一定律一样，都是人类依据大量观察、实践经验加以概括总结出来的经验性定律。这两条定律的科学性在于无数种热过程都显示出了统一的规律，即能量的守恒性与方向的同一性。其可靠性则在于用它来解释任何热过程、热现象，均可以获得正确的结果。

总之，热力学第一、二定律，都是有关能量转换的规律，分别阐明了过程中能量在数量和质量上的变化规律。第一定律指出，能量转换前后各种能量在数量上是相等的，这里体现了物质的各种运动形式之间具有同一性。第二定律通过过程的方向性，则强调各种能量之间质的差别，即品质上的不相同，这里体现了各种运动形式的特殊性。

工程上，分析研究各种能量转换装置时，热力学第一定律指导下所解决的典型问题是装置中能量平衡关系的计算；第二定律指导下所解决的典型问题是确定过程的方向、条件和限度，提出衡量能量质的手段并研究过程中能量质的变化，为装置的理想特性提供标准等。

第三节　卡诺循环与卡诺定理

由热力学第二定律的讨论已得出结论，工质从高温热源获取的热量，不可能完全转化为功，必须有一部分排向低温热源。那么在给定高温热源温度为 T_1 和低温热源温度为 T_2 的条件下，工质从高温热源处吸收的热量中其转化为功的极限为多少呢？卡诺解决了这一问题，同时也由此导出了热力学中的另一重要状态函数——熵。

一、蒸汽动力循环过程

为了有助于理解卡诺循环，先熟悉一下蒸汽动力循环过程，如图 5-1 所示。高压水即循环的工作物质，简称工质，自 T_1 高温热源即锅炉吸热 Q_1，恒压升温、汽化、过热成为高温高压水蒸气后进入汽轮机，在汽

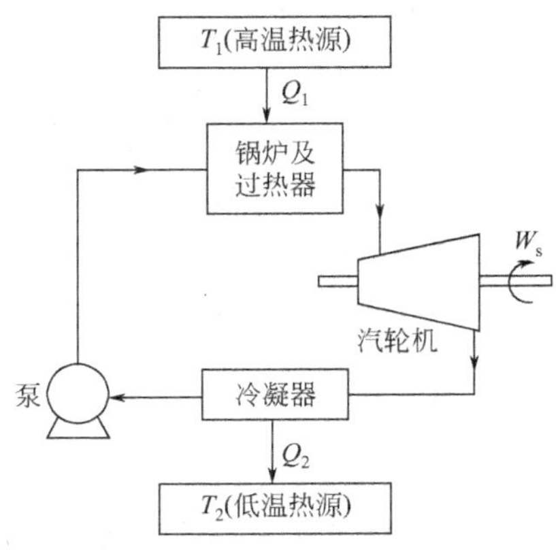

图 5-1　蒸汽动力循环示意图

轮机中绝热膨胀对外做出轴功 W_s，扣除其中一部分用于水泵的功后，其做出净功为 W_N，蒸汽由高温高压变为低温低压的乏汽，进入冷凝器中被冷却水冷却、冷凝为水；再经水泵绝热压缩为高压水进入锅炉，完成一个循环过程。可见，此循环过程是经过四步完成的，即恒压升温、汽化、过热过程；绝热膨胀做功过程；恒压冷却、冷凝过程；绝热压缩过程。借助于工质，将热量自高温热源 T_1 传至低温热源 T_2，同时做出净功 W_N，即在 T_1 和 T_2 两热源间进行一热机循环，则可不断地将热转变为功。为了衡量该循环的好坏，常用循环过程做出的净功 W_N 与工质自高温热源 T_1 吸收的热 Q_1 的比值来表示，该比值称为循环过程的热效率，用 η_l 表示，即

$$\eta_l = \frac{-W_N}{Q_1} \tag{5-1a}$$

蒸汽动力循环的热效率较低，一般在 30%左右。无论怎么改进，目前几乎所有类型的热机，其效率大多在 20%～40%，也就是说，高温热源的热能，只有 20%～40%转变成了功，绝大多数都散入了低温热源即大自然环境中。

二、卡诺循环

（一）卡诺循环的组成

19 世纪，卡诺针对蒸汽机热效率低下的情况进行了分析和研究，找出了影响热机效率的主要矛盾，并且设计了一部理想的热机，该热机所进行的循环称为卡诺循环。卡诺循环将上述的蒸汽动力循环过程中的工质换为理想气体，并且假定热机经过四个可逆过程，其循环过程如图 5-2所示。

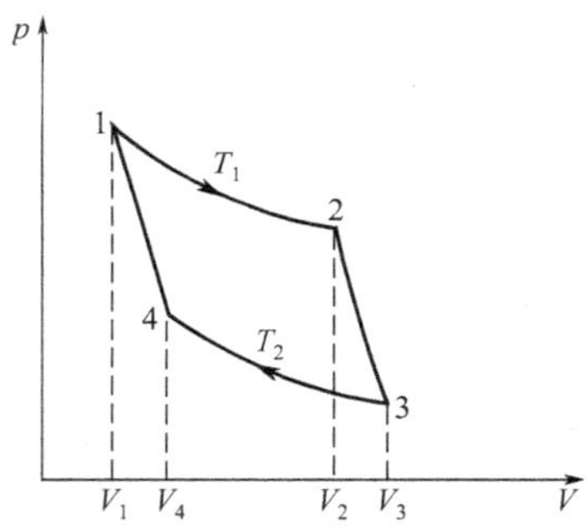

图 5-2　卡诺循环过程

1. 定温可逆吸热膨胀过程（1→2）

理想气体由最初状态 1（p_1、V_1、T_1）开始，在温度 T_1 下，自同温度的高温热源处吸热 Q_1，成为状态 2（p_2、V_2、T_1）。在此过程中，卡诺假定无热损失。由于工质与热源之间同温，因此，在此热交换过程中，热源将其能量的数量和质量毫无保留地给了工质。

2. 绝热可逆膨胀过程（2→3）

工质由状态 2（p_2、V_2、T_1）可逆绝热膨胀至状态 3（p_3、V_3、T_2），并同时对外做功。

3. 定温可逆放热过程（3→4）

工质由状态 3（p_3、V_3、T_2）在温度 T_2 下向同温度的低温热源放出热量 Q_2 成为状态 4（p_4、V_4、T_2），4 点应满足这样的一个条件，即经过第四步绝热可逆压缩后恰使工质回到初始状态 1。此处的低温热源，通常就是大自然环境，在此温度下放出的热量，是百分之百的僵态能。由此可以说明，过程 2→3 是工质的极限做功过程。

4. 绝热可逆压缩过程（4→1）

工质由状态 4（p_4、V_4、T_2）经可逆绝热压缩后回到初始状态 1（p_1、V_1、T_1），此过程要由外界提供压缩功。

（二）卡诺循环热效率——卡诺效率（η_c）

以上四步构成了一个可逆循环，工质由状态 1 出发，最后又回到 1 点，其状态函数值不变，所以整个循环过程的 $\sum \Delta H = 0$。于是根据热力学第一定律得

$$\sum Q_i = -\sum W_{ti}$$

即循环过程中热的总和等于功的总和，也即净热等于净功，此时的净功也称为卡诺功，用 W_c 表示。则

$$-W_c = Q_1 + Q_2$$

循环的热效率 η_I（此时称为卡诺效率，用 η_c 表示）可表示为

$$\eta_I = \eta_c = \frac{-W_c}{Q_1} = \frac{Q_1 + Q_2}{Q_1} \tag{5-1b}$$

现以 1kmol 理想气体为基准，对于过程 1→2，因是理想气体定温过程，则 $\Delta H_1 = 0$，所以由式(3-2a) 得

$$Q_1 = -W_{t1-2} = -\int_{p_1}^{p_2} V\mathrm{d}p = -\int_{p_1}^{p_2} \frac{RT_1}{p}\mathrm{d}p = -RT_1 \ln\frac{p_2}{p_1} = RT_1 \ln\frac{V_2}{V_1}$$

同理，对过程 3→4 可得

$$Q_2 = -W_{t3-4} = -\int_{p_3}^{p_4} V\mathrm{d}p = -\int_{p_3}^{p_4} \frac{RT_2}{p}\mathrm{d}V = -RT_2 \ln\frac{p_4}{p_3} = RT_2 \ln\frac{V_4}{V_3}$$

又因为过程 2→3 为可逆绝热过程，故由理想气体可逆绝热方程得

$$\frac{T_1}{T_2} = \left(\frac{V_3}{V_2}\right)^{k-1}$$

同理对过程 4→1 可得

$$\frac{T_1}{T_2} = \left(\frac{V_4}{V_1}\right)^{k-1}$$

于是

$$\frac{V_3}{V_2} = \frac{V_4}{V_1} \qquad \text{即} \qquad \frac{V_2}{V_1} = \frac{V_3}{V_4}$$

故

$$Q_2 = -RT_2 \ln\frac{V_2}{V_1}$$

所以

$$\eta_I = \eta_c = \frac{-W_c}{Q_1} = \frac{Q_1 + Q_2}{Q_1} = \frac{RT_1 \ln\frac{V_2}{V_1} - RT_2 \ln\frac{V_2}{V_1}}{RT_1 \ln\frac{V_2}{V_1}} = \frac{T_1 - T_2}{T_1} \tag{5-2}$$

从式(5-2) 可以得出如下重要结论：

① 卡诺循环的热效率，取决于高、低温热源的温度，T_1 越高，T_2 越低，循环热效率就越高；

② 卡诺循环的热效率恒小于 1，绝不能等于 1，更不可能大于 1，这是因为 $T_1=\infty$ 或 $T_2=0$，在理论上或技术上都是无法实现的，同时，由 $\eta_c<1$，也进一步说明了功、热的不等价性，功是高级能量，热是低级能量；

③ 当两个热源温度相等，即 $T_1=T_2$ 时，卡诺循环的热效率 $\eta_c=0$，此即说明依靠单一热源而连续做功的热机是不存在的。

为了对卡诺循环热效率的数值有一些具体的概念，下面举例说明。设锅炉内燃气温度为 1000K，环境温度为 300K，即 $T_1=1000\text{K}$，$T_2=300\text{K}$，在这一温限内工作的卡诺循环热效率为

$$\eta_c = \frac{T_1 - T_2}{T_1} = \frac{1000 - 300}{1000} = 70\%$$

实际上，由于水和水蒸气在锅炉内吸热升温时的平均温度与高温燃气相比相差较大，工

质经做功后向低温热源（冷却水）放热时的温度又要大于冷却水温度，再加上透平机内还有其他不可逆损失等，故实际循环无法按卡诺循环工作，所以现代化火力发电厂中蒸汽轮机动力循环装置的实际效率通常为30%左右。

三、卡诺定理

卡诺定理是一个极其重要的定理，它指出：所有工作于两个一定温度的热源之间的可逆热机，不管是用什么工质或何种可逆循环，它们的热效率都相等且为最大，这就是卡诺定理。

卡诺定理的意义是：①它揭示了热转化为功的极限，即定量表示了功和热质量上的差别；②它表示了同是热能，其转化为功的能力是因它的温度而异的，温度愈高，其转化为功的能力也就愈强。因而可以讲，卡诺效率和卡诺定理定量表达了不同能量间质量差异这一基本事实，它是热力学分析的基础和依据。

【例 5-1】 有1000kJ的热能，分别从 $T_1=1000\text{K}$ 和 $T_2=900\text{K}$ 的高温热源传向 $T_0=300\text{K}$ 的低温热源，试比较其可做的卡诺功。

解：由式(5-2)得

$$W_{c1}=-Q_1\times\frac{T_1-T_0}{T_1}=-1000\times\frac{1000-300}{1000}=-700(\text{kJ})$$

$$W_{c2}=-Q_1\times\frac{T_2-T_0}{T_2}=-1000\times\frac{900-300}{900}=-666.7(\text{kJ})$$

从上述结果可看出，因 $T_1>T_2$，所以 $-W_{c1}>-W_{c2}$。该例不但说明了热能只能部分转化为功，同时也说明了高温热转化为功的能力比低温热大，即高温热能的能级比低温热能的能级高。工厂要对高温的设备和管道采取保温措施，这是因为高温热量的质量高，因此总是力图减少其散逸；而凉水塔、水冷却器、冷凝塔等这一类设备，把大量热能毫不吝惜地排至环境中，这是因为低温热的质量太低，用途很小。

第四节　熵与熵变的计算

通过卡诺循环的研究可知热转化为功的限度，见式(5-2)。同时也可推导出一个热力学中广泛应用的状态函数——熵，从而建立第二定律数学表达式。

一、熵的导出

从卡诺循环可知

$$\eta_c=\frac{Q_1+Q_2}{Q_1}=\frac{T_1-T_2}{T_1}$$

该式可写成

$$1+\frac{Q_2}{Q_1}=1-\frac{T_2}{T_1}$$

两边都减去1，移项整理得

$$\frac{Q_1}{T_1}+\frac{Q_2}{T_2}=0 \tag{5-3a}$$

对于无限小的卡诺循环，式(5-3a)可变为

$$\frac{\delta Q_1}{T_1}+\frac{\delta Q_2}{T_2}=0 \tag{5-3b}$$

由此可见，在卡诺循环中，传递的热量除以传热时热力学温度所得出的商的代数和等于零。式(5-3a)、式(5-3b)对任意可逆循环均适用。如图5-3所示为一任意可逆循环，在这个循环中引入许多绝热线（虚线）和恒温线（实线），从而把这个曲线圈分成许多部分，得到许多

由两恒温线和两绝热线构成的很小的卡诺循环，由图 5-3 可以看出，虚线表示的绝热线实际是不存在的，因为每一个小卡诺循环的绝热膨胀线，是前一个小卡诺循环的绝热压缩线，所以可互相抵消。因此，这些小卡诺循环的总和形成一个沿曲线圈 $ABCDA$ 的封闭折线。当绝热线和小卡诺循环的数目无限多时，折线即为曲线，折线所包的面积等于曲线所包的面积。也就是说，折线所经的过程和曲线所经的过程相当。因此，任意可逆循环可用无限多个小卡诺循环之和代替，对于每个小卡诺循环都有以下关系式

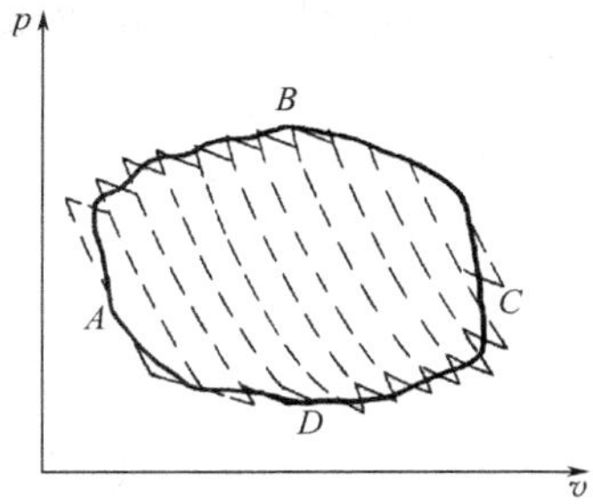

图 5-3 任意可逆循环

$$\frac{\delta Q_1}{T_1}+\frac{\delta Q_2}{T_2}=0,\frac{\delta Q_1'}{T_1'}+\frac{\delta Q_2'}{T_2'}=0,\frac{\delta Q_1''}{T_1''}+\frac{\delta Q_2''}{T_2''}=0,\cdots$$

式中，T_1，T_2；T_1'，T_2'；T_1''，T_2''；…分别是每个小卡诺循环中高、低温热源的温度。上列各式相加，得

$$\frac{\delta Q_1}{T_1}+\frac{\delta Q_2}{T_2}+\frac{\delta Q_1'}{T_1'}+\frac{\delta Q_2'}{T_2'}+\frac{\delta Q_1''}{T_1''}+\frac{\delta Q_2''}{T_2''}+\cdots=0$$

即

$$\sum\frac{\delta Q_R}{T}=0 \tag{5-4a}$$

式(5-4a) 表示可逆循环的热温商之和等于零，在极限情况下，式(5-4a) 即为

$$\oint\frac{\delta Q_R}{T}=0 \tag{5-4b}$$

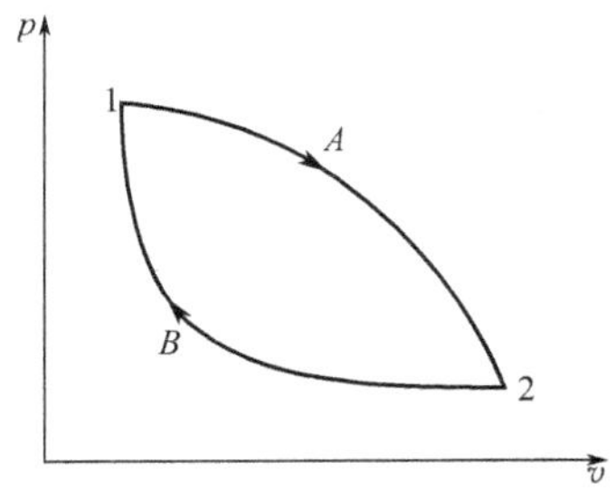

图 5-4 p-v 图

式中，$\oint$ 表示沿曲线的环积分。按积分定理，假若沿封闭线圈的环积分等于零，即 $\oint\frac{\delta Q_R}{T}=0$，则所积分的变量 $\frac{\delta Q_R}{T}$ 为某一函数的全微分，也就是说，该变量的积分值（不是环积分）只决定于物系的始、终态，而与过程所经的途径无关。这可由图 5-4 很容易地看出，图中状态 1 为物系的始态，2 为物系的终态。假设从 1 可经两个不同的可逆过程 A 和 B 到达 2，而 1→2→1 可构成一个可逆循环，则由式(5-4b)按图 5-4 可拆写为两项，即

$$\int_1^2\left(\frac{\delta Q_R}{T}\right)_A+\int_2^1\left(\frac{\delta Q_R}{T}\right)_B=\oint\frac{\delta Q_R}{T}=0$$

因为

$$\int_2^1\left(\frac{\delta Q_R}{T}\right)_B=-\int_1^2\left(\frac{\delta Q_R}{T}\right)_B$$

所以

$$\int_1^2\left(\frac{\delta Q_R}{T}\right)_A=\int_1^2\left(\frac{\delta Q_R}{T}\right)_B$$

该式说明变量 $\frac{\delta Q_R}{T}$ 的积分值只决定于始、终状态而与途径无关。这一特点与以前所学过的热力学状态函数内能 U 和焓 H 是完全一样的，所以变量 $\frac{\delta Q_R}{T}$ 必然是某一状态函数的全微分。

二、熵的定义及其物理意义

（一）熵的定义式

若用 S 表示上述状态函数，则

$$dS=\frac{\delta Q_R}{T} \tag{5-5}$$

$$\oint dS=0$$

式中，S 称为熵。式(5-5) 是熵差的普遍定义式，它适用于任何物系的任何过程。该式表示在温度为 T 时进行一无限小的可逆过程，交换微量热 δQ_R，使物系的熵变化无限小 dS，则 dS 等于 δQ_R 除以绝对温度 T。

（二）熵的物理意义

熵函数是热力学中最为重要的状态函数之一，在微观上也具有重要意义。从微观上看，熵与体系内部分子运动的混乱程度有关。熵值较小的状态，对应于较为有序的状态；熵值较大的状态，对应于较为无序的状态。因此，熵是体系内部分子混乱程度的量度。熵的这一特点，读者可在熵变计算中自行验证。例如，随着物质固→液→气的相变过程的进行，熵是递增的，物质内部分子运动的混乱程度同样也是递增的。

三、熵变的计算

在进行 ΔS 的计算时，不论过程是否可逆，均按定义式(5-5) 进行计算。这是因为熵是状态函数，只要物系的始、终态一定，其过程的 ΔS 也就一定，即

$$\Delta S=S_2-S_1=\int_1^2 dS=\int_1^2\frac{\delta Q_R}{T} \tag{5-6}$$

以下只讨论封闭体系、稳流体系且无非体积功的条件下体系的熵变 ΔS_{sys} 的具体算法和环境的熵差 ΔS_{sur} 的具体算法。

（一）体系熵变的计算

1. 封闭体系熵变的计算

由式(3-2c) 可得

$$\delta Q_R=dU-dW_R$$

代入式(5-6)

则
$$\Delta S_{sys}=\int_1^2\frac{dU-\delta W_R}{T}=\int_1^2\frac{nc_v dT+p dV}{T} \tag{5-7}$$

(1) 若物系为理想气体。

因为
$$pV=nRT$$

所以
$$\frac{p}{T}=\frac{nR}{V}$$

于是式(5-7) 成为
$$\Delta S_{sys}=\int_1^2\frac{nc_v dT}{T}+\int_{v_1}^{v_2}\frac{nR}{V}dV \tag{5-8}$$

若 c_v 为常数，则上式成为

$$\Delta S_{sys}=nc_v\ln\frac{T_2}{T_1}+nR\ln\frac{V_2}{V_1} \tag{5-8a}$$

因理想气体$\frac{V_2}{V_1}=\frac{p_1T_2}{p_2T_1}$，代入式(5-8a)，得

$$\Delta S_{sys}=nc_v\ln\frac{T_2}{T_1}+nR\ln\frac{T_2}{T_1}+nR\ln\frac{p_1}{p_2}$$

而
$$c_v+R=c_p$$

则
$$\Delta S_{sys}=nc_p\ln\frac{T_2}{T_1}+nR\ln\frac{p_1}{p_2} \tag{5-8b}$$

如以$\frac{T_2}{T_1}=\frac{V_2 p_2}{V_1 p_1}$代入式(5-8a) 得

$$\begin{aligned}\Delta S_{sys}&=nc_v\ln\frac{V_2}{V_1}+nc_v\ln\frac{p_2}{p_1}+nR\ln\frac{V_2}{V_1}\\&=nc_p\ln\frac{V_2}{V_1}+nc_v\ln\frac{p_2}{p_1}\end{aligned} \tag{5-8c}$$

由式(5-8a)～式(5-8c) 可以看出，如果理想气体进行定容过程，则由式(5-8a) 得

$$\Delta S_{sys}=nc_v\ln\frac{T_2}{T_1}$$

如为定压过程，则由式(5-8b) 得

$$\Delta S_{sys}=nc_p\ln\frac{T_2}{T_1}$$

如为定温过程，则由式(5-8a) 或式(5-8b) 得

$$\Delta S_{sys}=nR\ln\frac{p_1}{p_2}=nR\ln\frac{V_2}{V_1}$$

如为绝热可逆过程，因 $\Delta S_{sys}=0$，故由式(5-8a)～式(5-8c) 可以导出

$$p_1V_1^k=p_2V_2^k \qquad \frac{T_2}{T_1}=\left(\frac{p_2}{p_1}\right)^{\frac{k-1}{k}} \qquad \frac{T_2}{T_1}=\left(\frac{V_1}{V_2}\right)^{k-1}$$

以上三式与第四章中式(4-16)～式(4-18) 的形式完全相同，所以可逆绝热过程也称为定熵过程。

(2) 若物系为液体、固体。

因为液体、固体通常可看作不可压缩的物体，则其 $dV=0$，由式(5-7) 可得

$$\Delta S_{sys}=\int_1^2\frac{nc_v dT}{T} \tag{5-9}$$

若 c_v 为常数，则
$$\Delta S_{sys}=nc_v\ln\frac{T_2}{T_1} \tag{5-9a}$$

因为液体、固体的 $c_v\approx c_p$

故式(5-9a) 可写成

$$\Delta S_{sys}=nc_p\ln\frac{T_2}{T_1} \tag{5-9b}$$

(3) 若物系经历的过程为定温过程。

由式(5-6) 可得
$$\Delta S_{sys}=\int_1^2\frac{\delta Q_R}{T}=\frac{Q_R}{T} \tag{5-10}$$

将式(3-2a) 代入上式可得
$$\Delta S_{sys}=\frac{\Delta U-W_R}{T} \tag{5-10a}$$

当物系与外界只发生传热时（不可逆相变过程除外），此时因为 $W=0$，所以只要物体始、终态一定，其内能的变化不论过程是否可逆都相等，即 $\Delta U_R=\Delta U_{ac}$，这样，$Q_R=Q_{ac}$，

式(5-10) 可写成

$$\Delta S_{sys}=\frac{Q_{ac}}{T} \tag{5-10b}$$

(4) 定温定压相变过程。

① 可逆相变过程。物系在定温定压（该压力即为该温时的饱和蒸汽压）两相平衡条件下的相变即为可逆相变过程，由式(5-10) 得

$$\Delta S_{sys}=\frac{Q_R}{T}=\frac{Q_P}{T}=\frac{\Delta H}{T} \tag{5-10c}$$

式中　ΔH——可逆条件下的相变热；

T——可逆相变时的相变绝对温度。

② 不可逆相变过程。不是在两相平衡条件下进行的相变过程为不可逆相变过程，也就是此时相变温度与相变时的压力不对应，即该压力不是对应温度下的饱和蒸汽压。这时该过程中的熵变计算，可根据熵是状态函数的特点，设计成几个可逆步骤，分别进行计算，详见例 5-4。

2. 稳流体系熵变的计算

由式(3-11b) 可得　$\mathrm{d}H=\delta Q+\delta W_t$

则　$\delta Q_R=\mathrm{d}H-\delta W_{t(R)}$

代入式(5-6) 得

$$\Delta S_{sys}=\int_1^2\frac{\mathrm{d}H-\delta W_{t(R)}}{T}=\int_1^2\frac{nc_p\mathrm{d}T-V\mathrm{d}p}{T} \tag{5-11}$$

若物系为理想气体，因 $pV=nRT$，则$\frac{V}{T}=\frac{nR}{p}$代入上式得

$$\Delta S_{sys}=\int_1^2\frac{nc_p\mathrm{d}T}{T}-\int_{p_1}^{p_2}\frac{nR\,\mathrm{d}p}{p}$$

若 c_p 为常数或取 1～2 之间的平均定压摩尔热容 $\bar{c}_p$，则上式成为

$$\Delta S_{sys}=nc_p\ln\frac{T_2}{T_1}+nR\ln\frac{p_1}{p_2}$$

由此可见，与前面封闭体系中推导的式(5-8b) 完全一致。同样道理，由理想气体状态方程可推出式(5-8a) 和式(5-8c)。因此，在前面封闭体系中推导的过程熵变计算式，对稳流体系同样适用。这是因为稳流体系可以看成是封闭体系的特例。

下面通过具体例子对上述公式的应用做进一步的说明。

【例 5-2】 1mol 理想气体在 298K 时定温膨胀，体积增大 10 倍，求物系的熵变。①设为可逆过程；②设为自由膨胀过程。

解：体系为理想气体，基准为 1mol 理想气体。

由题意可知　$\frac{V_2}{V_1}=10,\ T_2=T_1$

① 可逆过程。

由式(5-8a) 得　$\Delta S_{sys}=nR\ln\frac{V_2}{V_1}=1\times8.314\times\ln10=19.14(\mathrm{J/K})$

② 自由膨胀过程。

因熵是状态函数，自由膨胀虽非可逆过程，但其始、终态与可逆过程相同，所以物系的

熵差仍然是

$$\Delta S_{sys}=19.14 \mathrm{J/K}$$

【例 5-3】 温度 T 和压力 p 都相同的几种理想气体在容器中以隔板分开，当抽出隔板后互相混合，总压仍为 p，温度仍为 T。试证明此混合过程的总熵变为

$$\Delta S_{sys}=-nR\sum y_B \ln y_B \tag{5-12}$$

式中　y_B——混合气体中某组分 B 的摩尔分数；

n——混合气体的总摩尔数。

证明：假设有三种气体，此混合过程可表示如下

T、p、V_1、n_1、气体 1	T、p、V_2、n_2、气体 2	T、p、V_3、n_3、气体 3	—定温定压混合→	T、p、V、n、混合气体

混合气体中每种气体的分压分别为：$p_1=y_1p$、$p_2=y_2p$、$p_3=y_3p$

混合气体中每种气体的摩尔数分别为：$n_1=ny_1$、$n_2=ny_2$、$n_3=ny_3$

现在先对气体 1 进行计算。对于气体 1 而言，它的状态变化可表示如下：

气体 1、始态 $n_1=ny_1$、T、p、V_1	—定温过程→	气体 1、终态 $n_1=ny_1$、T、p_1、V

由式(5-8b)可得

$$\Delta S_{sys1}=n_1R\ln\frac{p}{p_1}=ny_1R\ln\frac{p}{y_1p}=ny_1R\ln\frac{1}{y_1}=-ny_1R\ln y_1$$

同理　　$\Delta S_{sys2}=-ny_2R\ln y_2$；　$\Delta S_{sys3}=-ny_3R\ln y_3$

所以，混合过程的总熵变为

$$\Delta S_{sys总}=\sum\Delta S_{sysB}=-nR(y_1\ln y_1+y_2\ln y_2+y_3\ln y_3)=-nR\sum y_B\ln y_B$$

【例 5-4】 1mol 过冷水在－10℃、101325Pa 下凝固为冰，求此过程的熵变。已知水在 0℃、101325Pa 下的凝固热为 6020J/mol，冰、水的热容可视为常数，其值分别为 37.6J/(mol·K)、75.3J/(mol·K)。

解：水与冰在 0℃、101325Pa 下两相处在正常平衡状态，即是可逆相变过程。而水在－10℃、101325Pa 下凝固为冰时是非正常状态，即是不可逆相变过程，所以其相变过程熵变的计算需设计成几个可逆过程，其途径设计如下。

水(－10℃、101325Pa) —ΔS_{sys}，ΔH_{263}→ 冰(－10℃、101325Pa)

水(－10℃、101325Pa) ↓ ΔS_1 定压可逆 ΔH_1 升温过程 → 水(0℃、101325Pa)

水(0℃、101325Pa) —ΔS_2、ΔH_{273} 定温定压可逆相变→ 冰(0℃、101325Pa)

冰(0℃、101325Pa) ↑ ΔS_3 定压可逆 ΔH_3 降温过程 → 冰(－10℃、101325Pa)

则　　$\Delta S_{sys}=\Delta S_1+\Delta S_2+\Delta S_3$

① 过程 1 的熵变计算。

由式(5-9b) 可得

$$\Delta S_1=n\bar{c}_{p水}\ln\frac{T_2}{T_1}=1\times75.3\times\ln\frac{273.15}{263.15}=2.808(\mathrm{J/K})$$

② 过程 2 的熵变计算。

因过程 2 为可逆相变过程，则由式(5-10c) 得

$$\Delta S_2=\frac{\Delta H_{273}}{T}=\frac{-6020}{273.15}=-22.039(\mathrm{J/K})$$

③ 过程 3 的熵变计算。

由式(5-9b) 得

$$\Delta S_3=n\bar{c}_{p冰}\ln\frac{T_1}{T_2}=1\times37.6\times\ln\frac{263.15}{273.15}=-1.402(\mathrm{J/K})$$

过程的总熵变为 $\Delta S_{sys}=2.808-22.039-1.402=-20.633(\mathrm{J/K})$

（二）环境熵变的计算

将熵变的定义式(5-5) 应用于环境，则 $\Delta S_{sur}=\int_1^2\left(\frac{\delta Q_R}{T}\right)_{sur}$。

式中的热即环境与物系交换的热，不论物系的实际变化如何进行，该热均可设计成可逆地传给环境，故物系实际传给环境的热，对环境来说即为可逆热。当环境温度不变时（通常可将环境温度视为一定值，因对环境而言，在热力学上，将其称为热源，其热容量极大或无限大，因此，对其传入或传出有限的热，其状态是不可能改变的），上式可写成

$$\Delta S_{sur}=\left(\frac{Q_R}{T}\right)_{sur}=-\frac{Q_{sys}}{T_0} \tag{5-13}$$

式中　T_0——环境温度，若不特别说明，可用 298.15K 来计算；

Q_{sys}——体系实际与环境之间传递的热量。

【例 5-5】 某一蒸汽输送管线，输送 1.4MPa、380℃的过热蒸汽，由于保温不良，蒸汽至用户时温度降为 360℃，试计算过热蒸汽在这一输送过程中的熵变和环境的熵变。

解：以 1kg 水蒸气为计算基准、体系即过热水蒸气。

由题意，查水蒸气表，见表 5-1。

表 5-1　查询结果

压力 p/MPa	温度 t/℃	焓 h/(kJ/kg)	熵 s/[kJ/(kg·K)]
1.4	380	3212.2	7.255
1.4	360	3168.3	7.184

因此，在上述冷却降温过程中，水蒸气的熵变为

$$\Delta s_{sys}=s_2-s_1=7.184-7.255=-0.071[\mathrm{kJ/(kg\cdot K)}]$$

因上述过程中蒸汽与外界没有功交换，所以蒸汽对环境散失的热量就等于其焓变，故

$$q_{sys}=\Delta h=h_2-h_1=3168.3-3212.2=-43.9(\mathrm{kJ/kg})$$

因此，环境的熵变为

$$\Delta s_{sur}=-\frac{q_{sys}}{T_0}=\frac{43.9}{298}=0.147[\mathrm{kJ/(kg\cdot K)}]$$

第五节　熵增原理及其应用

前面介绍了过程熵变的计算，由于熵是状态函数，因此，无论过程是否可逆，只要状态变化相同，就体系的熵变而言，它们都是相同的，即 $\Delta S_{sys可逆}=\Delta S_{sys不可逆}$。因此，无法根据体系的熵变来判断其变化是否可逆，但如果将与体系发生热、功交换的另一部分体系或环境加在一起考虑，即将它们看成一个隔离体系时，那么，这一隔离体系的总熵变将会引起怎

样的变化呢？

对于任意可逆循环，由式(5-4b) 可知 $\oint \frac{\delta Q_R}{T}=0$

若在同样的高、低温热源中进行一不可逆循环，则由卡诺定理可知

$$\eta_{不可逆}<\eta_{可逆}=1-\frac{T_2}{T_1}$$

即

$$1+\left(\frac{Q_2}{Q_1}\right)_{不可逆}<1-\frac{T_2}{T_1}$$

移项得

$$\left(\frac{Q_1}{T_1}+\frac{Q_2}{T_2}\right)_{不可逆}<0$$

即

$$\oint \frac{\delta Q_{ac}}{T}<0 \tag{5-14}$$

式(5-14) 称为克劳修斯不等式。

假设物系经不可逆过程由 $A \rightarrow B$，然后经可逆过程由 $B \rightarrow A$，整个循环仍是不可逆的，则由式(5-14) 得

$$\int_A^B \frac{\delta Q_{ac}}{T}+\int_B^A \frac{\delta Q_R}{T}<0$$

$$\int_A^B \frac{\delta Q_{ac}}{T}-\int_A^B \frac{\delta Q_R}{T}<0$$

$$\int_A^B \frac{\delta Q_{ac}}{T}<\int_A^B \frac{\delta Q_R}{T}$$

而 $A \rightarrow B$ 过程的熵变为

$$\Delta S_{sys}=\int_A^B \frac{\delta Q_R}{T}$$

故

$$\Delta S_{sys}>\int_A^B \frac{\delta Q_{ac}}{T} \quad 或 \quad dS_{sys}>\frac{\delta Q_{ac}}{T}$$

如果把可逆过程和不可逆过程结合起来，则

$$dS_{sys} \geqslant \frac{\delta Q}{T} \tag{5-15}$$

该式可用于判断过程的可逆性。“>”号用于不可逆过程，“=”号用于可逆过程，当物系的 dS 大于过程中的$\frac{\delta Q}{T}$时则为不可逆过程；当 dS 等于过程中的$\frac{\delta Q}{T}$时则为可逆过程。

对于隔离体系或绝热过程，因物系与外界之间无热交换，故 $\delta Q=0$，所以式(5-15) 可表示成

$$dS_{sys} \geqslant 0 \tag{5-15a}$$

式中，“>”为不可逆过程，“=”为可逆过程。不可逆过程可以是能对外做功的自发过程，也可以是需消耗外功的反自发过程；对于隔离体系，就是与环境既没物质交换又无能量交换的体系，如果其中发生不可逆过程，则必是自发过程；可逆过程，则实际上是处于平衡状态。所以

$$dS_{隔离} \geqslant 0 \tag{5-15b}$$

式中，“>”为自发过程，“=”为平衡状态。应当指出，用熵差来判断过程的方向和限度时，必须是隔离物系，但一般物系都与环境有着相互作用，如果把与物系有关的部分（其他物系及环境）包括在一起作为一个隔离物系，则总熵变为

$$\Delta S_t=\Delta S_{隔离}=\Delta S_{sys}+\Delta S_{sur} \geqslant 0 \tag{5-15c}$$

式(5-15a)～式(5-15c) 都是利用熵变作为判断过程的可逆性与方向性的依据，简称熵判据，它们都可作为热力学第二定律的数学表达式。而式(5-15b)、式(5-15c) 可用于判断过程的方向和限度。两式表明：隔离物系总是向熵增大的方向自动进行变化，达平衡状态后，熵不再改变，即熵值增到最大。同时，也可以表述为：当体系和环境经历任何变化后，熵的总量只会增加，永不减少。上述结论称为隔离体系的熵增原理，但应当注意，这个结论是以有限的空间和时间内所观察到的现象为基础的，而不能将它推广到整个宇宙。

【例 5-6】 计算例 5-4 中环境的熵变和过程的总熵变，环境温度为－10℃。

解：由例 5-4 设计的过程途径可知

$$\Delta H_{263}=\Delta H_1+\Delta H_{273}+\Delta H_3=\bar{c}_{p1}(t_2-t_1)+\Delta H_{273}+\bar{c}_{p2}(t_1-t_2)$$
$$=75.3\times(0+10)-6020+37.6\times(-10)=-5643(\text{J})$$

因过程中与外界无功交换，故 $Q_{sys}=\Delta H_{263}$

由式(5-13)得 $$\Delta S_{sur}=\frac{-Q_{sys}}{T_0}=\frac{5643}{263.15}=21.44(\text{J/K})$$

所以 $$\Delta S_t=\Delta S_{sys}+\Delta S_{sur}=-20.63+21.44=0.81(\text{J/K})$$

【例 5-7】 计算例 5-5 中过程的总熵变。

解：由例 5-5 可知

$$\Delta S_{sys}=-0.071\text{kJ/(kg·K)}、\Delta S_{sur}=0.147\text{kJ/(kg·K)}$$

所以 $$\Delta S_t=\Delta S_{sys}+\Delta S_{sur}=-0.071+0.147=0.076[\text{kJ/(kg·K)}]$$

【例 5-8】 某液体物料恒压下从 20℃加热到 220℃，所用的加热介质为高温烟气（可视为理想气体），已知物料流量为 500kg/h，$\bar{c}_p$ 为 1.8kJ/(kg·K)。换热器的热损失为 30000kJ/h，高温气体恒压下从 600℃降到 400℃，其 $\bar{c}_p$ 为 30kJ/(kmol·K)，试计算过程中物料、高温烟气的熵变和过程总熵变，已知环境温度为 298.15K。

解：体系为换热器，基准为 1h。

① 高温烟气的流量计算。

由题意及式(3-41) 得

$$\Delta H_{热}+\Delta H_{冷}=\Delta Q_{损}$$
$$n_{气}\ \bar{c}_{p气}(T_2-T_1)+m_{物}\ \bar{c}_{p物}(T_4-T_3)=Q_{损}$$
$$n_{气}\times30\times(400-600)+500\times1.8\times(220-20)=-30000$$

解得 $n_{气}=35\text{kmol/h}$

② 物料熵变 ΔS_{sys1} 的计算。

由式(5-9b) 可得

$$\Delta S_{sys1}=m_{物}\ \bar{c}_{p物}\ln\frac{T_4}{T_3}=500\times1.8\times\ln\frac{220+273.15}{20+273.15}=468.12[\text{kJ/(h·K)}]$$

③ 高温烟气熵变 ΔS_{sys2} 的计算。

由式(5-8b) 可得

$$\Delta S_{sys2}=n_{气}\ \bar{c}_{p气}\ln\frac{T_2}{T_1}=35\times30\times\ln\frac{400+273.15}{600+273.15}=-273.15[\text{kJ/(h·K)}]$$

④ 环境熵变 ΔS_{sur} 的计算。

由式(5-13) 可得

$$\Delta S_{sur}=\frac{-Q_{损}}{T_0}=\frac{30000}{298.15}=100.62[kJ/(h \cdot K)]$$

⑤ 过程总熵变 ΔS_t 的计算。

$$\Delta S_t=\Delta S_{sys1}+\Delta S_{sys2}+\Delta S_{sur}=468.12-(-273.15)+100.62=295.59[kJ/(h \cdot K)]$$

【例 5-9】 1mol 理想气体，其压力为 1MPa，体积为 $2.5\times10^{-3}\,m^3$。①定温可逆膨胀，体积增加至一倍；②突然减压，使体积膨胀至一倍，温度维持恒定；③定温向真空膨胀，体积增加至一倍。试求上述三种过程中气体的熵变、环境的熵变及过程的总熵变。假定气体温度与环境温度相同。

解：因气体为理想气体，故气体的温度为

$$T=\frac{pV}{nR}=\frac{1\times10^6\times2.5\times10^{-3}}{1\times8.314}=300.70(K)$$

① 定温可逆膨胀至体积增大一倍。

由式(5-8a) 得

$$\Delta S_{sys}=nR\ln\frac{V_2}{V_1}=1\times8.314\times\ln2=5.763[J/(mol \cdot K)]$$

过程中做功为

$$w_R=-\int_{V_1}^{V_2}p\,dV=-\int_{V_1}^{V_2}\frac{nRT}{V}dV=-nRT\ln\frac{V_2}{V_1}$$

$$=-1\times8.314\times300.7\times\ln2=-1732.88(J/mol)$$

因理想气体定温，故 $\Delta u=0$

所以 $$q_R=-w_R=nR\ln\frac{V_2}{V_1}=1732.88(J/mol)$$

由式(5-13) 可得 $\Delta S_{sur}=\frac{-q_{sys}}{T_0}$，因过程可逆，故

$$T_0=T=300.70K$$

所以 $$\Delta S_{sur}=\frac{-q_R}{T}=\frac{-nRT\ln\frac{V_2}{V_1}}{T}=-nR\ln\frac{V_2}{V_1}=-5.763[J/(mol \cdot K)]$$

$$\Delta S_t=\Delta S_{sys}+\Delta S_{sur}=0$$

② 定温突然减压，体积增至一倍。

因为熵是状态函数，只需过程始、终态相同，熵变就相同。即

$$\Delta S_{sys}=5.763J/(mol \cdot K)$$

过程中做功为

$$w_{ac}=-p_2(V_2-V_1)=-\frac{nRT}{V_2}(V_2-V_1)$$

$$=-\frac{1\times8.314\times300.7}{2.5\times10^{-3}\times2}\times(2.5\times10^{-3}\times2-2.5\times10^{-3})=-1250.0(J/mol)$$

同理，因 $\Delta u=0$，故 $q_{ac}=-w_{ac}=1250.0J/mol$

所以 $$\Delta S_{sur}=\frac{-q_{ac}}{T}=\frac{-1250.0}{300.7}=-4.157[J/(mol \cdot K)]$$

$$\Delta S_t=\Delta S_{sys}+\Delta S_{sur}=5.763-4.157=1.606[J/(mol \cdot K)]$$

③ 定温向真空膨胀，体积增加至一倍。

气体的熵变仍为 $\Delta S_{sys}=5.763\text{J}/(\text{mol}\cdot\text{K})$

因体积向真空膨胀不做功，故 $w_{ac}=0$

所以 $q_{ac}=0, \Delta S_{sur}=0, \Delta S_t=\Delta S_{sys}=5.763\text{J}/(\text{mol}\cdot\text{K})$

从以上各例的计算可以看出，熵和能量的性质不同，能量不论过程是否可逆，它总是守恒的。即体系所得（或所失）的能量，一定和环境所失（或所得）的能量相等。但熵却不是这样，熵只是在可逆过程中守恒，即 $\Delta S_{sys}+\Delta S_{sur}=0$，而在不可逆过程中总是增加的，即 $\Delta S_{sys}+\Delta S_{sur}>0$。因此，熵增原理提供了判断过程是否可逆的准则。另外，也可利用熵增原理 $\Delta S_t\geqslant 0$ 的特点，判断一个设计或过程是否可行。

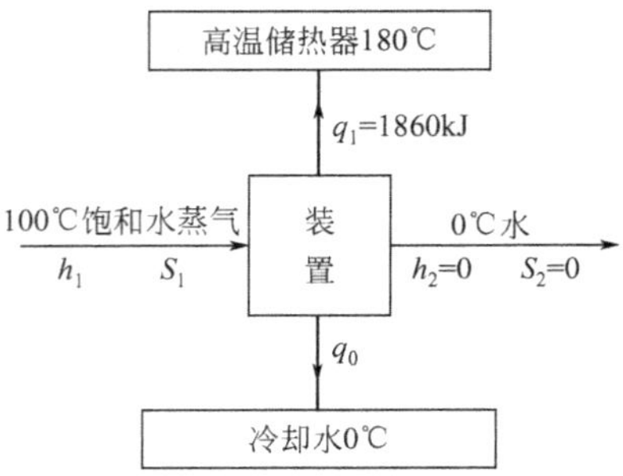

图 5-5 例 5-10 图

【例 5-10】 有人设想一种装置，如图 5-5 所示，使每 1kg 温度为 100℃的饱和水蒸气经过其中一系列步骤后，能连续地向 180℃的高温储热器输送 1860kJ 的热量。为了使蒸汽的热量更有效地加以利用，蒸汽最后在 101325Pa、0℃下冷凝为水离开装置。假设可供利用的冷却水为 0℃，其量不限。试从热力学观点来判断此种设想的装置是否可行。

解：这是个设想的能量利用装置，故不论其内部结构如何，如果理论上是合理的，则总的结果必须遵守热力学两定律。

蒸汽通过装置后在 101325Pa、0℃时冷凝，因冷凝温度已达环境中可能的最低限度（即冷却水的温度），所以蒸汽的热量得到了最大限度的利用。但是，此蒸汽的热量也不可能全部传入高温储热器，否则就违背了热力学第二定律（热不可能自动从低温物体传给高温物体），所以必须有 q_0 热量传给冷却水。

以 1kg 蒸汽为计算基准，查水蒸气表得 100℃饱和蒸汽的焓和熵为

$$h_1=2676\text{kJ/kg};\qquad s_1=7.3547\text{kJ}/(\text{kg}\cdot\text{K})$$

由题意可知，蒸汽流动是个稳流过程，将稳流体系热力学第一定律（忽略动能和位能的变化）$\Delta h=q+w_s$ 应用于此装置，因 $w_s=0$，故蒸汽经过此装置所放出的总热量为

$$q=\Delta h=h_2-h_1=0-2676=-2676(\text{kJ/kg})$$

又因为

$$q=q_1+q_0,\quad q_1=-1860\text{kJ/kg}$$

所以

$$q_0=q-q_1=-2676+1860=-816(\text{kJ/kg})$$

在上述过程中，水蒸气通过此装置的熵变为

$$\Delta s_1=s_2-s_1=0-7.3547=-7.3547[\text{kJ}/(\text{kg}\cdot\text{K})]$$

高温储热器的熵变为

$$\Delta s_2=\frac{-q_1}{T_1}=\frac{1860}{180+273.15}=4.1046[\text{kJ}/(\text{kg}\cdot\text{K})]$$

冷却水的熵变（冷却水用量不限，故设其温度保持 0℃不变）为

$$\Delta s_3=\frac{-q_0}{T_2}=\frac{816}{273.15}=2.9874[\text{kJ}/(\text{kg}\cdot\text{K})]$$

故过程的总熵变为

$$\Delta s_t=\Delta s_1+\Delta s_2+\Delta s_3=-7.3547+4.1046+2.9876=-0.2647[\text{kJ}/(\text{kg}\cdot\text{K})]<0$$

根据熵增原理，总熵变 $\Delta s_t\geqslant 0$，而现在总熵变为负值。所以，从理论上来分析，此装

置是不可能存在的。

*第六节　理想功、损耗功和热力学效率

为了正确评价一个实际的生产过程在能量利用上的完善程度，应当首先对该过程进行理论上的分析，如该过程为做功过程，则应计算出最大功；如该过程为耗功过程，则应计算出必需的最小功。其次，再根据上述理论数据，找出实际过程中能量损失的原因，提出改进生产的具体措施。为此，本节根据热力学的基本原理，阐述理想功和损耗功的概念及其计算，通过对一些具体生产过程的分析，进一步地明确热力学效率的概念。

一、理想功 W_{id}

在第三、四章中，已介绍了可逆技术功的概念及计算，若忽略动、位能，可逆技术功就等于可逆轴功，在计算该功时，由于仅考虑了体系内部的可逆，因此，从热力学角度上讲，该功效应不是功的极限值。如理想气体可逆定温压缩过程所耗的功，尽管该压缩过程在几种压缩方式中功耗是最小的，但在气体被压缩的同时，它是在连续地向环境（大气或冷却水）传热，当然此时气体的温度要高于环境温度。通过卡诺定理的学习，知道这部分高于环境温度的热能是可以通过热机部分地转化为功的。因而上述可逆轴功不是该压缩过程可能达到的最小功耗，最小功耗应是气体压缩可逆轴功与压缩过程中向环境传出的热的卡诺功之和。该最小功在热力学上称为理想功。

因此，所谓理想功是指当体系的状态变化完全依可逆过程进行时所表现出的功效应，即体系在做功过程中在给定条件下所能完成的最大功量，或者在消耗的过程中所需的最小功，不论哪一种情况，此功的极限值统称为“理想功”。这里所指的完全可逆性应包括如下两点内容。

① 体系内所有变化过程必须是可逆的，这里所指的所有变化包括体系的压力、温度、成分和浓度等因素。

② 体系与环境的传热也必须是可逆的。为此，设想在体系与环境之间必须有一个或若干个卡诺热机来实现体系中各个不同温度与环境 T_0 之间的可逆传热。

1. 热能的理想功

对于卡诺循环过程，由于其特点完全满足完全可逆的要求，故卡诺功就是传热过程中被传出的高温热能的理想功。

（1）定温传热。设某高温热流体在定温 T_1 下向外传递 Q_H 的热量，假设该热量通过卡诺机对外做出卡诺功 W_c，同时向环境放出 Q_0 的热量。这样就构成了高温热流体 T_1 与环境 T_0 之间的可逆传热。则

$$W_{id}=W_c=Q_H\frac{T_1-T_0}{T_1}=Q_H-T_0\frac{Q_H}{T_1}$$

由热力学第一定律，以高温热流体为体系得

$$\Delta H_{sys}=Q_H+W_t$$

因该高温热流体只发生了传热过程，其 $W_t=0$，所以　$Q_H=\Delta H_{sys}$

又因 T_1 不变，故高温热源的熵变为　$\Delta S_{sys}=\dfrac{Q_H}{T_1}$

所以

$$W_{id}=\Delta H_{sys}-T_0\Delta S_{sys} \tag{5-16}$$

(2) 变温传热。设某一高温流体，传热时从温度 T_1 降到 T_2，向外放出 Q_H 的热量，同样环境温度为 T_0。

对于这个问题的处理可以采用与上述相同的方法。设想在高温流体与环境之间有无穷多个小卡诺循环，从而使这一 $T_1 \to T_2$ 的变温热流体与环境 T_0 之间形成完全可逆传热，则该过程的理想功为

$$W_{id} = \sum_{B=1}^{i} W_{cB} = \sum_{B=1}^{i} \delta Q_{HB} \frac{T_{HB} - T_0}{T_{HB}} = \int_{T_1}^{T_2} \frac{T_H - T_0}{T_H} \delta Q_H$$

$$= Q_H - T_0 \int_{T_1}^{T_2} \frac{\delta Q_H}{T_H} = \Delta H_{sys} - T_0 \Delta S_{sys}$$

结果表明，无论是定温传热过程还是变温传热过程，它们所传出的热能的理想功的计算式是一致的。

2. 体系状态变化过程的理想功

设有一物系，通过一系列变化过程后，由状态 1（p_1、T_1、H_1、S_1）变化到状态 2（p_2、T_2、H_2、S_2），忽略该过程中体系动、位能的变化，则该体系状态变化过程的理想功如何确定呢？

首先将体系的这一变化过程设计成一个完全可逆的过程，如图 5-6 所示。

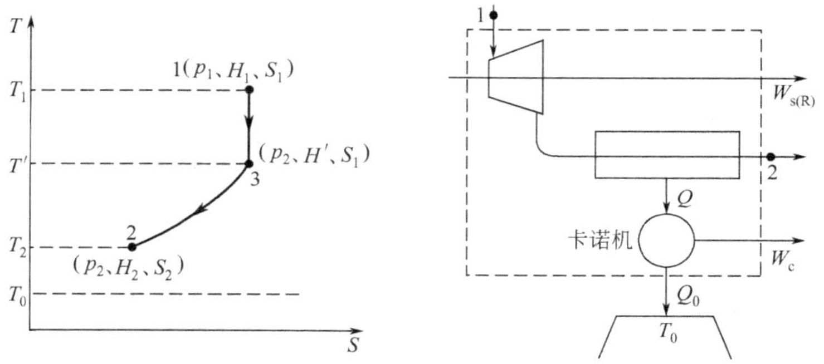

图 5-6　体系状态变化过程理想功计算示例

体系先从状态 1（p_1、T_1、H_1、S_1）可逆绝热膨胀到状态 3（p_2、T'、H'、S_1），同时通过透平做出轴功 $W_{s(R)}$，然后在等压下与环境可逆换热至状态 2（p_2、T_2、H_2、S_2），同样由于这一传热过程是非等温传热，也需假设体系温度从 $T_1 \to T_2$ 时与环境 T_0 之间有无数个卡诺循环来实现可逆传热。

因此，上述状态变化过程中的理想功就等于两部分功之和，即

$$W_{id} = W_{s(R)} + W_c$$

因为

$$W_{s(R)} = \Delta H = H' - H_1$$

$$W_c = \int_{T'}^{T_2} \frac{T - T_0}{T} \delta Q = Q - T_0 \int_{T'}^{T_2} \frac{\delta Q}{T} = (H_2 - H') - T_0 \Delta S_{sys}$$

所以

$$W_{id} = H' - H_1 + H_2 - H' - T_0 \Delta S_{sys} = \Delta H_{sys} - T_0 \Delta S_{sys}$$

由此可见，理想功的计算式与传热过程理想功的计算式也是一致的。

综上所述，式(5-16) 为体系稳流过程的理想功计算的通式，它仅决定于体系的始、终态以及环境的温度 T_0，而与具体的变化途径无关。

【例 5-11】 试求在流动过程中，1kmol 温度为 800K、压力为 4MPa 的氮气所能给出的

最大功。现取环境温度为 298K，氮气看成是理想气体，其热容为$(27.87+4.268\times10^{-3}T)$ kJ/(kmol·K)。

解：这里是要求算 1kmol 氮气由初始状态（800K、4MPa）膨胀到终了状态（298K、101325Pa）所能给出的最大功，即理想功，可直接应用式(5-16) 计算。因为氮气可看成理想气体，故其焓变与压力无关，于是

$$\Delta h_{sys}=\int_{T_1}^{T_0}c_p\mathrm{d}T=\int_{800}^{298}(27.87+4.268\times10^{-3}T)\mathrm{d}T$$

$$=27.87\times(298-800)+0.5\times4.268\times10^{-3}\times(298^2-800^2)$$

$$=-15167.0(\mathrm{kJ/kmol})$$

$$\Delta s_{sys}=\int_{T_1}^{T_0}\frac{c_p}{T}\mathrm{d}T-R\ln\frac{p_0}{p_1}=\int_{800}^{298}\frac{27.87+4.268\times10^{-3}T}{T}\mathrm{d}T-8.314\times\ln\frac{101325}{4\times10^6}$$

$$=27.87\times\ln\frac{298}{800}+4.268\times10^{-3}\times(298-800)-8.314\times\ln\frac{101325}{4\times10^6}$$

$$=0.895[\mathrm{kJ/(kmol\cdot K)}]$$

将 Δh_{sys}、Δs_{sys}代入式(5-16) 得

$$w_{id}=\Delta h_{sys}-T_0\Delta s_{sys}=-15167.0-298\times0.895=-15433.8(\mathrm{kJ/kmol})$$

计算结果说明，上述氮气在流动过程中理论上可给出的最大功为 15433.8kJ/kmol。

【例 5-12】 求在 0.1MPa 下 25℃的水变为 0℃的冰时的理想功，设环境温度为①298K；②248K。

解：查水在不同状态时的焓、熵值，见表 5-2。

表 5-2 查询结果

状态	温度/K	焓/(kJ/kg)	熵/[kJ/(kg·K)]
$H_2O(l)$	298.15	104.8	0.3652
$H_2O(s)$	273.15	−333.5	−1.2211

① 环境温度为 298K 时。

$$w_{id}=\Delta h_{sys}-T_0\Delta s_{sys}=(-333.5-104.8)-298\times(-1.2211-0.3652)=34.42(\mathrm{kJ/kg})$$

计算结果为正值，表明欲使水变为冰需用冰机，理论上消耗的最小功为 34.42kJ/kg。

② 环境温度为 248K 时。

$$w_{id}=\Delta h_{sys}-T_0\Delta s_{sys}=(-333.5-104.8)-248\times(-1.2211-0.3652)=-44.90(\mathrm{kJ/kg})$$

计算结果说明，当环境温度低于水的冰点时，水变为冰是自发的，不仅不需消耗外功，而且理论上可对外做出 44.90kJ/kg 的功。

二、损耗功 W_L

损耗功是指由于实际过程中的不可逆性，使得体系在过程中做功能力降低，也即功损失。功损失与经常提到的热损失有着原则性的区别。例如：锅炉的热损失仅仅指排烟、排灰和设备散失于大气中的热量损失；而功损失指的是锅炉在传热过程中内部和外部的不可逆性使燃料的做功能力下降而带来的损失。锅炉内部功损失是指由于锅炉中高温烟气与水升温、蒸发的温度差很大而造成的损失，它是锅炉功损失的主要部分；锅炉外部功损失是指由于锅炉向外散热和烟气排放带走的热量导致其中转化为功的那部分能量的损失。

前面已讨论可逆过程是假想的理想过程，因而其中不存在任何不可逆因素所造成的损耗。但是，所遇到的所有的实际过程都是不可逆过程，因此，其中必然有功的损耗，即做功的过程，其产生的实际功均比理想功少（指数值）；耗功的过程，其所耗的实际功均比理想功多。因此，当状态变化相同时，实际过程比完全可逆过程少产生的功或多消耗的功，就称为损耗功，用 W_L 表示。故损耗功 W_L 就等于理想功 W_{id} 与实际功（这里的实际功通常指轴功）$W_{s(ac)}$ 的差值。可表示为

$$W_L = W_{id} - W_{s(ac)} \tag{5-17}$$

由热力学第一定律可得实际过程中体系所做的（或所消耗的）轴功为

$$W_{as(c)} = \Delta H_{sys} - Q$$

式中，Q 为体系在实际过程中与温度为 T_0 的环境所交换的热量，故

$$W_L = W_{id} - W_{s(ac)} = \Delta H_{sys} - T_0 \Delta S_{sys} - \Delta H_{sys} + Q = -T_0 \Delta S_{sys} + Q \tag{5-18}$$

而环境的熵变为 $$\Delta S_{sur} = -\frac{Q}{T_0}$$

所以 $Q = -T_0 \Delta S_{sur}$ 代入式(5-18) 可得

$$W_L = -T_0 \Delta S_{sys} - T_0 \Delta S_{sur} = -T_0(\Delta S_{sys} + \Delta S_{sur}) = -T_0 \Delta S_t \tag{5-19}$$

此式表示损耗功与总熵变的关系。由此可见，损耗功的大小不仅取决于总熵变 ΔS_t，而且和环境的温度 T_0 有关。

根据熵增原理可知，对于不可逆过程，$\Delta S_t > 0$，因此 $W_L < 0$，即损耗功总为负值。而且当 T_0 一定时，ΔS_t 越大，则 W_L 的数值就越大，所以总熵 ΔS_t 不仅反映了实际过程的不可逆程度，而且也说明了过程中功损耗的大小、能量发生质降的程度。

根据实际过程中存在的不可逆因素，可将实际过程的功损耗分为两大类：

① 有温差的传热过程，即不可逆传热引起的过程功的损耗；

② 有压差的流动过程、有浓差的扩散过程、有化学位差的化学反应过程等引起的功转化为热而造成的过程功的损耗。

下面通过具体例子来进一步说明损耗功的意义。

【例 5-13】 温度为 T_1 的定温储热器向温度为 T_2 的定温储热器传递 Q 的热量（$T_1 > T_2$），计算过程的功损失。环境温度为 T_0。

解：以高、低温储热器为体系。

高温储热器的熵变为 $$\Delta S_{高} = \frac{-Q}{T_1}$$

式中，Q 以绝热值计。

低温储热器的熵变为 $$\Delta S_{低} = \frac{Q}{T_2}$$

由于体系与环境 T_0 间无热交换，故 $\Delta S_{环} = 0$

所以过程的总熵变为 $$\Delta S_t = \Delta S_{高} + \Delta S_{低} + \Delta S_{环} = \frac{-Q}{T_1} + \frac{Q}{T_2}$$

由式(5-19) 得 $$W_L = -T_0 \Delta S_t = -T_0\left(\frac{-Q}{T_1} + \frac{Q}{T_2}\right) = -T_0 Q \frac{T_1 - T_2}{T_1 T_2}$$

上式表明，传热过程中的功损失与温差 $T_1 - T_2$ 成正比，与温度乘积成反比。

如何理解这种过程功损失的物理意义呢？分别看一下处于温度为 T_1 的热能 Q 和处于温度为 T_2 的热能 Q 的做功能力的大小。

当热能 Q 处在 T_1 温度时，可用其与 T_0 环境组成卡诺循环的卡诺功来度量，即

$$W_{c1}=-Q\frac{T_1-T_0}{T_1}$$

同理，处于温度为 T_2 的热能所具有的做功能力为

$$W_{c2}=-Q\frac{T_2-T_0}{T_2}$$

由于热能 Q 由高温储热器 T_1 传递给了低温储热器 T_2，即高温储热器做功能力减少了 W_{c1}，低温储热器做功能力增加了 W_{c2}，使整个体系的做功能力减少了 $W_{c1}-W_{c2}$，而此值即为该传热过程的功损失，即

$$W_L=W_{c1}-W_{c2}=-Q\frac{T_1-T_0}{T_1}+Q\frac{T_2-T_0}{T_2}=-T_0Q\frac{T_1-T_2}{T_1T_2}$$

另外，还可以这样来理解，对高温储热器而言，它在传热过程中对外做出理想功，故

$$W_{id高}=W_{c1}=-Q\frac{T_1-T_0}{T_1}$$

而对低温储热器而言，它在传热过程中得功，它所获得的理想功为

$$W_{id低}=-W_{c2}=Q\frac{T_2-T_0}{T_2}$$

而整个换热过程的损耗功即为两个储热器的理想功的代数和，即

$$W_L=W_{id高}+W_{id低} \tag{5-20}$$

结果一致，由此进一步说明了实际传热过程中虽然热能的数量没有减少，但因存在传热温差，使热能的做功能力降低了。

【例 5-14】 计算例 5-5 中蒸汽的损耗功。

解：以 1kg 蒸汽为计算基准。

由例 5-7 可得，过程中总熵为 0.076kJ/(kg·K)，则

$$W_L=-T_0\Delta s_t=-298\times0.076=-22.65(\text{kJ/kg})$$

即每输送 1kg 过热蒸汽，因保温不良造成的损耗功为 22.65kJ/kg，它说明相同压力下的过热蒸汽做功能力随温度的降低而减少。

【例 5-15】 试求压力为 p_1、温度为 T_1 的高温高压蒸汽节流膨胀到 p_2 的过程中所损耗的功。

解：节流膨胀过程为前后焓值相等的过程，从水蒸气表上可查得节流前后水蒸气的熵值，分别为 s_1 和 s_2，则过程中蒸汽的熵变为

$$\Delta s_{sys}=s_2-s_1$$

由于节流膨胀过程蒸汽与外界无热量交换，故

$$\Delta s_{sur}=\frac{q}{T_0}=0$$

过程的损耗功为 $$w_L=-T_0\Delta s_t=-T_0\Delta s_{sys}<0$$

由上述分析可以看出，在节流膨胀过程中，虽然蒸汽的焓值不变，但是它的做功能力却下降了，这是由于流体的部分静压能，在节流中无偿地消耗了。因此，在管道的设计过程中，除了考虑对设备、管道的散热损失采取保温措施外，还应尽可能地减少管路中阀门的个数，以免造成流体做功能力的不必要的降低。

三、热力学效率

所谓热力学效率，就是衡量能量质量的利用效率，由于各类过程的性质不同，热力学效

率的表达式也各不相同。

对于做功过程，因理想功为给定状态变化中所能做出的最大功（指数值），因此，热力学效率 η_a 的表达式为实际功与理想功之比值，即

$$\eta_a=\frac{W_{s(ac)}}{W_{id}}\times 100\%=\frac{W_{id}-W_L}{W_{id}}\times 100\% \tag{5-21a}$$

反之，对于耗功过程，因理想功为给定的状态变化中所耗的最小功，于是热力学效率的表达式为理想功与实际功之比，即

$$\eta_a=\frac{W_{id}}{W_{s(ac)}}\times 100\%=\frac{W_{id}}{W_{id}-W_L}\times 100\% \tag{5-21b}$$

对于无轴功交换的换热过程，热力学效率的表达式为

$$\eta_a=\frac{W_{id冷流体}}{-W_{id热流体}}=\frac{W_{id热流体}-W_L}{W_{id热流体}} \tag{5-21c}$$

【例 5-16】 计算例 5-8 中冷、热流体的理想功、过程的损耗功及换热器的热效率和热力学效率，环境温度为 298.15K。

解：体系为换热器，基准为 1h。

① 热流体的理想功 $W_{id热}$。

由式(5-16) 得

$$W_{id热}=\Delta H_热-T_0\Delta S_热=n_热\ \bar{c}_{p热}(T_2-T_1)-T_0 n_热\ \bar{c}_{p热}\ln\frac{T_2}{T_1}$$

$$=35\times 30\times(400-600)-298.15\times(-273.15)=-128560.3(\text{kJ/h})$$

② 冷流体的理想功 $W_{id冷}$。

$W_{id冷}=\Delta H_冷-T_0\Delta S_冷=500\times 1.8\times(220-20)-298.15\times 468.12=40430.0(\text{kJ/h})$

③ 换热过程的损耗功 W_L。

由式(5-19) 得

$$W_L=-T_0\Delta S_t=-298.15\times 295.59=-88130.16(\text{kJ/h})$$

另外，对换热器来讲，损耗功也可由式(5-20) 计算，即

$$W_L=W_{id热}+W_{id冷}=-128560.3+40430.0=-88130.33(\text{kJ/h})$$

可见，计算结果是一致的。

④ 换热器的热效率 η。

$$\eta=\frac{\Delta H_冷}{-\Delta H_热}\times 100\%=\frac{500\times 1.8\times(220-20)}{35\times 30\times(600-400)}\times 100\%=85.71\%$$

⑤ 换热器的热力学效率 η_a。

$$\eta_a=\frac{W_{id冷}}{-W_{id热}}\times 100\%=\frac{40430.0}{128560.3}\times 100\%=31.45\%$$

由计算结果可以看出，该换热器就其热效率而言较高，达 85.71%，但由于其传热温差较大，其热力学效率较低，仅为 31.45%。

复习思考题

5-1 能量的两重性是指什么？

5-2 根据能质的差异，能量可分为哪三个等级？试举例说明。

5-3 由热力学第一定律可知，在一切变化过程中，能量总是守恒的，那为什么还会存在能源危机呢？

5-4 热力学第二定律表述为“功可以全部变为热，但热不能完全变为功”对吗？

5-5 与大气温度相同的压缩气体可以膨胀做功，这是否违反了热力学第二定律？

5-6 第二类永动机与第一类永动机有何不同？

5-7 卡诺循环与卡诺定理在研究功热转换过程中有何指导意义？

5-8 热效率愈高，则循环的功愈大；反之，循环功愈大，则必然热效率愈高；任何可逆循环的热效率都相等。这些结论是否全对？

5-9 若工质经历一可逆和一不可逆过程，且其初、终态相同，问两过程中工质与外界交换的热量是否相同？

5-10 若工质经历一可逆和一不可逆过程，均从同一初态出发，且两过程中工质的吸热量相同，问工质终态的焓、熵是否相同？

5-11 某封闭热力系经历一熵增的可逆过程，则该热力系能否经一绝热过程回复到原状态？

5-12 试判断下列说法是否正确：

① 不可逆过程无法在 T-s 图上表示，而且也不能计算其熵变；

② 可逆绝热过程即为定熵过程，反之，定熵过程必为可逆绝热过程；

③ 熵增量可用来量度过程的不可逆性，所以熵增加的过程必为不可逆过程；

④ 因为熵只增不减，所以熵减少的过程是不可能的；

⑤ 由于工质经历一个不可逆循环，所以工质的 $\oint ds$ 必然大于零，不可能小于零或等于零。

5-13 一桶河水与一茶杯沸水所具有的热能哪个多？能的可用性哪个大？

习题

5-1 某一容量为 10^6 kW 的核动力电站进行估算时，需要估算其冷却水用量，为此，把热机大致按在 340～620K 之间的卡诺循环估算，如冷却水的最大温升为 10K，则必须以多大流量供给冷却水？已知冷却水的恒压平均比热容为 4.184kJ/(kg·K)。

5-2 某一热机工作于 1500K 的高温热源及 293K 的低温热源之间，若每一循环中工作介质从高温热源吸热 200kJ，试计算：①此热量中最多可转变成多少功？②如果工作介质在吸热中与高温热源的温差为 150K，在放热过程中与低温热源的温差为 20K，则该热量最多可转变成多少功？热效率为多少？③如果②循环过程中不仅存在温差传热，并且由于摩擦等损失又使循环功减少 40kJ，则相应的效率又为多少？

5-3 有人声称设计了一个热机，从温度为 400K 的高温热源吸取 25kJ/s 的热量，在温度为 200K 的低温热源放出 12kJ/s 的热量，并向外界提供了 15kW 的功，试判断此设计是否能实现？

5-4 一热机从 600K 的高温热源可逆吸热 100kJ，并向 300K 的低温热源排热，试对下面假设的三个功量进行判断，指出哪种情况是不可逆的、可逆的、不可能的？①50kJ；②75kJ；③25kJ。

5-5 已知下列循环 A、B、C 的高温热源温度为 527℃，低温热源温度为 27℃。①填补表 5-3 中各空格；②确定各循环是否可逆，是否可能？1hp=0.7355kW。

表 5-3 习题 5-5 表

循环	Q_1/(kJ/h)	Q_2/(kJ/h)	W/hp	效率 η_1/%
A	10^6		300	
B	10^6	-7×10^5		
C	10^6			62.5

5-6 某 750000kW 的核动力厂，反应堆温度为 586K，利用 293K 的河水作冷却水。试求：①该厂的最高热效率和排向河水的最小热量；②若该厂的实际热效率为上述热效率的 60%，则排向河水的热量又为多少？③若河水的容积流量为 165m³/s，河水温度将上升为多少？已知水的比定压热容为 4.1868kJ/(kg·K)，且可视为常数。

第六章 水 蒸 气

水蒸气是人类在热力发动机中最早使用的工质，也是目前工业上广泛使用的工质。水蒸气的主要优点是易于获得、有适宜的热力参数和不会污染环境。在热力发动机中用作工质的水蒸气由于距液态不远，而且在工作过程中有物质状态的变化，不适宜作为理想气体。水蒸气的物理性质远比理想气体复杂，不能用简单的数学式表达出来，所以在工程计算中，不能用单纯的数学方法计算。在对水蒸气进行计算时主要是直接查取为工程计算而编制的有关水蒸气热力性质的图表。本章主要介绍水蒸气的性质、状态参数的确定，水蒸气在热力过程中与外界交换的热量、功量等的计算以及水蒸气图表的结构和应用。

第一节 基本概念

一、与相变有关的概念

物质由液态转变为气态的过程叫汽化。汽化是液体表面附近动能较大的分子，克服液体的表面张力扩散到液体表面以外自由空间去的过程。在液体表面进行的汽化过程称为蒸发，从液体中形成气泡而出现的汽化过程则称为沸腾。

如果将液体置于一个能够承受相当压力的容器中，随时都会有液体表面附近动能较大的分子克服表面张力扩散到液体表面的自由空间，而与此同时，也存在自由空间中的蒸汽分子碰撞回到液面而凝成液体。前一种现象称为汽化（或蒸发），后一种现象称为蒸汽的液化（或凝结）。1mol的液体在标准大气压力下蒸发变成饱和蒸汽所吸收的热称为该液体的摩尔相变热。处于容器中的液体在蒸发（或汽化）过程中，如果液体上方的自由空间内没有其他分子，随着自由空间内蒸汽分子逐渐增多，液面上的蒸汽的压力也将逐渐增大，返回液面的蒸汽分子数目会随压力的增大而增多。在一定状态时，这两种方向相反的过程就会达到动态平衡，这时尽管过程仍在进行，但其状态不再改变。这种液体和饱和蒸汽处于动态平衡的状态称为相变状态。在此状态下，相变温度和压力一一对应。若改变温度（或压力），则物系压力（或温度）也将随之改变，物系也会在新的压力（或温度）下建立新的平衡。

二、与状态有关的概念

假设水在带有活塞的汽缸里，保持压力不变并加热，随着加热过程的进行，水温不断升高。当水的温度升高到一定值时，温度不再发生变化，在此状态之前的水，称为未饱和水，处于未饱和状态。若此时继续加热，则从这一瞬间起，水开始沸腾，并逐渐变成蒸汽。这个温度称为该压力下的饱和温度，该压力就称为该温度下的饱和蒸汽压力，处于该温度和压力下的水称为饱和水。若继续加热，则将形成饱和水与饱和水蒸气共存的混合物，称为湿蒸汽，相应地物系处于湿蒸汽状态。随加热过程的继续进行，液相水将越来越少，直到全部变为蒸汽，此时称水处于饱和蒸汽状态，这时的蒸汽称为干饱和蒸汽。若对干饱和蒸汽继续定压加热，蒸汽温度将升高，在饱和温度以上的蒸汽称为过热蒸汽，相应地称其处于过热蒸汽状态。

三、干度

如前所述，若在恒压下对汽缸内的水加热，当水开始沸腾时，尽管加热在进行，汽缸内的温度却保持不变，但是汽缸内蒸汽和液态水的量却都在不断变化。所以，如果只知道温度和压力还不能完全确定湿蒸汽的状态。为了确定湿蒸汽中所含水和干饱和蒸汽的量，或确定湿蒸汽的状态，必须引入湿蒸汽特有的重要参数，即干度 x。

干度的定义：单位质量湿蒸汽中所含饱和蒸汽的质量称为湿蒸汽的干度。

$$x=\frac{m_g}{m_g+m_w} \tag{6-1}$$

式中 m_g——湿蒸汽中所含饱和蒸汽的质量，kg；

m_w——湿蒸汽中所含饱和水的质量，kg。

x 的取值范围为 0～1。当饱和蒸汽的含量为 0 时，水处于饱和液体状态，即 $x=0$。同样，当饱和水的含量为 0 时，即 $x=1$，此时为干饱和蒸汽状态。随着 x 值的增大，在湿蒸汽中液态水的含量减少，此时蒸汽越来越接近干饱和蒸汽。

在工程计算中，常需计算物质有关热力性质的数据，但由于水蒸气的性质十分复杂，目前还没有一个纯理论的状态方程能描述水及其蒸汽的热力性质。为了能迅速、简便地获得水及水蒸气的热力学性质数据，科学工作者将水和水蒸气的热力性质制成专用的图表，需要时可以直接查找，见附录。

第二节　水蒸气表及其应用

一、表的基准点

在工程计算中，需要知道的只是状态发生变化后物质热力学性质发生了多少变化。因此，为方便计算，规定一个基准点作为零点。即规定某一状态的水和蒸汽的某一参数为零。通常，选定三相点下的液相水为参考状态（或基准点），在这一状态下，液相水（0.01℃时）的内能和熵都规定为零。即水在 0.01℃ 时，$u_0=0$，$s_0=0$，此时 $p=611.2\text{Pa}$，$v=0.0010002\text{m}^3/\text{kg}$。在该参考点，其焓值 $h_0=u_0+p_0v_0=0+611.2\times0.0010002\times10^{-3}=0.000611(\text{kJ/kg})$，很显然，该值在工程计算中作为零处理时，计算精度已足够。

对湿蒸汽，可以根据饱和蒸汽的参数结合干度计算出湿蒸汽的有关参数。

$$v_x=xv''+(1-x)v' \tag{6-2}$$

$$h_x=xh''+(1-x)h' \tag{6-3}$$

$$s_x=xs''+(1-x)s' \tag{6-4}$$

式中 v_x、h_x、s_x——湿蒸汽的比体积、焓、熵；

v'、h'、s'——饱和水的比体积、焓、熵；

v''、h''、s''——干饱和蒸汽的比体积、焓、熵。

需要说明的是，基准点是人为确定的，在应用时需注意基准的统一，后面用到的各种水蒸气的图表，如无特殊说明，都是以此作为基准点。如果基准点的选取不同，则计算出的参数的绝对值不同，但过程参数的变化值不受影响。需要提醒的是，不同基准点的图表在查取时不能混用。

二、表的种类与组成

水蒸气表一般有两个，一是按温度（或压力）排列的饱和水与干饱和蒸汽表，二是未饱和水与过热蒸汽表，详细数据可以参考附录。

在水蒸气表中，上标“′”表示该参数为饱和水的参数，“″”表示该参数为干饱和蒸汽的参数，粗实线“——”表示未饱和水与过热蒸汽的分界线，线的上方是未饱和水的参数，线的下方是过热蒸汽的参数。

三、水蒸气表的应用

在工程上涉及的水蒸气，一般都较接近液态，有的在使用过程中发生了相变。所以，没有哪一种状态方程可以比较准确地描述上述过程各状态参数的变化关系。利用水蒸气表不仅可以免去烦琐的运算，而且也能得到相对比较准确的数据。

如利用饱和水与干饱和蒸汽表可以直接查到给定状态下的各参数值及所处的状态，并且可以计算其状态发生变化时过程中状态参数的变化和水与外界交换的功量、热量等。

【例 6-1】 水在某状态变化过程中，开始时水的压力是 12MPa，温度为 40℃，过程变化结束时水蒸气的压力为 12MPa，温度为 500℃。问：①过程开始和结束时水和蒸汽所处的状态；②在该过程中 1kg 水的焓变；③水在该过程中与外界交换的热量。

解：① 查附录得

$t_1=40℃$、$p_1=12\text{MPa}$ 时，水为未饱和水，其焓值 $h_1=178.2\text{kJ/kg}$

$t_2=500℃$、$p_2=12\text{MPa}$ 时，蒸汽为过热水蒸气，$h_2=3347\text{kJ/kg}$

② 过程的焓变 $\Delta h=h_2-h_1=3347-178.2=3168.8(\text{kJ/kg})$

③ 过程中与外界交换的热 $q_p=\Delta h=316.8\text{kJ/kg}$

【例 6-2】 利用水蒸气表确定 $t=300℃$、$x=0.9$ 时状态点的 h、s 值。

解：查附录得

饱和水的参数：$h'=1344.9\text{kJ/kg}$　　$s'=3.2548\text{kJ/(kg·K)}$

饱和蒸汽的参数：$h''=2749\text{kJ/kg}$　　$s''=5.7049\text{kJ/(kg·K)}$

$t=300℃$、$x=0.9$ 时状态点的 h_x、s_x 值分别为

$$h_x=xh''+(1-x)h'=0.9\times2749+(1-0.9)\times1344.9=2608.59(\text{kJ/kg})$$

$$s_x=xs''+(1-x)s'=0.9\times5.7049+(1-0.9)\times3.2548=5.45989[\text{kJ/(kg·K)}]$$

从上面的计算可以看出，利用水蒸气表可以避免在计算过程中 c_p 及相变热的复杂计算，避免了因此而带来的误差，而且具有快速、准确的特点。

第三节　水蒸气图及其应用

一、温-熵图（T-s 图）

如果将不同温度、压力下水的焓、熵等热力参数计算出来，可以作出物质的温-熵图（T-s 图），如图 6-1 所示。图中横坐标表示熵值 [kJ/(kg·K)]，纵坐标为温度（K）。C 点为临界点，曲线 AC 为饱和液体线，在饱和液体线的左边且在临界点 C 对应的温度（临界温度）以下的区域为液相区。曲线 BC 为饱和蒸汽曲线，在 T_c 线以上饱和蒸汽曲线右边的区域为气相区。由于这一区域内的蒸汽比相同压力下的饱和温度高，所以又将该区域称为过热蒸汽区。拱形曲线 ACB 所包含的区域为饱和蒸汽和饱和水的共存区，称湿蒸汽区，在该

区，饱和蒸汽和饱和水的含量必遵守杠杆规则。

在 T-s 图上，还有一系列的等压线和等焓线。等焓线是等压线上焓值相等点连接而成的，如图 6-1中曲线 abc。至于等压线，现以压力为 p_1 的一条加以说明，其余的等压线与其意义相同。

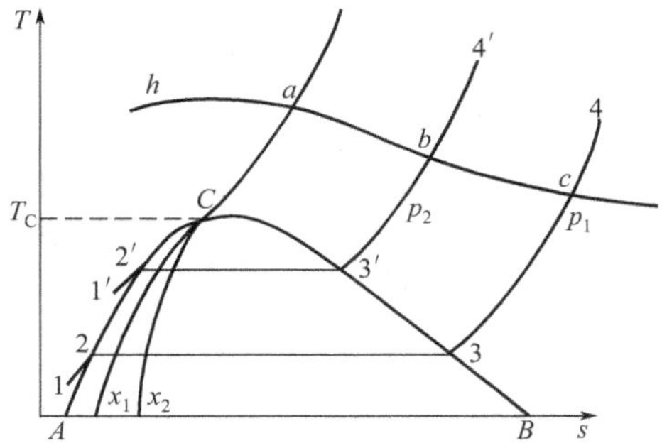

图 6-1　T-s 示意图

取一定量的液体（假设为 1kg 的水），在恒定压力 p_1 下进行加热，从图中所示 1 点（温度 T_1）开始升温至液体饱和点 2（温度 T_2），线段 12 表示在恒压加热过程中熵随温度的变化关系。继续加热，液体开始蒸发并不断产生蒸汽。在液体汽化的过程中，温度不变，所以线段 23 是水平的，该线段表示在汽化过程中的熵变。当过程达到状态点 3（温度 $T_3=T_2$）时，液体已完全汽化为蒸汽。线段 34 表示在恒压 p_1 下加热蒸汽时熵随温度的变化。曲线 1234、1′2′3′4′等分别为压力 p_1、p_2 过程的等压线，且 $p_2>p_1$。p_1 和 p_2 两条线表明，当压力升高时，沸点升高。表示汽化过程的水平线（如线段 23、2′3′）将缩短，过程的汽化热减少。当压力升高到临界压力 p_C 时，水平线段缩短为一点 C，C 点即为临界点。每一条等压线随温度升高均是上扬的，这一点表明升温和汽化的过程中熵值增大（即 $\Delta S>0$）。利用 T-s 图可以很方便地求出在状态变化过程中体系与环境交换的热、功等，并能由此判断和分析发生的其他变化。

二、焓-熵图（h-s 图）

水蒸气图除上述 T-s 图之外，还有如图 6-2 所示的 h-s 图。由于在温-熵图上，过程在变化过程中的热量和功都是以面积表示的，所以用于数值计算时比较复杂；h-s 图是以线段来表示热量及功量的变化，显然更便于计算。在 h-s 图上，恒压下的加热量（放热量）等于焓差，而绝热过程的焓变等于技术功，均以线段表示，在计算上比较简便。

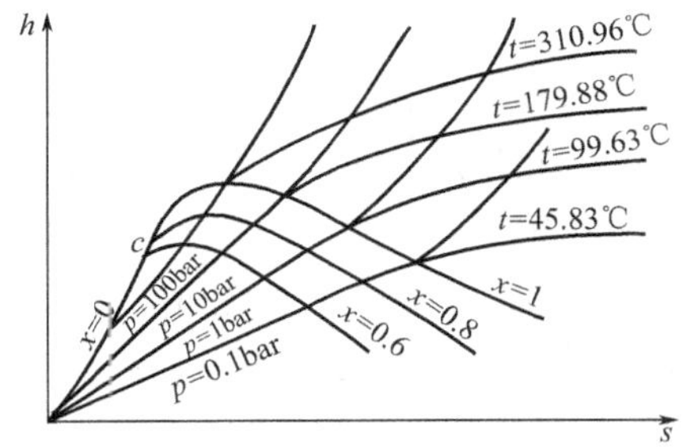

图 6-2　h-s 示意图

h-s 图是根据水蒸气表中的数据，以 h 为纵坐标、s 为横坐标绘制而成的。图 6-2 中在 $x=1$ 曲线上方为过热蒸汽区，下方为湿蒸汽区。在湿蒸汽区有定压线和定干度线，而在过热区则有定压线和定温线。

利用水蒸气图可以方便地求得各种参数，但参数精确性较差，若精度要求较高，应以查表为好。

三、典型热力过程在 *T-s*、*h-s* 图上的表示

（一）定压加热过程或冷却过程

1. 定压加热或冷却过程在 T-s 图上的表示

如图 6-3(a) 所示，体系从状态点 1（p_1，T_1）在定压下加热到状态点 2（p_1，T_2），这一过程在图中以线段 12 表示。过程的焓变 $\Delta h_p=h_2-h_1$，过程所需的热量 $q_p=\Delta h_p=\int_1^2 T\mathrm{d}s$，在图中相当于曲边四边形 12341 所围的面积。如果过程是冷却，则所求参数数值与加热过程大小相等，符号相反。

2. 定压加热或冷却过程在 h-s 图上的表示

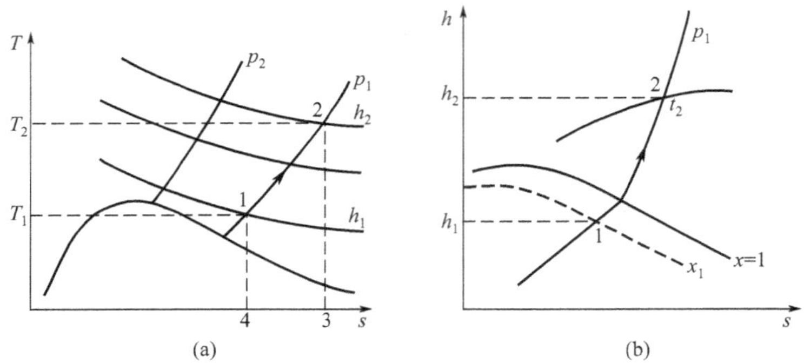

图 6-3　定压过程

对定压过程，初始状态参数为点 1（p_1，x_1），终态参数为 t_2（$p_1=p_2$）。在图 6-3(b) 中，从初态点 1（p_1，x_1）沿定压线至终态点 2（t_2），线段 12 表示了这一变化过程。由图中 1、2 两点可以查得其各参数值，并由此计算出定压过程中的热量、功量和内能的变化量（以 1kg 为例）

$$q=h_2-h_1 \qquad \Delta u=h_2-h_1-p_1(v_2-v_1) \qquad w=\Delta u-q$$

w 也可以表示为 $$w=-p_1(v_2-v_1)$$

同样，定压加热与冷却过程参数值大小相等，符号相反。

（二）可逆绝热过程

1. 可逆绝热过程在 T-s 图上的表示

可逆绝热过程（包括可逆绝热膨胀与可逆压缩）是定熵过程，现以可逆绝热膨胀为例来说明，可逆绝热压缩与其相反。

在 T-s 图上，可逆绝热膨胀过程用垂直于横坐标的线段表示。如图 6-4(a) 所示，体系由状态点 1（p_1，T_1）定熵膨胀至压力 p_2 时，垂直线段$\overline{12}$与压力为 p_2 时的定压线交于点 2（p_2，T_2），状态点 2 所示的温度为体系膨胀后的温度。状态点 1 与 2 间的焓差即为定熵膨胀过程对外所做的可逆功。如果过程是不可逆的，因为不可逆过程的熵值是增加的，即 $\Delta S>0$，其终态点在右边，如图中的点 2′。只要过程结束后的状态点确定，各种参数值也均可以从图中直接查取。

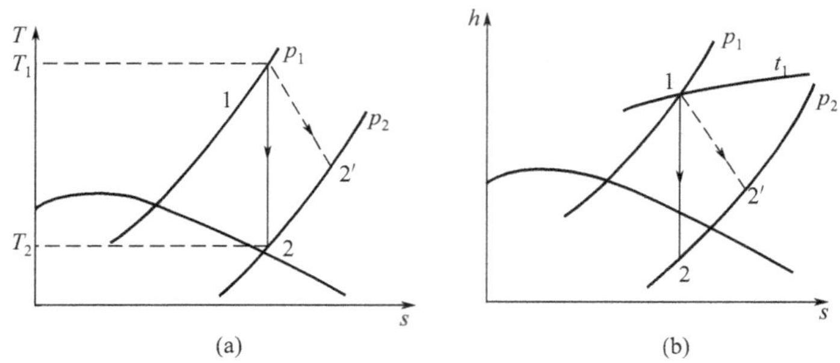

图 6-4　可逆绝热过程

2. 可逆绝热过程在 h-s 图上的表示

如图 6-4(b) 所示，如果已知可逆过程的初始态 1 点（p_1，t_1）以及终态点参数 p_2 线，从 h-s 图上沿可逆绝热线（定熵线）与终态点参数 p_2 线交于 2 点，从图上可以方便地查出始、终态点处各参数值。

（三）可逆定温过程

1. 可逆定温过程在 T-s 图上的表示

以定温压缩为例，如图 6-5(a) 所示。体系由状态点 1（p_1，T_1）定温压缩至状态点 2（p_2，T_2），$T_1=T_2$。当过程可逆时，体系与环境交换的热量为 $q_R=T_1(s_2-s_1)$，相当于图 6-5(a) 中四边形 12341 所围的面积，由 1、2 两点的焓值可以求得过程的焓差，并以此求出其他过程参数。

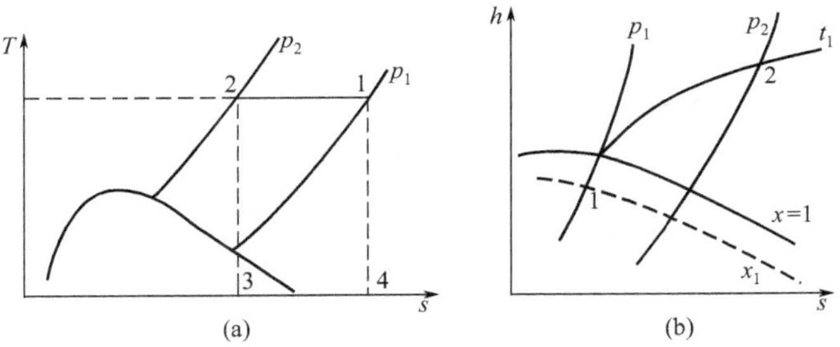

图 6-5 定温过程

2. 可逆定温过程在 h-s 图上的表示

如图 6-5(b) 所示，若定温过程的始、末态参数为（p_1，x_1）和 p_2，那么在 h-s 图上这一过程将从初始状态点 1 沿定温线变化与终态状态参数 p_2 的定压线交于状态点 2，图中的1→2表示了这一过程，可以根据始、末状态点处查得的参数计算出过程参数。如果起始状态点 1 是湿蒸汽，则湿蒸汽先由起点沿等压线变为干饱和蒸汽，再继续膨胀变为过热蒸汽。

【例 6-3】 利用水蒸气表计算 1kg 水蒸气在汽轮机中进行可逆绝热膨胀时所做的技术功。已知水蒸气的初态参数为 $t_1=500$℃，$p_1=4.0$MPa；终态参数为 $p_2=100$kPa。

解：由水蒸气的初态参数查附录得

$$h_1=3445\text{kJ/kg},\ s_1=7.087\text{kJ/(kg·K)},\ v_1=0.08642\text{m}^3/\text{kg}$$

水蒸气的终态参数为 $p_2=100$kPa

为确定水蒸气的其他参数，首先必须确定水蒸气的状态，假定膨胀后水处于湿蒸汽状态，则查以压力为顺序的“饱和水与干饱和蒸汽表”得，在 $p_2=100$kPa、$t_2=99.64$℃时

$$h'_2=417.4\text{kJ/kg},\ s'_2=1.3026\text{kJ/(kg·K)},\ v'_2=0.0010432\text{m}^3/\text{kg}$$

$$h''_2=2675\text{kJ/kg},\ s''_2=7.360\text{kJ/(kg·K)},\ v''_2=1.694\text{m}^3/\text{kg}$$

由于过程为可逆绝热，所以过程的熵不变，即

$$s_2=s_1=7.087\text{kJ/(kg·K)}$$

因为 $s'_2<s_2<s''_2$

所以，膨胀后的水蒸气是湿蒸汽，则假设成立，其干度

$$x_2=\frac{s_2-s'_2}{s''_2-s'_2}=\frac{7.087-1.3026}{7.360-1.3026}=0.9549$$

焓 $h_2=xh''_2+(1-x)h'_2=0.9549\times2675+(1-0.9549)\times417.4=2573.2(\text{kJ/kg})$

绝热膨胀过程的技术功为

$$w_{t(R)}=h_2-h_1=2573.2-3445=-871.8(\text{kJ/kg})$$

复习思考题

6-1 试以水为工质说明未饱和水、饱和水、湿蒸汽、干饱和蒸汽、过热蒸汽、冷凝热、汽化热、过热度、干度、湿度和临界点的含义，并能在 T-s 图和 h-s 图上表示。

6-2 为什么说气、液两相平衡是处于动态平衡中，而且它们的温度和压力之间存在着一定的关系？

6-3 试以水为例说明：①水在定温下吸热膨胀变为蒸汽的过程；②蒸汽在定温下压缩放热变为水的过程。并在 T-s 图和 h-s 图上绘出上述两种过程曲线。

6-4 说明湿蒸汽的各参数的计算方法，并举例加以说明。

6-5 在湿蒸汽区，已知压力，如何在 h-s 图上确定对应的饱和温度？

6-6 详细说明水蒸气表的组成和使用方法。

6-7 详细说明水的 T-s 图和 h-s 图的组成以及几种典型热力过程在图上的表示，如定压升温（或冷却）过程、可逆定温压缩（或膨胀）过程、可逆绝热膨胀（或压缩）过程、不可逆绝热膨胀（或压缩）过程等，并能利用图进行过程中有关热、功等的计算。

习题

6-1 p＝20MPa 的水的饱和温度 t_s 是多少？并求：①它在 0℃、250℃及 t_s 时的比体积、焓和熵；②比体积为 0.002231m^3/kg、0.005851m^3/kg 及 0.02002m^3/kg 时的温度、焓和熵；③在①和②中各点所处的状态；④汽化过程中的熵增、汽化潜热和比体积的增值。

6-2 已知水温为 250℃，求：①饱和压力 p_s；②它的压力为 20MPa 时的比体积、焓和熵；③汽化潜热。

6-3 6m^3 的容器中有 150℃的水和蒸汽共存，水占容器容积的 1/3。试求蒸汽的干度。

6-4 一刚性容器中装有 1kg 的汽水混合物，其中蒸汽质量占 40%，压力为 2bar，若对容器加热，使水全部汽化，试求：①最终压力；②加热期间的内能变化量；③加热量。

6-5 对 8bar、1kg 的饱和水恒压加热 700kJ，试求：①终态的焓和干度；②该压力下的汽化潜热。

6-6 0.027m^3 的容器内储有 250℃的湿蒸汽，其中饱和水为 4kg。试求湿蒸汽的压力、质量、比体积和焓。

6-7 将 5MPa、40℃ 1kg 水定压加热到干度 95%。试求：①加热量；②加热期间 T、v、u 和 s 的变化量。

6-8 20bar、干度为 100%的水蒸气 1kg，在定容下冷却至 60℃，试求：①最终干度；②放出的热量。

第七章 气体与蒸汽的流动

实际生产中，经常遇到气体、蒸汽在管道、设备中的流动问题。例如，在蒸汽动力循环装置中，蒸汽通过汽轮机中的喷管增速；在叶轮式压缩机中，气体通过扩压管增压。再如，为调节和测量气体和蒸汽的流量，常需在管道中安装阀门和流量计等，这些附件的添加又使流体的流动发生了改变。本章所要讨论的主要问题是，气体和蒸汽流经管道的过程中，能量的传递和转换的规律以及喷管、扩压管的选用。

为突出重点，抓住主要矛盾，并使讨论的问题简单、明了，本章将要讨论的气体和蒸汽的流动，仅限于一元稳定流动。所谓一元稳定流动，是指流体中各参数（包括流速等）只沿着流动方向即管道的轴向作连续变化的流动。

第一节 稳定流动的基本方程

在稳定流动过程中，任何流体都必须遵循下列各基本方程。

一、连续性方程式

设有一任意流道，如图 7-1 所示，流体从截面 1 流入，从截面 2 流出。

对于截面 1，其质量流量 m_1(kg/s)为

$$m_1=\rho_1 V_1=\rho_1 C_1 A_1=\frac{C_1 A_1}{v_1}$$

式中 ρ_1——截面 1 处流体的密度，kg/m^3；

V_1——截面 1 处流体的体积流量，m^3/s；

C_1——截面 1 处流体的流速，m/s；

A_1——截面 1 处管道的截面积，m^2；

v_1——截面 1 处流体的比体积，m^3/kg。

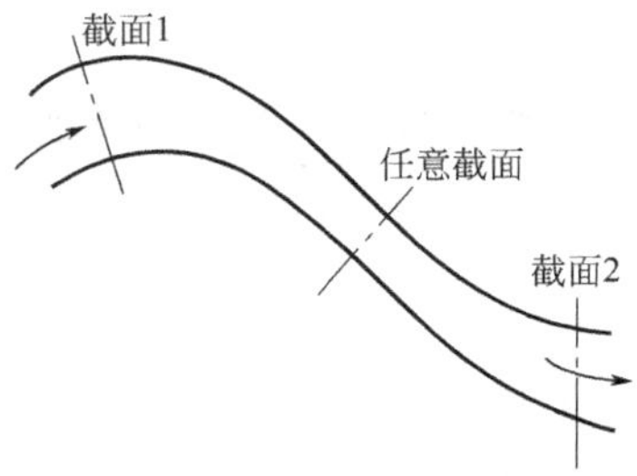

图 7-1 任意流道示意图

同样，对于截面 2 和任意截面可得

$$m_2=\rho_2 V_2=\rho_2 C_2 A_2=\frac{C_2 A_2}{v_2}$$

$$m=\rho V=\rho C A=\frac{CA}{v}$$

对于稳定流动过程，由质量守恒定律可得 $m_1=m_2=m=$定值

故

$$m=\frac{C_1 A_1}{v_1}=\frac{C_2 A_2}{v_2}=\frac{CA}{v}=\text{定值} \tag{7-1a}$$

$$mv=AC \tag{7-1b}$$

将式(7-1b)微分可得 $$m\mathrm{d}v=A\mathrm{d}C+C\mathrm{d}A \tag{7-1c}$$

将式(7-1c)与式(7-1b)相除可得

$$\frac{\mathrm{d}v}{v}=\frac{\mathrm{d}A}{A}+\frac{\mathrm{d}C}{C} \tag{7-1d}$$

上述各式即为一元稳定流动的连续性方程式。式中反映了流体流速、流体比体积（或密度）和流道之间的关系。不论何种工质、过程是否可逆、过程是否与外界有功或热交换，均适用。

二、稳定流动能量方程式

在第三章第四节中，已经讨论了稳定流动能量方程用于喷管、扩压管时的特殊形式，已得到稳定流动能量方程的简化形式，即

$$\Delta h+\frac{1}{2}\Delta C^2=0$$

在具体应用时，上式可改写为

$$h_2+\frac{1}{2}C_2^2=h_1+\frac{1}{2}C_1^2=h+\frac{1}{2}C=h_0=常数 \tag{7-2a}$$

式中　h_0——滞止焓或总焓，即流体流速为零时的焓，kJ/kg。

若以微分形式表示，则 $$\mathrm{d}h+C\mathrm{d}C=0 \tag{7-2b}$$

式(7-2a)、式(7-2b)表明，稳定流动的工质与外界无功、热交换，忽略位能变化时，任意截面上的焓与动能之和等于常数或总焓守恒。换言之，对气体、蒸汽流经喷管、扩压管等设备的情况，以及气体和蒸汽在绝热，与外界无功、热交换且忽略位能变化时，工质速度的增加是因为焓的减小。反之，速度的减小将使工质的焓增加。不论何种工质、过程是否可逆，上式均适用。

三、过程方程式

工质经历的过程不同，其状态参数的变化规律也不同，相应地就有不同的数学表达式。在第四章中，已介绍了理想气体可逆绝热过程的过程方程，即

$$p_2v_2^k=p_1v_1^k=pv^k=常数 \tag{7-3a}$$

若将上式用于蒸汽的可逆绝热流动过程，则 k 需取经验数据。一般情况下，对于过热蒸汽，k 取 1.3；对饱和水蒸气，k 取 1.135。若以微分形式表示式(7-3a)，则

$$\frac{\mathrm{d}p}{p}+k\,\frac{\mathrm{d}v}{v}=0 \tag{7-3b}$$

上述三组基本方程给出了气体和蒸汽在稳定流动过程中状态参数和管道截面变化之间的基本规律，为流动问题的分析、讨论提供了理论依据。

第二节　喷管与扩压管

一、基本概念

流体的流动过程不仅受其推动力即压差的影响，而且还与其流动过程中流道截面积的变化有关。

喷管是利用其截面积的变化和流体压力的下降而使流体加速的管道。气体和蒸汽通过喷管喷出时流速可达每秒几十米，甚至几百米、上千米，而喷管自身的长度往往有限，只有几厘米或几十厘米。因此，气体流经喷管经历的时间就极短，通常来不及与外界进行热交换，

这就是喷管中进行的过程可以视为绝热流动的原因。

喷管按其外形，可分为三大类（见表 7-1）：渐缩形喷管；渐扩形喷管；渐缩渐扩形喷管。

喷管被广泛应用于蒸汽轮机、燃气轮机等动力设备中，在其他设备中也有广泛的用途，如各类设备中的喷嘴就是一例。

扩压管是利用其截面积的变化和流体流速的下降而使流体压力升高的管道。

扩压管有与喷管相类似的性质，流体在扩压管中的流动过程也同样可视为绝热流动过程。扩压管按其外形，其分类与喷管完全相同（见表 7-1）。

表 7-1　喷管和扩压管流速变化与截面变化的关系

参　数	$M<1$	$M>1$	渐缩渐扩喷管 $M<1$ 转 $M>1$ 渐缩渐扩扩压管 $M>1$ 转 $M<1$
$dC>0$ 喷管 $dp<0$	$dA<0$ 1　2 $p_2<p_1$	$dA>0$ 1　2 $p_2<p_1$	$M<1$　$M=1$　$M>1$ 1　2 $p_2<p_1$
$dp>0$ 扩压管 $dC<0$	$dA>0$ 1　2 $p_2>p_1$	$dA<0$ 1　2 $p_2>p_1$	$M>1$　$M=1$　$M<1$ 1　2 $p_2>p_1$

工程中，扩压管被广泛应用于叶轮式压缩机、鼓风机和泵等设备中。实际生产中，还利用了喷管、扩压管两者的特点，组合成了喷射泵（又称引射器）类的设备，见图 7-2。

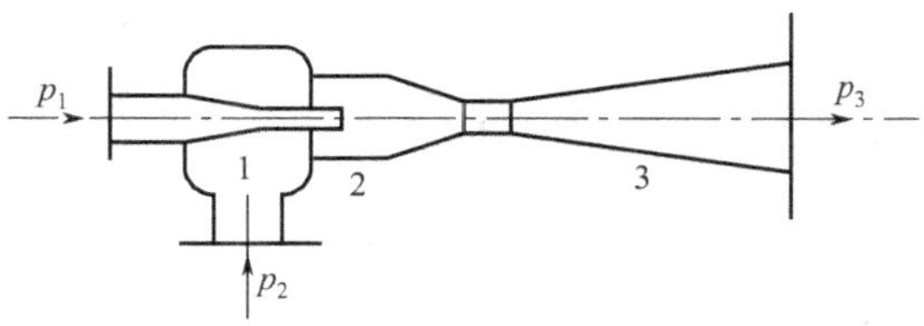

图 7-2　蒸汽引射器示意图

1—喷管；2—混合室；3—扩压管

下面将利用第一节中所述的三组方程，分别从促使流体流速改变的力学条件和几何条件两个方面，对喷管和扩压管加以讨论。

二、气流流速改变的力学条件

这里所讲的力学条件，是指气体和蒸汽在流动过程中流速的变化与压差的变化之间的关系。

由稳定流动能量方程可知

$$dh+CdC=0 \tag{7-2b}$$

当过程可逆时，由式(3-11d)、式(3-12b) 可得

$$dh=\delta q_R+vdp$$

当过程可逆且绝热时，则上式可简化成

$$dh=vdp$$

将上式代入式(7-2b) 可得 $$CdC=-v\mathrm{d}p \tag{7-4}$$

上式表示，流体可逆绝热流动时，引起的动能变化与技术功是相当的。当然，实际上流体在管道中流动时并未做功，因此，此式仅表示动能变化 Δe_k 与技术功 $w_{t(R)}$ 相当。上式中 $\mathrm{d}C$ 与 $\mathrm{d}p$ 的符号相反，若使气流速度增加，则其压力必然降低（此时气流膨胀），汽轮机和燃气轮机的喷管就属于这种情况。若使流体升压（气流被压缩），则其流速必降低，叶轮式压缩机和鼓风机等的扩压管，就是使高速气流在其中减速而获得较高压力的例子。

分析上述几个式子还可看出，在喷管中，由于气流的压力下降、比体积增加，气流的焓变小（$\mathrm{d}h<0$），表现为气流温度的下降。气流流速增加，实质上是气流绝热流经喷管时利用其部分内能和压强能转化为动能而产生较高流速的。反之，在扩压管中，气流作绝热流动时，其压力升高，比体积减小，使其焓变大（$\mathrm{d}h>0$），表现为气流的温度升高，其流速必然降低，实际上是气流将其部分动能转化成了压强能和内能。

三、气流流速改变的几何条件

几何条件是指气流参数变化和流道截面变化之间的关系。

由过程方程式(7-3b) 可得 $$v\mathrm{d}p=-kp\mathrm{d}v$$

将上式代入式(7-4) 可得 $$C\mathrm{d}C=kp\mathrm{d}v \tag{a}$$

由物理学可知，音速（用 a 表示）的计算式为

$$a=\sqrt{kpv} \qquad \text{即} \quad a^2=kpv$$

于是将式(a) 整理成以下形式

$$\frac{\mathrm{d}v}{v}=\frac{C^2}{kpv}\times\frac{\mathrm{d}C}{C}=\frac{C^2}{a^2}\times\frac{\mathrm{d}C}{C} \tag{b}$$

令 $$\frac{C}{a}=M \tag{7-5}$$

式中　M——马赫数，等于气流流速与当地音速之比。

于是式(b) 可写成 $$\frac{\mathrm{d}v}{v}=M^2\frac{\mathrm{d}C}{C} \tag{7-6}$$

将式(7-6) 代入连续性方程式(7-1d)，整理后得

$$\frac{\mathrm{d}A}{A}=(M^2-1)\frac{\mathrm{d}C}{C} \tag{7-7}$$

式(7-7) 指出了流道截面变化与气流速度变化之间的关系，是分析喷管与扩压管中气流速度变化与对应的流道截面变化关系的理论依据。

1. 喷管

对于喷管，其目的是使流体降压增速（$\mathrm{d}p<0$、$\mathrm{d}C>0$）。

① 当进入喷管的气流速度小于当地的音速，即气流速度属于 $M<1$ 的亚音速时，因为 $\mathrm{d}C>0$、$(M^2-1)<0$，故 $\mathrm{d}A<0$，即随着气流速度的增加，在气流方向上，喷管的截面积应由大到小变化，这类喷管称为渐缩喷管或短喷管，此类喷管在实际生产、生活中经常遇到。但必须注意，这类喷管的出口流速不可能无止境地增大，最大只能达到当地音速，即 $M=1$ 的状态。因此，此类喷管中流体流速始终处在 $M\leqslant1$ 的亚音速范围。

② 当进入喷管的气流速度是 $M>1$ 的超音速时，因 $\mathrm{d}C>0$、$(M^2-1)>0$，故 $\mathrm{d}A>0$。这表明沿气流方向喷管截面应由小到大变化，这类喷管称渐扩型喷管，导弹、火箭尾部的喷管就属此类型。

③ 如需将 $M<1$ 的亚音速气流增速为 $M>1$ 的超音速气流，这类喷管的截面积应由

$dA<0$ 转变成 $dA>0$，即喷管的截面积需先经过渐缩段，然后转变为渐扩段，相当于将上述两类喷管连接成一个整体。在喷管的收缩部分，气流在亚音速范围内流动。收缩与扩张之间的最小截面处称为喉部，此处的 $M=1$，而 $dA=0$，气流速度刚好达到当地的音速。这类喷管称为渐缩渐扩喷管，或简称缩放管，也称拉伐尔喷管。

2. 扩压管

对于扩压管，其目的是使气流减速增压（$dC<0$、$dp>0$）。

① 当进入扩压管的气流是 $M>1$ 的超音速气流时，因为 $dC<0$、$M^2-1>0$，故 $dA<0$。这表明，沿气流方向，扩压管的截面积应逐渐减小，这类扩压管称为渐缩扩压管，在实际生产、生活中难以见到，其出口气流速度最低只能减到当地音速。

② 当进入扩压管的气流是 $M<1$ 的亚音速气流时，因为 $dC<0$、$M^2-1<0$，故 $dA>0$。这表明，沿气流方向，扩压管的截面积应逐渐扩大，这类扩压管称为渐扩扩压管。此类扩压管在实际生产、生活中十分常见，如离心式压缩机、离心式风机、离心泵等，其出口段管道就是这种渐扩型扩压管。

③ 当要求气流速度由扩压管进口的 $M>1$ 的超音速降到出口 $M<1$ 的亚音速时，则此类扩压管的形状与拉伐尔喷管的形状一致，只是其目的不同。在沿气流方向上，也是先缩小后扩大，这类扩压管称为渐缩渐扩扩压管，但此类型不可能应用于实际生产、生活中。

有关喷管和扩压管的截面积变化与流速的关系，可见表 7-1。

喷管与扩压管除有各自的用途外，在工程实际中，还将两者联合使用组成用途独特的设备——喷射泵或称蒸汽引射器，用来压缩低压气体或将设备抽成具有一定真空度的负压设备。如图 7-2 所示的蒸汽引射器，其工作原理如下：高压（p_1）工作蒸汽进入喷管，在其中进行绝热膨胀而成为低压（p_2）高速气流，将外界低压气体吸入混合室，或使与其相连的设备被抽成具有一定真空度的负压，混合后的低压蒸汽流仍具有较高的速度，通过扩压管减速增压后将得到具有中间压力（p_3）的蒸汽。三个压力的关系为

$$p_1>p_3>p_2$$

引射器的构造简单，没有转动部件，使用方便，易于保养，各种引射器在工程中得到了广泛的应用。

【例 7-1】 某理想气体以 $m=1\text{kg/s}$ 在一喷管中进行可逆绝热膨胀，进口处气体的压力、温度、流速分别为 3.92bar、200℃、20m/s，出口处压力为 1.96bar。气体定值比热容为 $c'_p=1\text{kJ/(kg·K)}$、$c'_v=0.71\text{kJ/(kg·K)}$，绝热指数 $k=1.4$。试求：①喷管进、出口截面积；②进、出口处当地音速；③说明喷管中气体流动情况及应选的喷管类型。

解：① 进、出口截面积的计算。

对进口处，由理想气体状态方程得

$$v_1=\frac{R'T_1}{p_1}=\frac{(c'_p-c'_v)T_1}{p_1}=\frac{(1-0.71)\times10^3\times473.15}{3.92\times10^5}=0.3500(\text{m}^3/\text{kg})$$

由连续性方程（7-1a）得

$$A_1=\frac{mv_1}{C_1}=\frac{1\times0.3500}{20}=0.0175(\text{m}^2)=175(\text{cm}^2)$$

对出口处，由理想气体可逆绝热过程方程可得

$$T_2=T_1\left(\frac{p_2}{p_1}\right)^{\frac{k-1}{k}}=473.15\times\left(\frac{1.96}{3.92}\right)^{\frac{1.4-1}{1.4}}=388.14(\text{K})$$

则 $$v_2=\frac{R'T_2}{p_2}=\frac{(c'_p-c'_v)T_2}{p_2}=\frac{(1-0.71)\times10^3\times388.14}{1.96\times10^5}=0.5743(m^3/kg)$$

由稳定流动连续性方程式(7-2a) 得

$$C_2=\sqrt{C_1^2+2(h_1-h_2)}=\sqrt{C_1^2+2c'_p(T_1-T_2)}$$
$$=\sqrt{20^2-2\times1\times10^3\times(473.15-388.14)}=412.82(m/s)$$

故 $$A_2=\frac{mv_2}{C_2}=\frac{1\times0.5743}{412.82}=13.91\times10^{-4}(m^2)=13.91(cm^2)$$

② 进、出口截面处当地音速。

由音速计算公式可得

$$a_1=\sqrt{kR'T_1}=\sqrt{1.4\times0.29\times10^3\times473.15}=438.3(m/s)$$
$$a_2=\sqrt{kR'T_2}=\sqrt{1.4\times0.29\times10^3\times388.14}=397.0(m/s)$$

③ 喷管内气流情况及喷管外形。

进口处 $M_1=\frac{C_1}{a_1}=0.046<1$ 为亚音速，出口处 $M_2=\frac{C_2}{a_2}=1.04>1$ 为超音速

气体在喷管中流动时由亚音速转变为超音速，所以应选择的喷管外形为缩放管。

第三节　有摩阻的绝热流动

一、有摩阻的绝热流动与定熵流动在温熵（T-s）图上的表示

前面对喷管和扩压管的讨论是在假定气流在其中进行的是理想的定熵流动，过程中不存在任何的摩擦损失。实际上，气流在喷管或扩压管中流动时，总是存在摩擦及扰动等不可逆因素，因而实际的流动过程是不可逆绝热过程，而不是定熵过程。由熵增原理可知，不可逆绝热过程中，气流的熵必然增大。如图 7-3 所示，图中 1→2 为可逆绝热膨胀过程即定熵膨胀过程，1→2′为不可逆绝热膨胀过程。

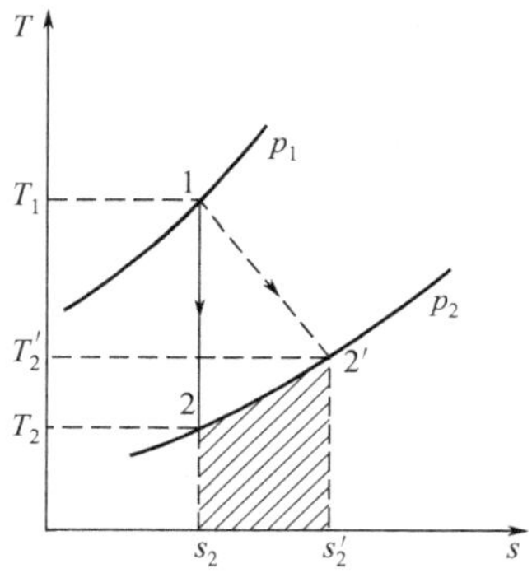

图 7-3　定熵过程与不可逆绝热过程

二、有摩阻的绝热流动与定熵流动的区别

如图 7-3 所示，在相同的初始状态（p_1、T_1）下，膨胀到相同的终态压力 p_2 时，有摩阻的不可逆绝热膨胀，其终态的焓 h'_2、温度 T'_2 都要大于对应的定熵膨胀时的焓 h_2、温度 T_2，即

$$h'_2>h_2、T'_2>T_2$$

这是因为，实际气流在喷管中高速流动时，由于要克服摩擦阻力，气流必须要损失一部分动能，使得喷管出口处气体的流速 C'_2 比定熵流动时的出口流速 C_2 小一些。这部分动能的损失就是耗散功，最终转变为热能而被气体所吸收，使气流出口处的温度有所升高，焓值有所增加。

C'_2 与 C_2 的关系，由稳定流动能量方程也可得到说明。为便于说明问题，假定 $C_1=0$，则由式(7-2a) 可得

对定熵过程 $$\frac{1}{2}C_2^2=h_1-h_2$$

对不可逆绝热过程 $\frac{1}{2}C_2'^2=h_1-h_2'$

既然 $h_2'>h_2$，则必然是 $C_2'<C_2$

另外还可得出 $v_2'>v_2$、$s_2'>s_2$

三、喷管效率（η_n）

喷管效率是指在相同的初始状态和终态压力下，实际流动过程中，喷管出口气流的动能和定熵流动过程喷管出口气流的动能的比值。它是衡量喷管中能量转换完善程度的指标之一，可用下式表示

$$\eta_n=\frac{\frac{1}{2}C_2'^2}{\frac{1}{2}C_2^2} \tag{7-8a}$$

按能量转换关系，喷管效率也可表示为

$$\eta_n=\frac{h_1-h_2'}{h_1-h_2} \tag{7-8b}$$

工程上，也常用速度系数，又称流速系数 φ 来衡量实际过程中的喷管的不可逆损失。所谓速度系数是指喷管实际出口流速 C_2' 与定熵流动的出口流速 C_2 的比值，即

$$\varphi=\frac{C_2'}{C_2} \tag{7-9}$$

对比喷管效率的定义式(7-8a) 可知

$$\eta_n=\varphi^2$$

速度系数通常由实验确定，一般其数值在 0.94～0.98。渐缩喷管的 φ 值较大，缩放管的 φ 值较小，这是由于超音速气流的摩擦损失大而且流道较长。

除用 η_n、φ 外，工程上还用能量损失系数 ζ 来衡量喷管的能量利用情况。能量损失系数是指实际流动过程中损失的动能与理想流动过程中喷管出口的动能（也称理想焓降）的比值，即

$$\zeta=\frac{\frac{1}{2}C_2^2-\frac{1}{2}C_2'^2}{\frac{1}{2}C_2^2}=1-\varphi^2=1-\eta_n=\frac{h_2'-h_2}{h_1-h_2}=\frac{\Delta e_{kf}}{h_1-h_2} \tag{7-10}$$

式中 Δe_{kf}——实际流动过程与理想流动过程相比损失的动能。

显然，$\eta_n+\zeta=1$，不难看出，由于摩擦而引起的能量损失 $\Delta e_{kf}=h_2'-h_2$，在数值上等于 T-s 图上画有阴影的面积，即图 7-3 所示的面积 $22's_2's_22$。

只要已知 η_n、φ、ζ 三者之中任一个数值，便可由式(7-8b)、式(7-10)，根据定熵流动出口的焓 h_2 来求取实际喷管出口的焓 h_2'，而当出口的焓值确定后，便可确定实际出口的气流速度、温度、流量及压力等参数。对于水蒸气，利用 h-s 图来处理尤为方便，如图 7-4 所示，由已知 p_1、t_1 确定状态 1 后可得 h_1，自点 1 向下作垂线与定压线 p_2 的交点即为定熵膨胀终点 2。h_1-h_2 为理想焓降，实际出口焓值为

$$h_2'=h_1-\eta_n(h_1-h_2)$$

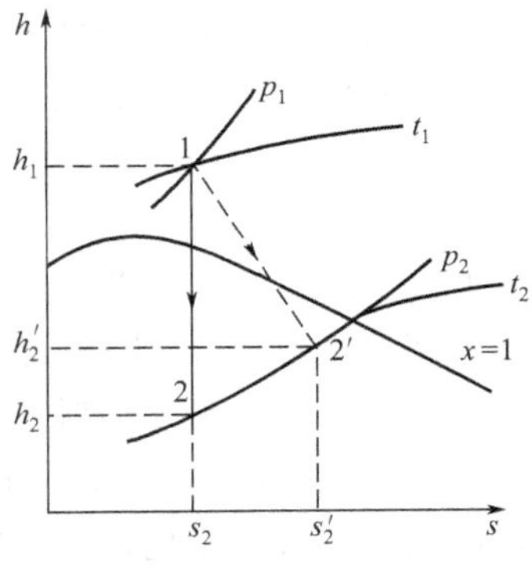

图 7-4 蒸汽可逆与不可逆绝热膨胀过程

以 h_2' 的定焓线交定压线 p_2 于 $2'$，从而可得实际出口状态 $2'$点的各参数值，如 t_2'、v_2'、x_2' 等。

【例 7-2】 氦气由 7×10^5 Pa、27℃的储气罐进入一喷管，初速可视为零。已知喷管的速度系数为 0.95，则压力为 1.4×10^4 Pa 的喷管出口截面处的速度为多少？由于摩阻损失的动能又为多少？设氦气为理想气体，比热容为定值。

解：因氦气为单原子理想气体，故

$$k=1.667, c_p'=\frac{5}{2}R'=2.5\times\frac{8314}{4.003}=5192.36[\text{J/(kg·K)}]$$

又因为当过程定熵膨胀时

$$T_2=T_1\left(\frac{p_2}{p_1}\right)^{\frac{k-1}{k}}=300.15\times\left(\frac{1.4\times10^4}{7\times10^5}\right)^{\frac{1.667-1}{1.667}}=62.74(\text{K})$$

由式(7-9)、式(7-2a) 可得

$$C_2'=\varphi C_2=\varphi\sqrt{2(h_1-h_2)}=\varphi\sqrt{2c_p'(T_1-T_2)}$$
$$=0.95\times\sqrt{2\times5192.36\times(300.15-62.74)}=1491.7(\text{m/s})$$

由式(7-10) 可得

$$\Delta e_{kf}=(1-\varphi^2)(h_1-h_2)=(1-\varphi^2)c_p'(T_1-T_2)$$
$$=(1-0.95^2)\times5192.36\times(300.15-62.74)=1.202\times10^5(\text{J/kg})$$

第四节　绝热节流

一、绝热节流的概念

节流是实际生产中常见的流动现象。例如，气体、蒸汽或其他液态物质在流道中流动时，常需流经阀门、孔板等部件，由于流道的突然减小所产生的局部阻力，致使流体的压力降低，这种现象称为节流，如图 7-5 所示。若节流过程中流体与外界没有热交换或来不及进行热交换，则称为绝热节流。

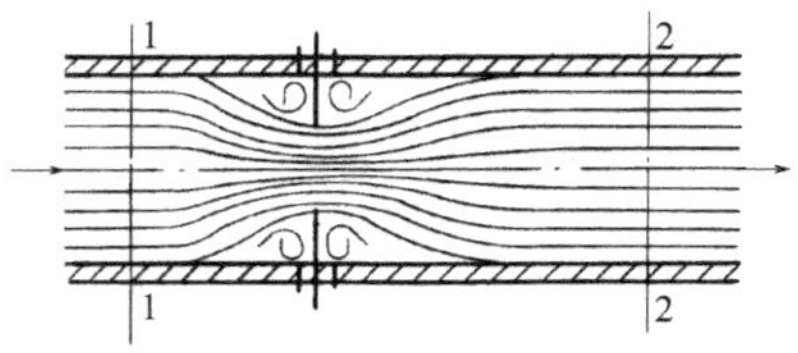

图 7-5　节流过程

事实上，由于阀门、孔板等部件很小，流体通过时所需的时间很短，在节流孔前后有限的长度中，流体与外界交换的热量通常很小，可忽略不计。因此，通常所讲的节流，实际上就是指绝热节流。

二、节流过程基本方程

由于节流过程中，$q=0$、$w_s=0$、$g\Delta Z=0$，由稳定流动能量方程式(3-6a) 可得

$$h_2+\frac{1}{2}C_2^2=h_1+\frac{1}{2}C_1^2=\text{常数}$$

上式表明，流体在节流过程中，其焓值随流速的变化而变化。由图 7-5 可知，在缩口处流体内部发生强烈扰动，状态极不稳定，即其状态参数多变，故仅缩口处而言，无法用热力学方法进行分析。为便于对节流过程进行分析，取距缩口处稍远的上、下游处，即图 7-5 中的 1—1、2—2 截面的范围。由于在截面 1—1、2—2 处，流体的流动状态相对已经稳定，且通常情况下，流速变化很小，即 $C_1\approx C_2$，故节流过程能量平衡方程为

$$h_1=h_2 \tag{7-11a}$$

或

$$\Delta h=0 \tag{7-11b}$$

上式表明，流体节流后，其焓值不变。注意，由于节流过程是典型的不可逆过程，在截面1—1与2—2之间，其参数极不稳定，故不能把节流过程称为等焓过程，只能讲成节流前后焓值相等。

三、节流效应

对于理想气体，因其焓只是温度的单值函数，即 $h=f(T)$，因而节流前后流体焓值不变，故

$$T_2=T_1 \tag{7-12}$$

即理想气体节流后，其温度不变。

对于实际气体，由于其焓值与其温度、压力有关，即 $h=f(T,p)$，节流后温度可能降低，也可能不变或升高。这种节流后引起流体的温度变化称为节流效应，也称焦耳-汤姆逊(Joule-Thomson)效应。

实际气体的节流效应，可通过实际气体 T-s 图上的等焓线进行解释，如图7-6所示为空气的 T-s 示意图，图中曲线1234为一等焓线，当空气在高压段节流，即由 p_1 降到 p_2 时，从图中可明显看出，此时 $T_2>T_1$，即节流升温，称节流热效应；当空气在中、低压段节流，即由 p_2 降到 p_3 时，可得 $T_3<T_2$，即节流降温，称节流冷效应；当空气在低压段节流，即由 p_3 降到 p_4 时，可得 $T_4=T_3$，即节流前后温度不变，称节流零效应。

四、节流的工程应用

节流过程是个典型的不可逆过程，节流后导致流体能质下降，即做功能力减小。因此，在实际生产中，应尽可能避免在管路中安装不必要的阀门、孔板等有局部阻力的部件。然而，节流过程也有较广的实用价值，如工程上经常利用节流来调节压力、流量，调节汽轮机功率，利用节流的冷效应进行制冷，利用节流孔板前后的压差测量流体的流量以及测量湿蒸汽的干度等。

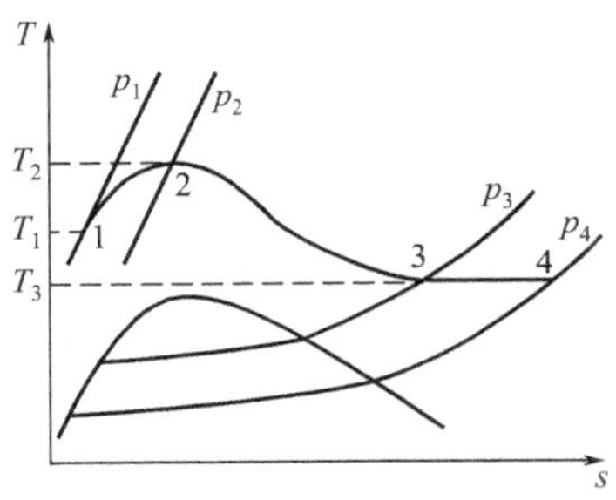

图7-6 实际气体节流效应

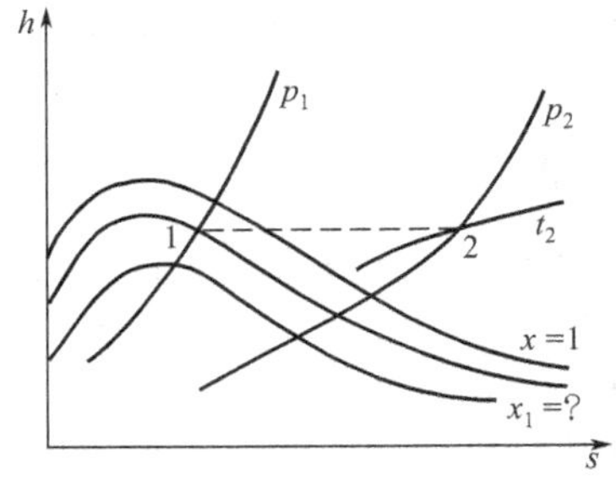

图7-7 干度测量原理

利用节流来测量湿蒸汽干度的原理如图7-7所示，将已知状态参数 p_1 的湿蒸汽，假定其状态点为1，经节流降压后成为压力为 p_2 的过热蒸汽，状态为2，测出该过热蒸汽的状态参数 p_2、t_2，由 p_2、t_2 查水的 h-s 图可得 h_2，根据 $h_1=h_2$，由 h_1、p_1 即可确定湿蒸汽的状态点1，从而查得该湿蒸汽的干度 x 的值。

【例7-3】 从锅炉来的过热蒸汽，其压力、温度分别为100bar、500℃，流经汽轮机调节阀时发生节流，压力降为90bar。若汽轮机背压力为0.05bar，试求：①蒸汽由于节流产生的温度降为多少？②节流导致技术功的损失量为多少？

解：① 求蒸汽节流产生的温度降。

由蒸汽的初参数 $p_1=100\text{bar}$、$t_1=500℃$ 查水的 h-s 图（参见图 7-8）得状态点 1 的参数 $h_1=3372\text{kJ/kg}$，因节流前后焓相等，故由 $h_2=h_1$ 及 $p_2=90\text{bar}$ 可确定节流后状态点 2，由此得 $t_2=495℃$。

所以节流后温度的改变为

$$\Delta t=t_2-t_1=495-500=-5(℃)$$

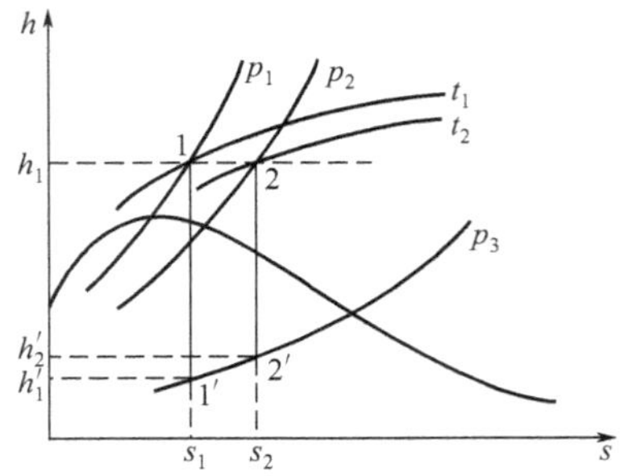

图 7-8　水蒸气的节流过程

② 求节流后技术功的损失量。

分别由状态点 1、2 向下作垂线并与 $p_3=0.05\text{bar}$ 的定压线相交于 1′、2′点，查得

$$h_1'=2016\text{kJ/kg}\qquad h_2'=2032\text{kJ/kg}$$

故由于节流所引起的技术功的减少量为

$$(h_1-h_1')-(h_2-h_2')=h_2'-h_1'=2032-2016=16(\text{kJ/kg})$$

实际生产中，汽轮机功率的调节正是利用了节流使技术功减少的原理。

复习思考题

7-1　研究气体与蒸汽流动时应掌握哪些基本方程？

7-2　何谓喷管与扩压管？两者有何区别？

7-3　促使流体流经喷管时流速增大的条件是什么？主要是通道形状还是气流本身的状态变化？

7-4　如何根据气体流动的基本规律来分析喷管和扩压管截面的变化情况？在什么条件下用渐缩喷管？在什么条件下用渐放喷管？在什么条件下用渐缩渐放喷管？

7-5　为什么在渐缩喷管中气体的流速不可能超过当地的音速？渐缩渐放喷管中出口气流能否低于音速？

7-6　说明有摩擦阻力损失时喷管出口的 C、m、h、v、T、s 与理想流动时有何区别（假定压力降相同）？

7-7　何谓绝热节流？绝热节流前后气体及蒸汽的状态参数是如何变化的？有人说，绝热节流过程就是定焓过程，还有人说，绝热过程就是定熵过程，这两种说法是否正确？

7-8　为什么理想气体绝热节流后其温度不变？

习题

7-1　水蒸气稳定地流经直径为 76mm 的绝热水平管，测得管内某截面上蒸汽的压力和温度分别为 0.2MPa 和 240℃，在另一截面上相应的参数为 0.1MPa 和 200℃，试求：①蒸汽在两截面处的速度；②质量流量（kg/s）。

7-2　压力为 $9.807\times10^5\text{Pa}$、温度为 30℃ 的空气，流经阀门时产生绝热节流作用，使压力降为 $6.865\times10^5\text{Pa}$，试求：①节流前后焓、温度、内能的变化量；②节流前后比体积的变化量。

7-3　过热水蒸气由初参数 10MPa、320℃经绝热节流后压力降至 3MPa，求蒸汽的终参数及温度的变化。

7-4　1.5MPa、300℃的新蒸汽进入汽轮机内做定熵膨胀，排出时压力为 10kPa，试求每千克蒸汽做的功，若使汽轮机输出的功减为上述功量的 75%，则新蒸汽进入汽轮机时必须节流至什么压力？

*第八章　动力循环

在人类的生产和生活中，都离不开热转化为功的过程，它为人类社会的进步和发展、生产与生活的现代化做出了巨大的贡献。人们大量使用的各种机器和动力大多是建立在热转化为功的基础上的。

人类利用各种能量作为动力的来源，如太阳能、风能、潮汐能等，通过一定的设备将它们转化为机械能、电能等，这些能量虽从总量来讲是惊人的，但都比较分散或者不够稳定，因而到目前为止，利用上述能量获得的动力的百分比还是微不足道的。人类获得动力的最重要的途径仍然是将燃料的化学能、核能以热形式释放出来，然后将其部分热转变为有用功。但这一转变过程的效率往往都是很低的（一般不超过 40%）。所以，提高热转化为功的效率意义是非常重大的。

本章主要介绍简单蒸汽动力循环的基本构成和提高其热效率的主要措施，以及气体动力循环的热工原理等。

第一节　蒸汽动力基本循环——朗肯循环

目前，热力发电厂和各类大型化工企业中采用的各种复杂的蒸汽动力循环都是在朗肯循环的基础上发展起来的，所以朗肯循环是各种复杂蒸汽动力循环的基本循环，是研究各种复杂蒸汽动力循环的基础。

一、朗肯循环的基本构成

图 8-1(a) 所示为一简单蒸汽动力循环装置，该装置由锅炉、过热器、汽轮机、冷凝器和冷凝水水泵所组成。液体水（称为工质）进入锅炉，吸收燃料燃烧时所放出的热量，升温至沸点（1→2），汽化为蒸汽（2→3）。为进一步利用高温热能，提高蒸汽温度，将饱和蒸汽通过过热器加热，获得超过饱和温度数百度的高温过热蒸汽（3→4），然后进汽轮机膨胀做功（4→5）。为了尽可能地降低汽轮机出口压力以产生较多的功，将膨胀后的乏汽引入冷凝器中用冷却水带走热量，使其在较低的温度下冷凝（5→6），冷凝水用泵升压（6→1）后再送回锅炉。如此不断地重复进行，构成对外连续做功的蒸汽动力循环装置，这个循环就是朗肯（Rankine）循环，即图中所示的 1→2→3→4→5→6→1 循环，这种蒸汽动力循环装置中所用的汽轮机称为凝汽式汽轮机。

二、理想朗肯循环过程在 *T-s* 图上的表示及与卡诺循环的区别

所谓理想朗肯循环，就是在上述循环中各步骤内部均为可逆过程，即在循环过程的各步骤中均不存在阻力、摩擦、涡流和散热等不可逆因素。在 *T-s* 图上循环中的加热和冷凝则表示为等压过程，即图 8-1(b) 中 1→2→3→4 和 5→6 为等压线，p_1 为锅炉中蒸汽的压力，p_2

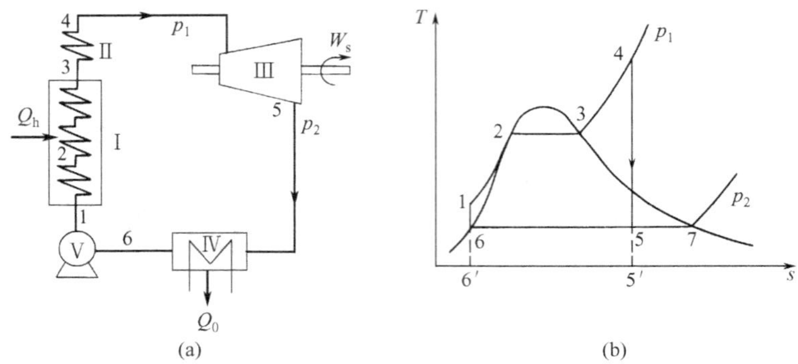

图 8-1　简单蒸汽动力循环装置和循环 T-s 图

Ⅰ—锅炉；Ⅱ—蒸汽过热器；Ⅲ—蒸汽轮机（也称透平）；Ⅳ—冷凝器；Ⅴ—水泵

为乏汽的压力。蒸汽的膨胀和冷凝水的升压可表示为等熵过程，即绝热可逆过程，图中 4→5 和 6→1 为垂线。这样，图 8-1(b) 中 1→2→3→4→5→6→1 的循环就是理想情况下的朗肯循环。

理想朗肯循环并非真正意义上的可逆循环，因其中工质在锅炉和过热器中吸热升温、汽化的过程中，其温度是不断升高的，并且与锅炉内的高温燃气相比，存在着很大的温差。过热蒸汽一般最高不超过 600℃，而燃气的温度可达 1000℃以上。因此，此吸热升温过程是一个不可逆传热过程。而在卡诺循环中，工质的吸热温度与高温热源的放热温度是相同的，两者在 T-s 图上是完全重合在一起的一条直线。同样，蒸汽动力循环中乏汽在冷凝器中的放热过程也是一个有温差的不可逆过程，而卡诺循环中工质的放热是无温差的可逆过程。

由于朗肯循环中工质吸热、放热过程都是有温差的不可逆过程，故与在同样高、低温热源之间的卡诺循环相比，其热效率当然要低得多。

三、理想朗肯循环的热力计算

根据 T-s 图上所示的理想朗肯循环的各个过程和流体所发生的状态变化，应用稳流体系总能量平衡方程式及其简化形式，结合水蒸气表和水的 h-s 图、T-s 图，就可以计算出图中各个过程中流体与外界交换的热和功以及整个循环的净功、净热、循环的热效率、汽耗率等。因为上述过程中工质的位能、动能变化与过程中功、热效应相比极小，故在以下计算中忽略不计。

以水为热力系，1kg 水为计算基准。

1. 冷凝水升压所耗功 w_p（过程 6→1）

$$w_p = \Delta h_{6\to1} = h_1 - h_6 (\text{kJ/kg})$$

式中，h_6 由 p_2 查饱和水蒸气表即可得，但 h_1 无法直接查到，故由上式无法计算出 w_p。若将水看做不可压缩的流体，则由式(3-15) 得

$$w_p = v_6 (p_1 - p_2) \times 10^{-3} (\text{kJ/kg})$$

上式中乘 10^{-3} 是因为压力单位为 Pa 时，w_p 的单位为 J/kg。若压力单位采用 kPa，则就不必乘 10^{-3}。联立以上两式可得

$$h_1 = h_6 + v_6 (p_1 - p_2) \times 10^{-3} (\text{kJ/kg})$$

2. 水在加热过程中吸收的热量 q_h（过程 1→4）

$$q_h = \Delta h_{1\to4} = h_4 - h_1 (\text{kJ/kg})$$

式中，h_4 由 p_1、t_4 查水蒸气表或水的 h-s 图便可得到，这一热量 q_h 的数值相当于 T-s 图上的面积 $12345'6'1$。

3. 汽轮机做出的功 $w_{s(R)}$（过程 4→5）

$$w_{s(R)}=\Delta h_{4\to5}=h_5-h_4$$

式中，h_5 的处理，其一，可由 p_2、s_4 查水的 h-s 图获得；其二，先由过程等熵的特性即 $s_5=s_4=x_5s_7+(1-x_5)s_6$ 求出 5 点的干度 x_5，然后由 $h_5=x_5h_7+(1-x_5)h_6$ 计算得到。计算过程中用到的 s_4 由 p_1、t_4 查水蒸气表得到，s_7、h_7、s_6、h_6 由 p_2 查饱和水蒸气表得到。

注意：若计算的 $x_5>1$，怎么办？请读者思考！

4. 乏汽冷凝放出的热 q_0（过程 5→6）

$$q_0=\Delta h_{5\to6}=h_6-h_5$$

q_0 的值相当于 T-s 图上的面积 $55'6'65$。

5. 循环过程中工质做出的净功 w_N

$$w_N=w_{s(R)}+w_p=(h_5-h_4)+(h_1-h_6)$$

因液体水比体积较小，即使压差很大，w_p 这一项功耗与上面各项热量、功量相比也很小，可以忽略不计，则工质循环做出的净功为

$$w_N\approx w_{s(R)}=h_5-h_4$$

6. 循环的热效率 η_I

所谓循环的热效率，即工质从热源所吸收的热量中转化为净功的分率。可用下式表示

$$\eta_I=\frac{-w_N}{q_h}=\frac{(h_4-h_5)+(h_6-h_1)}{h_4-h_1}\approx\frac{-w_{s(R)}}{q_h}=\frac{h_4-h_5}{h_4-h_1} \tag{8-1a}$$

根据能量守恒原理，工质在一循环中所吸收的净热 $q_N=q_h+q_0$ 和做出的净功 w_N 数量上相等，所以理想朗肯循环对外做出的净功可用 T-s 图上面积 1234561 表示。因此，循环的热效率 η_I 又可表示为

$$\eta_I=\frac{q_h+q_0}{q_h}=\frac{\text{面积 }1234561}{\text{面积 }12345'6'1} \tag{8-1b}$$

热效率的高低反映出不同装置输出相同功量时所消耗的能量的多少，它是评价蒸汽动力循环的一个重要的经济指标。因为前提是理想朗肯循环，故上述热效率即为实际蒸汽动力循环的理论热效率，但不是卡诺效率。

7. 汽耗率 S_{sc}

汽耗率是指每做出单位数量的净功所耗的蒸汽量。即

$$S_{sc}=\frac{1}{-w_N}\ (\mathrm{kg/kJ})=\frac{3600}{-w_N}[\mathrm{kg/(kW\cdot h)}] \tag{8-2a}$$

若已知蒸汽循环量 m（kg/h），循环净功率 P（kW），则

$$S_{sc}=\frac{m}{P}[\mathrm{kg/(kW\cdot h)}] \tag{8-2b}$$

显然，当对外做出的净功相同时，汽耗率大的装置，其尺寸相应增大。所以汽耗率也是评价蒸汽动力循环装置经济性的一个重要指标。

8. 循环过程热耗率 q

所谓热耗率，是指每做出单位数量的净功所耗的热量。即

$$q=S_{sc}q_h=S_{sc}(h_4-h_1)[\mathrm{kJ/(kW\cdot h)}] \tag{8-3}$$

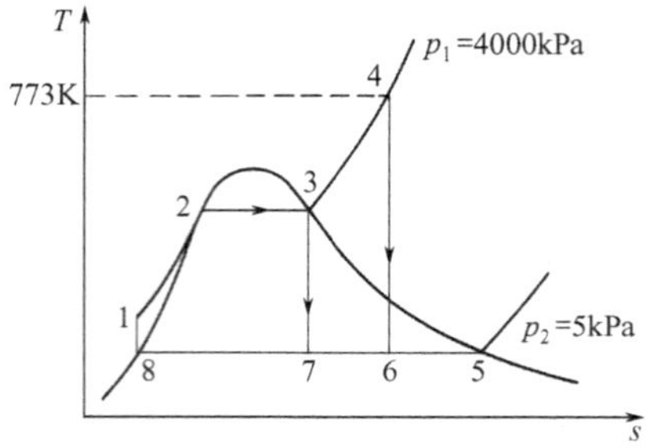

图 8-2　例 8-1 T-s 图

很明显，在输出的功相等时，热耗率越小的装置，其能耗就越小，故热耗率也是一个评价蒸汽动力循环的重要指标。

下面举例加以说明。

【例 8-1】 某一凝汽式蒸汽轮机按理想朗肯循环工作，锅炉的压力为 4×10^3kPa，冷凝器的工作压力为 5kPa。①进入透平机的是饱和蒸汽；②进入汽轮机的蒸汽为 773K 的过热蒸汽。试求在上述两种情况下理想朗肯循环的热效率、汽耗率和热耗率，并比较计算结果。

解：以蒸汽为热力系，1kg 蒸汽为计算基准。

为便于计算，由题意作出工质循环的 T-s 示意图，如图 8-2 所示。由附录查出图中所需各点对应的焓、熵值，列于表 8-1 中。表中带括号的熵值表示根据题意由等熵过程得出的数据。

表 8-1　T-s 图对应状态点的参数

点	h/(kJ/kg)	s/[kJ/(kg·K)]	x
1	?	(0.4761)	—
3	2801	6.070	1
4	3445	7.087	—
5	2561	8.393	1
6	?	(7.087)	?
7	?	(6.070)	?
8	137.83	0.4761	0
$v_8=0.0010053\text{m}^3/\text{kg}$			

为便于计算，先计算出表格中问号处的数据。

点 1 的焓 h_1 的计算

因为　$w_p=\Delta h_{8\to1}=h_1-h_8=v_8(p_1-p_2)\times10^{-3}$

所以　$h_1=h_8+v_8(p_1-p_2)\times10^{-3}=137.83+0.0010053\times(4\times10^3-5)=141.85$ (kJ/kg)

点 7 的焓 h_7 的计算

因为　$s_7=s_3=x_7s_5+(1-x_7)s_8$

所以　$6.070=8.393x_7+0.4761(1-x_7)$

解得　$x_7=0.7066$

故　$h_7=x_7h_5+(1-x_7)h_8=2561\times0.7066+137.83\times(1-0.7066)=1850.0$ (kJ/kg)

点 6 的焓的 h_6 计算

同样　$s_6=s_4=x_6s_5+(1-x_6)s_8$

$7.087=8.393x_6+0.4761(1-x_6)$

解得　$x_6=0.8350$

所以　$h_6=x_6h_5+(1-x_6)h_8=2561\times0.8350+137.83\times(1-0.8350)=2161.3$ (kJ/kg)

① 进入汽轮机的蒸汽是饱和蒸汽时。

$$w_N=(h_7-h_3)+(h_1-h_8)=(1850.0-2801)+(141.85-137.83)=-947.0\ (\text{kJ/kg})$$

$$q_h=h_3-h_1=2801-141.85=2659.2(\text{kJ/kg})$$

所以 $$\eta_{\mathrm{I}}=\frac{-w_{\mathrm{N}}}{q_{\mathrm{h}}}\times100\%=\frac{947.0}{2659.2}\times100\%=35.61\%$$

$$S_{\mathrm{sc}}=\frac{3600}{-w_{\mathrm{N}}}=\frac{3600}{947.0}=3.80[\mathrm{kg/(kW\cdot h)}]$$

$$q=S_{\mathrm{sc}}q_{\mathrm{h}}=3.80\times2659.2=10105.0[\mathrm{kJ/(kW\cdot h)}]$$

② 进入透平机的蒸汽是过热蒸汽时。

$$w_{\mathrm{N}}=(h_6-h_4)+(h_1-h_8)=(2161.3-3445)+(141.85-137.83)=-1279.7(\mathrm{kJ/kg})$$

$$q_{\mathrm{h}}=h_4-h_1=3445-141.85=3303.2(\mathrm{kJ/kg})$$

所以 $$\eta_{\mathrm{I}}=\frac{-w_{\mathrm{N}}}{q_{\mathrm{h}}}\times100\%=\frac{1279.7}{3303.2}\times100\%=38.74\%$$

$$S_{\mathrm{sc}}=\frac{3600}{-w_{\mathrm{N}}}=\frac{3600}{1279.7}=2.81[\mathrm{kg/(kW\cdot h)}]$$

$$q=S_{\mathrm{sc}}q_{\mathrm{h}}=2.81\times3303.2=9282.0[\mathrm{kJ/(kW\cdot h)}]$$

由上述计算结果可以看出，用过热蒸汽时循环的热效率高，而且汽耗率和热耗率较低，即说明过热蒸汽具有较大的做功能力。用饱和蒸汽时，不仅循环热效率下降，汽耗率、热耗率增大，而且排出乏汽的干度太低，对汽轮机会有磨蚀作用，因此实际生产中不采用饱和蒸汽作为汽轮机的动力蒸汽。

四、实际朗肯循环及其热力计算

上面讨论的都是理想朗肯循环的情况，实际的蒸汽动力循环中，由于阻力、摩擦、泄漏、散热等是不可避免的，故实际的热效率肯定要比理论值低。图 8-3 为实际蒸汽动力循环在 T-s 示意图上的表示。

1. 内部效率（也称等熵效率）η_s

在理想的朗肯循环中，冷凝水升压过程在 T-s 图上是用等熵线（6→1）表示的，但由于实际上存在不可逆因素，绝热压缩时熵值是增大的，功耗也要相应增多，故 6→1 线应当是偏向右上方的斜虚线而不再是垂线。不过 6 和 1 两点本来就非常接近，为简化计算和讨论，常将这两点看做是重合的，因此也就不必去考虑水泵的不可逆所造成的影响了。蒸汽通过汽轮机的绝热膨胀实际也不是等熵的，故在图 8-3 中用由左向右即熵增加的虚线 4→7 表示。这时乏汽冷凝过程放出的热量增多了，其量相当于图上增加的一块面积 577′5′5。由于工质所吸收的热量仍为 12345′6′1（面积未变），故实际循环少做出的功也就等于 577′5′5 这块面积。

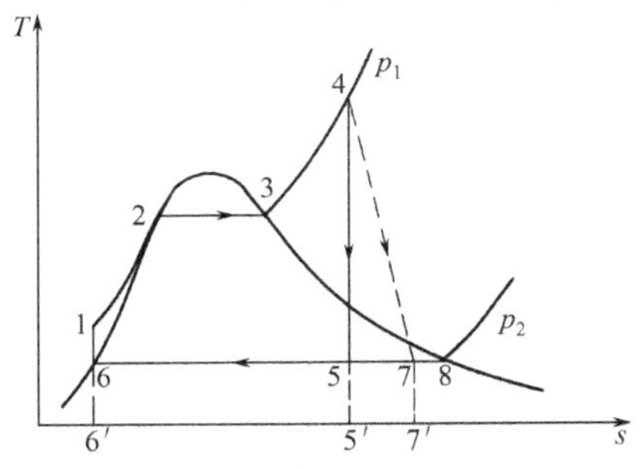

图 8-3 实际朗肯循环 T-s 示意图

这样实际的循环过程中工质通过汽轮机做出的功为

$$w_{\mathrm{s(ac)}}=\Delta h_{4\to7}=h_7-h_4$$

而理想循环过程中工质通过汽轮机做出的功为

$$w_{\mathrm{s(R)}}=\Delta h_{4\to5}=h_5-h_4$$

显然 $-w_{\mathrm{s(ac)}}<-w_{\mathrm{s(R)}}$，两者之比就称为汽轮机的内部效率或等熵膨胀效率。即

$$\eta_{\mathrm{s}}=\frac{w_{\mathrm{s(ac)}}}{w_{\mathrm{s(R)}}}=\frac{h_4-h_7}{h_4-h_5} \tag{8-4}$$

η_s 的大小反映了汽轮机中蒸汽膨胀的不可逆的程度，即反映了汽轮机内部所有损失

（如喷嘴损失、叶片损失、叶轮摩擦损失、内部漏气损失等）的大小。它与汽轮机的结构有很大的关系，故通过对汽轮机结构及机械制造加工等方面的改进可以得到提高，现在 η_s 一般可达 80%～90%。

2. 汽轮机实际有效轴功率 P_e

除了上述汽轮机的内部损失外，还存在着外部机械损失（如克服轴承摩擦阻力的功耗等）。所以，汽轮机中工质实际做出的功还应乘以相应的机械效率 η_m 方为汽轮机真正能够输出的轴功率，即为汽轮机实际有效轴功率 P_e。可用下式表示

$$P_e = -m w_{s(ac)} \eta_m = m\eta_m (h_4 - h_7) \tag{8-5a}$$

将式(8-4) 代入上式得

$$P_e = m\eta_m \eta_s (h_4 - h_5) \tag{8-5b}$$

由式(8-1) 得

$$h_4 - h_5 = \eta_I (h_4 - h_1)$$

于是

$$P_e = m\eta_m \eta_s \eta_I (h_4 - h_1) \tag{8-5c}$$

令

$$\eta_e = \eta_m \eta_s \eta_I \tag{8-6}$$

则

$$P_e = m\eta_e (h_4 - h_1) = m\eta_e q_h \tag{8-7}$$

式中 m——蒸汽流量，kg/s；

η_m——机械效率；

η_I——理想朗肯循环热效率；

η_e——实际蒸汽动力循环的有效效率或称绝对有效效率。

式(8-5c) 可用图 8-4 表示。

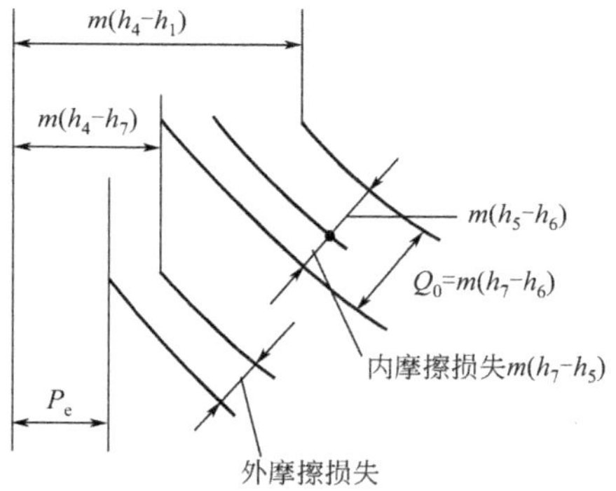

图 8-4 实际朗肯循环的功热效率分析

【例 8-2】 例 8-1 中如进入汽轮机的过热蒸汽流量为 25000kg/h，排出乏汽干度为 0.92，汽轮机的机械效率为 0.95。求汽轮机的等熵膨胀效率 η_s、有效效率 η_e 及输出的有效轴功率 P_e 和汽耗率 S_{sc}。

解：利用图 8-3 及上例的数据，根据乏汽的干度可求出乏汽的焓值 h_7

$$\begin{aligned} h_7 &= h_8 x_7 + (1 - x_7) h_6 \\ &= 2561 \times 0.92 + 137.83 \times (1 - 0.92) \\ &= 2367.1 (\text{kJ/kg}) \end{aligned}$$

所以

$$\eta_s = \frac{w_{s(ac)}}{w_{s(R)}} = \frac{h_4 - h_7}{h_4 - h_5} = \frac{3445 - 2367.1}{3445 - 2163.3} = 0.840$$

$$\eta_e = \eta_m \eta_s \eta_I = 0.95 \times 0.840 \times 0.3874 = 0.309$$

$$P_e = m\eta_e(h_4 - h_1) = 250000 \times 0.309 \times (3445 - 141.85) \div 3600 = 7088.4(\text{kW})$$
$$S_{sc} = m/P_e = 25000/7088.4 = 3.53[\text{kg}/(\text{kW}\cdot\text{h})]$$

第二节　提高朗肯循环热效率的措施

前面对理想和实际朗肯循环的热效率计算作了比较详细的讨论，得出了它们的表达式。即

$$\eta_{\mathrm{I}} = \frac{-w_N}{q_h} = \frac{q_h + q_0}{q_h} \approx \frac{-w_{s(R)}}{q_h} \qquad \eta_e = \eta_m \eta_s \eta_{\mathrm{I}}$$

从上述表达式可看出，要提高实际朗肯循环的有效效率 η_e，首先必须提高理想朗肯循环的热效率 η_{I}，其次才是通过对汽轮机的结构及机械制造加工等方面的改进来提高内部效率 η_s 和机械效率 η_m。

下面就如何提高理想朗肯循环的热效率 η_{I} 讨论应采取的措施。

一、提高蒸汽的初参数

（一）提高蒸汽的温度

在相同的蒸汽压力下，提高蒸汽的过热温度时，可使朗肯循环热效率提高，例 8-1 已说明了这一点。从图 8-5(a) 上可看出，在其他条件不变的情况下，初温 T_4 提高到 T_4' 时，循环净功的增加量为画有斜线的阴影面积 44′754，工质吸收的热量增加面积 44′894。显然，新增加的这部分热量转变为功的比例比原循环高，即

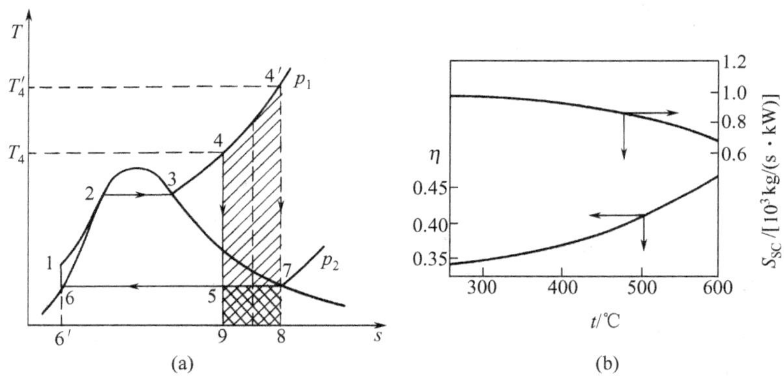

图 8-5　提高蒸汽的过热温度对热效率和汽耗率的影响

$$\frac{\text{面积 } 44'754}{\text{面积 } 44'894} > \frac{\text{面积 } 1234561}{\text{面积 } 123496'1}$$

因而提高了整个循环的热效率。从图上还可看出，随着蒸汽初温的提高，乏汽的干度也逐渐增加。这对于汽轮机的操作，避免其因干度过低造成磨蚀、震动等损坏，延长其使用寿命等皆有利。图 8-5(b) 表示了朗肯循环热效率及循环系统汽耗率与蒸汽温度之间的关系。从图上可清楚地看出，随着蒸汽温度的提高，循环热效率逐渐增大，同时汽耗率逐渐降低。因此，从理论上讲，循环过程中蒸汽的温度越高越好。但在实际的循环过程中，蒸汽的最高温度受到金属材料性能的限制。高压下，一般的锅炉钢管能承受的最高温度为 600℃左右，现在虽有些抗蠕变的特种合金钢材能耐更高的温度，可以用来制造过热器的管子和汽轮机，然而价钱昂贵，因此，从经济角度来考虑，蒸汽的最高温度一般不宜超过 600℃。

（二）提高蒸汽压力

蒸汽压力增高，水的沸腾温度必然升高。从图 8-6(a) 上可看出，当高压蒸汽的压力由 p_1 提高到 p_1' 时，代表沸腾过程的直线由 23 变为 $2'3'$，因而使循环的净功增加了斜线部分的面积而减少了画有格子部分的面积（为便于比较，假定两者的面积相等），但工质吸收的热量增加了斜线部分的面积而减少了面积 $7'4987'$，净减量为面积 57895，即做功量未变而吸热量减少了，故提高了循环的热效率。图 8-6(b) 表明随着蒸汽压力的增高，热效率提高而汽耗率下降，但当压力接近水的临界压力（p_c=22.129MPa）时，其影响就越来越小。因此，仅靠提高蒸汽的压力，而不同时提高它的温度，不能使热效率有更大的提高。另外，从 8-6(a) 图上可看出，随着压力的提高，在相同的蒸汽温度下，出汽轮机的乏汽的干度下降，即湿含量增加，蒸汽中细小的液滴将会使汽轮机中最后几级的叶片遭受磨蚀，缩短其使用寿命，而且汽轮机的效率也将会有较大的下降。因此，使用高压蒸汽时，必须设法减少乏汽的湿含量，一般来讲，乏汽的干度不应低于 0.88。例 8-1 的蒸汽压力为 4×10^3kPa、温度为 773K，在汽轮机中一直膨胀到凝汽压力 5kPa，此时乏汽的干度为 0.8350，这已是太低了。当然，因实际膨胀过程的不可逆性，最后实际乏汽的干度肯定高于 0.8350。

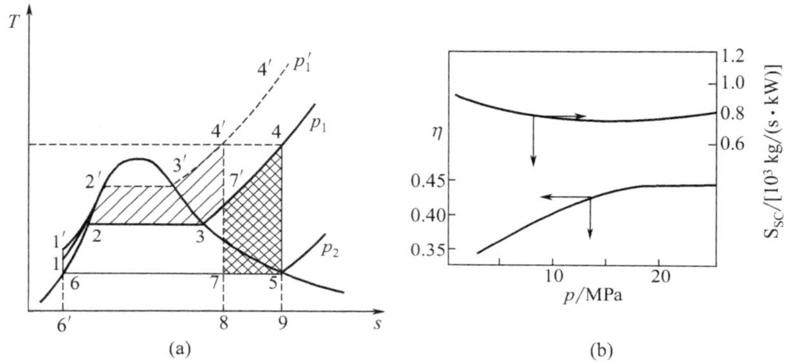

图 8-6　提高蒸汽的压力对热效率和汽耗率的影响

二、提高冷却、冷凝器的效率及尽可能降低冷却水温度

提高冷却、冷凝器的效率，就是要减小乏汽冷却、冷凝温度与冷却水温度之间的温差，尽量做到在冷却水温度不变的情况下，降低冷凝的温度，从而达到降低背压、减少向冷却水的放热量、提高热效率的目的。但是，传热温差不能无止境地减小，温差的减小，要受到冷凝器传热面积和传热速率的限制。

尽可能降低冷却水温度，其目的与上述相同，都是为了降低乏汽的压力。但冷却水温度主要受到自然环境温度和工厂地理位置的限制。当然，实际生产中应尽可能提高冷却水系统的冷却效率，从而尽量做到降低冷却水的温度，提高循环的热效率。

总之，提高冷却、冷凝器的效率和冷却水系统的效率是可以适当提高循环热效率的，但通过这些方法提高效率的潜力较小，不应将主要精力放在这一措施上。

三、采用再热循环

近年来，随着大功率（最大单机已达 10^6kW）汽轮机组的发展，采用亚临界（16～17MPa）、超临界（24～25MPa）压力的高温（808～839K）蒸汽已日趋普遍，若只在汽轮机中做一次膨胀至凝汽压力，乏汽的干度肯定是较低的。为了解决这个矛盾，工业上采用了再热循环过程，如图 8-7(a) 所示。再热循环是使高压的过热蒸汽在高压汽轮机中先膨胀到

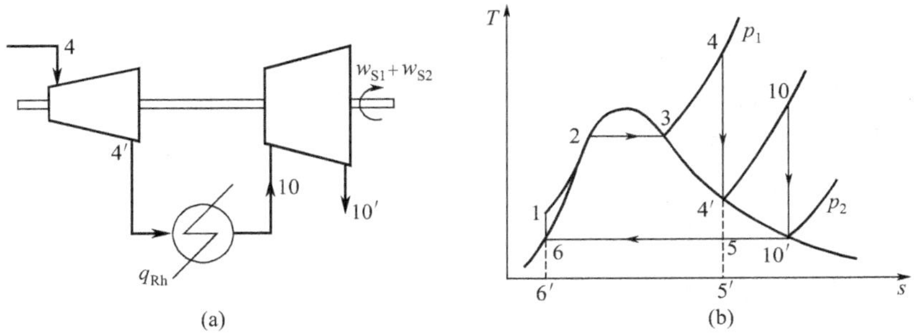

图 8-7　再热循环及其在 T-s 图上的表示

一中间压力，中间压力的选取是使膨胀后的蒸汽接近饱和，即图 8-7(b) 中的点 4′，然后将此蒸汽引至加热器再次加热，进入低一级压力的汽轮机做再次膨胀做功的循环。这样既充分利用了高参数过热蒸汽的优点，又可以避免乏汽湿含量过高的缺点。

再热循环的热效率为

$$\eta_{\text{I}}=\frac{\sum\limits_{B} w_{\text{sB}}}{\sum\limits_{B} q_{\text{hB}}}=\frac{w_{\text{s1}}+w_{\text{s2}}+\cdots+w_{\text{s}i}+w_{\text{p}}}{q_{\text{h}}+q_{\text{R}_1\text{h}}+q_{\text{R}_2\text{h}}+\cdots+q_{\text{R}_i\text{h}}} \tag{8-8}$$

式中　w_{s1}、w_{s2}、… ——对应各段压力下汽轮机输出的轴功；

w_p——高压水泵的功耗；

q_h——工质在高压蒸汽锅炉和过热器中吸收的热量；

q_{R_1h}、q_{R_2h}、…——做过功的蒸汽依次在再热器中吸收的热量。

【例 8-3】 某蒸汽动力装置的锅炉，压力为 10^4 kPa，凝汽器工作压力为 4kPa。773K 的过热蒸汽进入高压汽轮机等熵膨胀到刚好达到饱和状态，此饱和蒸汽由再热器加热到 773K 后进入低压汽轮机等熵膨胀到冷凝压力，冷凝水的升压过程假设也是等熵过程。①$10^4$ kPa、773K 的过热蒸汽按理想朗肯循环工作，一次膨胀到冷凝压力；②题中所给的条件以再热循环工作。试求两种情况下的热效率、排汽的干度和汽耗率。

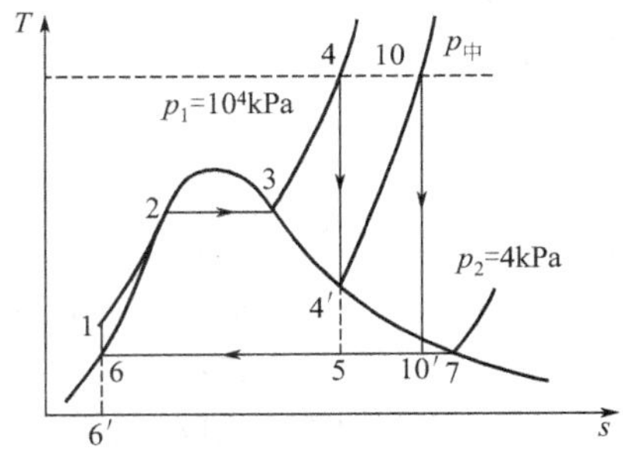

图 8-8　例 8-3T-s 图

解：以工质水为热力系，1kg 蒸汽为计算基准。

由题意作出循环过程的 T-s 图，如图 8-8 所示，由题给条件查附录得图中所需各点的焓、熵值，列于表 8-2。

表 8-2　*T*-*s* 图对应状态点的参数

点	h/(kJ/kg)	s/[kJ/(kg·K)]	x
1	?	(0.4225)	—
4	3372	6.595	—
4′	?	(6.595)	?
5	?	(6.595)	?
6	121.42	0.4225	0
7	2554	8.473	1
10	3479.3	7.774	—
10′	?	(7.774)	?
$v_6=0.0010041\text{m}^3/\text{kg}$			

点 1 的焓 h_1 的计算

因为 $w_p=\Delta h_{6\to1}=h_1-h_6=v_6(p_1-p_2)\times10^{-3}$

所以 $h_1=h_6+v_6(p_1-p_2)\times10^{-3}=121.42+0.0010041\times(10^4-4)=131.46(\text{kJ/kg})$

① 一次膨胀至冷凝压力。

点 5 的焓 h_5 的计算

因为 $s_5=s_4=x_5s_7+(1-x_5)s_6$

所以 $6.595=8.473x_5+0.4225(1-x_5)$

解得 $x_5=0.7668$

故 $h_5=x_5h_7+(1-x_5)h_6=2554\times0.7668+121.42\times(1-0.7668)=1986.8(\text{kJ/kg})$

所以
$$w_N=(h_5-h_4)+(h_1-h_6)$$
$$=(1986.8-3372)+(131.46-121.42)=-1375.1(\text{kJ/kg})$$
$$q_h=h_4-h_1=3372-131.46=3240.5(\text{kJ/kg})$$

所以
$$\eta_I=\frac{-w_N}{q_h}\times100\%=\frac{1375.1}{3240.5}\times100\%=42.44\%$$
$$S_{sc}=\frac{3600}{-w_N}=\frac{3600}{1375.1}=2.62[\text{kg/(kW·h)}]$$

② 采用再热循环。

因 4′点的蒸汽为饱和蒸汽，根据 $s_4'=s_4=6.596\text{kJ/(kg·K)}$查得对应的 $h'_4=2777\text{kJ/kg}$，压力 $p_中=975\text{kPa}$。然后由 $p_中=975\text{kPa}$、$T=773\text{K}$ 查得 10 点的 $h_{10}=3479.3\text{kJ/kg}$、$s_{10}=7.774\text{kJ/(kg·K)}$

因为 $s'_{10}=s_{10}=x'_{10}s_7+(1-x'_{10})s_6$

所以 $7.774=8.473x'_{10}+0.4225(1-x'_{10})$

解得 $x'_{10}=0.9132$

故 $h'_{10}=x'_{10}h_7+(1-x'_{10})h_6=2554\times0.9132+121.42\times(1-0.9132)=2342.8(\text{kJ/kg})$

所以
$$w_N=w_{s1}+w_{s2}+w_p$$
$$=(h'_4-h_4)+(h'_{10}-h_{10})+(h_1-h_6)$$
$$=(2777-3372)+(2342.8-3479.3)+(131.46-121.42)$$
$$=-1721.5(\text{kJ/kg})$$
$$q_{Rh}=h_{10}-h'_4=3479.3-2777=702.3(\text{kJ/kg})$$

所以
$$\eta_1=\frac{-w_N}{q_h+q_{Rh}}\times100\%=\frac{1721.5}{3240.5+702.3}\times100\%=43.66\%$$
$$S_{sc}=\frac{3600}{-w_N}=\frac{3600}{1721.5}=2.09[\text{kg/(kW·h)}]$$

将上述结果比较如下。

① 一次膨胀至冷凝压力

$$\eta_I=42.44\%;\ x=0.7668;\ S_{sc}=2.62\text{kg/(kW·h)}$$

② 有再热循环时

$$\eta_I=43.66\%;\ x=0.9132;\ S_{sc}=2.09\text{kg/(kW·h)}$$

由上述对比数据可以看出，采用再热循环后，不仅热效率有所提高，而且排汽干度增大，汽耗率下降，实际生产中，再热压力一般选锅炉出口压力（假定为 p_1）的 20%～30%，效率可提高 2.5%～4.5%。当 $p_1<10\text{MPa}$ 时，一般不采用中间再热；当 p_1 在 13～22.05

（临界压力 p_c）MPa 时，一般采用一级中间再热；当 $p_1 > p_c$ 时，才采用两级再热。

实际上，采用再热循环后，使循环工质的平均吸热温度得到了提高，即缩小了工质与高温热源之间的温差，从而减小了不可逆传热带来的能质损失，这才是再热循环可提高热效率的真正原因。

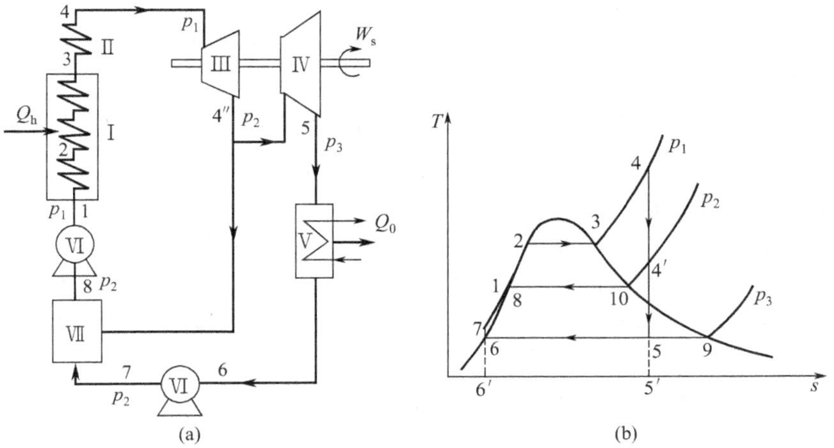

图 8-9　开式回热循环及其在 T-s 图上的表示

Ⅰ—锅炉；Ⅱ—过热器；Ⅲ—高压汽轮机；Ⅳ—低压汽轮机；Ⅴ—冷凝器；Ⅵ—水泵；Ⅶ—开式预热器

四、采用回热循环

在蒸汽动力循环过程中，工质在锅炉中吸热的过程分为三个步骤：①高压水加热到沸点；②水在沸点汽化成饱和蒸汽；③蒸汽过热。其中步骤①水的加热过程是在较低温度下进行的，即该过程的传热温差最大，高温热能的能质损失也就最大，热力学效率最低。为了减小温差，提高整个循环的热效率和热力学效率，采用从循环系统中的汽轮机的适当部位抽出部分已做过功的压力适当的中、低压蒸汽用于预热冷凝水，即提高锅炉进水的温度，这样的循环称回热循环。在回热循环中，若采用将抽出的蒸汽与冷凝水直接混合加热（开式回热预热器）的方法，如图 8-9(a) 所示，则称此循环为开式回热循环；若采用将抽出的蒸汽通过管壁与冷凝水进行热交换（闭式回热预热器），如图 8-10 所示，则相应地称此循环为闭式回热循环。

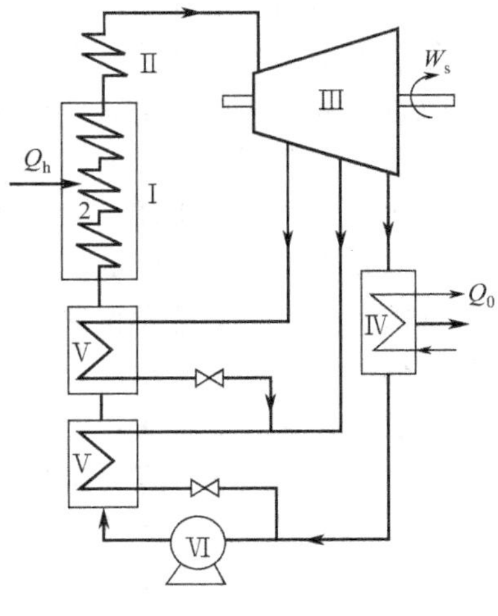

图 8-10　闭式回热循环

Ⅰ—锅炉；Ⅱ—蒸汽过热器；Ⅲ—蒸汽轮机；Ⅳ—冷凝器；Ⅴ—闭式预热器；Ⅵ—水泵

在开式预热器中，蒸汽简单地与锅炉给水在容器中直接混合，蒸汽冷凝而使水加热，故它具有极好的传热特性，操作、设备设计容易并且制作方便。然而，不利的是对每一级都需要外加一级给水泵。在闭式预热器中，蒸汽与水保持分开，蒸汽在经过预热器管道时进行冷凝，冷凝水经减压进入较低压力的给水之中。虽然闭式预热器中传热效率不如开式预热器，但它不需额外的水泵。

实际的循环过程，常从汽轮机中抽取几种不同压力的蒸汽来逐级预热冷凝水，称为多级回热循环。目前，小型火力发电厂回热级数一般为 1～3 级，中大型火力发电厂一般为 4～8 级。

采用回热循环操作，可提高整个循环过程的热效率。这是因为抽取的部分具有一定压力的蒸汽预热了锅炉给水，提高了水在锅炉中的平均吸热温度，即缩小了水与高温燃气的传热温差，减小了传热的不可逆损失，又相当于回收利用了原抽出的部分蒸汽要被冷却水移走的冷凝热。因此，在锅炉热负荷不变的情况下，有回热的循环过程，其锅炉的产汽量大，从而增大了循环过程输出的净功。换言之，在做出同样数量的净功时，采用回热循环可减少水在锅炉中的吸热量，即节省了锅炉用燃料量，从而提高了循环的经济效益。但是，由于采用回热循环时，抽出部分蒸汽的做功能力没有充分利用，因此，汽轮机组的汽耗率较大，即在输出同样数量的净功时，回热循环机组的结构尺寸相应地增大。

五、利用低温余热预热锅炉给水

前面已讲到，水泵出口的水加热到对应的饱和温度，这段升温过程与锅炉中燃气的温差最大，不可逆损失最多。利用低温余热预热锅炉进水，提高蒸汽动力循环的热效率，其理由与采用回热循环提高热效率的理由是一样的，两者都是使锅炉中工质的平均吸热温度得到了提高，减小了不可逆传热损失。

事实上，采用此法提高循环的热效率，除了上述理由外，还有其本身的原因。以图 8-1（b）为例，原工质在锅炉中所吸收的热量 $q_h=h_4-h_1$，从热效率的计算式 $\eta=-w_N/q_h$ 可看出，在 w_N 不变的情况下，若能减少 q_h 就可提高热效率。因此，采用一些低温余热预热锅炉给水，假定能将水预热到饱和温度，即图中的状态 2，则相应地可使水在锅炉中的吸热量降为 $q_h=h_4-h_2$，锅炉中所用燃料（通常是煤）的量就可减少，从而达到了提高整个循环的经济效益的目的，也就相当于提高了整个循环的热效率。

实际生产中，若无外界低温余热，也可直接利用循环系统本身的锅炉出口的烟气的余热来实现。因为通常情况下，锅炉排烟尚有一定的温度，即仍可向外传出一定数量的热量，利用得好，完全可以将此烟气进一步降温，使锅炉进口的冷水的温度有所提高。

总之，凡是能提高锅炉进水温度的措施，均可提高循环的热效率。

六、采用热、电联合循环

除了上述五种提高蒸汽动力循环热效率的措施外，还有一种有效的措施也可提高循环的经济效益，即采用热、电联合循环。

在许多工业部门和日常生活中，人们不仅需要动力，而且需要直接使用温度不高的热能。如化工生产中经常需用大量的工艺用蒸汽和加热用蒸汽；在日常生活中采用低压蒸汽或热水来取暖也是非常广泛的。较长时期以来，在多数情况下，人们都直接用锅炉生产中、低压蒸汽供上述所需，这种做法是极不经济的。因为燃料的能量传给水使之变成蒸汽，蒸汽再冷凝放热变成水的整个过程，是个不可逆过程，在这一过程中，循环介质水没有做出任何功来，也就是在这一过程中，白白浪费了燃料的化学能转变成热能的做功能力。

虽然人们采用了许多措施来提高蒸汽动力循环的热效率，如上述分析的采用高参数的蒸汽以及降低排汽压力等措施，并对锅炉、汽轮机等加以改进，但循环过程的热效率也只能达到 35%左右，也就是说，在最好的情况下，也只有三分之一或稍多一点的燃料的热能转化为功，大部分热量在乏汽冷凝时放出而被冷却水带走了。在使用凝汽式汽轮机的朗肯循环中，由于冷凝温度太低，仅 30℃左右，故放出的热量没有使用价值。但如将汽轮机排汽的压力提高到 101.325kPa 以上，则乏汽的温度就可高于 100℃。这样，这部分热量就可在温度要求不高的地方使用了。当然，这必然会造成转化为功的热量减少，即循环过程中的热效率降低。但从燃料的化学能的利用来看是合理的。通常把乏汽压力高于 101.325kPa 的汽轮机称为背压式汽轮机，以与凝汽式汽轮机相区别。

图 8-11 所示的蒸汽动力循环装置为两种较为典型的热、电结合循环。图 8-11(a) 与前面介绍的朗肯循环是一致的，不同点仅在于提高了排汽压力，使排汽温度符合用热的要求，蒸汽在工艺换热器（或取暖器）中给出热量，自身冷凝，再经水泵打回锅炉进行循环。图 8-11(b) 中有两个串联汽轮机段，高压汽轮机段排汽一部分送去换热器供热，另一部分送去低压汽轮机段进一步膨胀做功，这样做可以按实际供热和供电的需要进行灵活调节，供电与供热相结合的电厂称为热电厂。

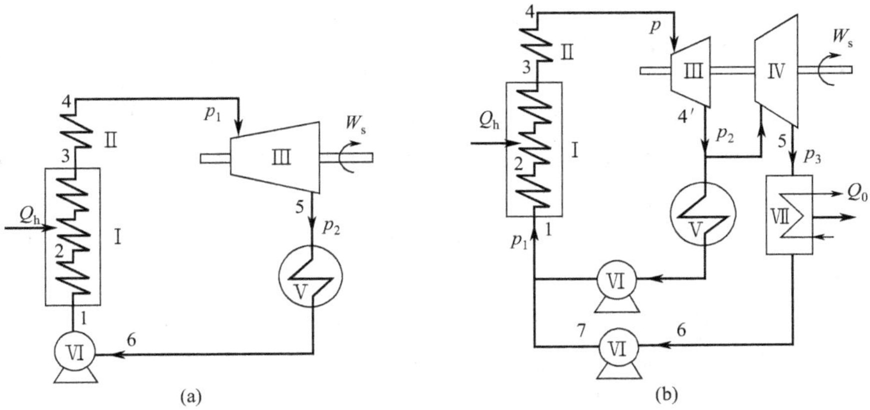

图 8-11 供给动力和热能相结合的循环

Ⅰ—锅炉；Ⅱ—过热器；Ⅲ、Ⅳ—汽轮机；Ⅴ—工艺热交换器或取暖器；Ⅵ—水泵；Ⅶ—冷凝器

衡量供热与供电相结合的装置的经济性，除用热效率（衡量工质吸收的总热量中转化为功的部分）外，还有一个指标即热量利用率 ζ，用它来表示工质吸收总热量中已经得到利用的部分。即

$$\zeta=\frac{\text{已经利用的热量}}{\text{工质吸收的总热量}}=\frac{|W_N+Q'|}{Q_h}=\eta_t+\frac{|Q'|}{Q_h} \tag{8-9}$$

采用背压式汽轮机时，由于蒸汽的热能转化为机械能的部分减少了，故若蒸汽流量不变，则输出的功必将减少。若要维持输出的功不变，就必须增加蒸汽流量，这样会造成余热过剩。因此图 8-11(a) 的装置只有当所需的功和热都保持一定时，才能相互匹配，否则，作为工艺加热用的蒸汽有波动时，就会破坏功的输出量的稳定。为了避免这一缺点，可采用图 8-11(b)的装置，即使用抽汽式汽轮机。

第三节 燃气动力循环

燃气动力循环（也称气体动力循环）由于热机工作原理的不同，可分为内燃机循环和燃气轮机循环两类。在机器结构上，前者是往复式的，后者是涡轮式的。下面简要介绍这两类动力循环。

一、内燃机循环

内燃机使用气体或液体燃料，以燃料在汽缸中燃烧时生成的燃烧产物作为工质。根据燃烧方式的不同，内燃机循环主要分为定容加热循环、定压加热循环和混合加热循环三类。

1. 定容加热循环

内燃机定容加热循环是由德国工程师奥托（Otto）于 1876 年提出的，所以又称为奥托循环。

内燃机的核心部件是汽缸，为了了解内燃机的实际热力过程，可通过装在汽缸上的示功器将活塞在汽缸中的位置与工质压力的关系曲线描绘下来，成为示功图。图 8-12 就是定容加热内燃机的示功图。

活塞由上死点（也称左止点）向下死点（也称右止点）即图中自左向右移动时，将燃料与空气的混合物经进气阀一同吸入汽缸中，活塞的这一行程叫做吸气冲程，在示功图上以 0→1表示。吸气过程中，汽缸中的压力略低于大气压力。活塞到达下死点时，进气阀关闭，进气停止。活塞随即反向移动，汽缸中的可燃气体被压缩升温，称为压缩冲程（图中 1→2）。当活塞接近上死点时，点火装置将可燃气体点燃，汽缸内瞬间生成高温高压燃烧产物。因燃烧反应进行极快，加上活塞尚有往左移动的趋势，故在燃烧的瞬间活塞移动极小，可以认为工质是在定容条件下被加热（2→3）。燃烧完毕，高温高压的工质膨胀，推动活塞做功（3→4），称为工作冲程。膨胀终了时排气阀打开，废气开始排出。活塞从下死点返回时，继续将废气排出缸外，为排气冲程(4→0)，至此完成一个工作循环。当活塞再度下行时，则进入一个新的循环。

由上可见，内燃机是一个开口系统，每一个循环都要从外界吸入工质，循环结束时又将废气排于外界。而蒸汽动力循环过程中，工质是循环使用的。按定容加热循环工作的内燃机适合燃用汽油，因为汽油的挥发性强，极易在汽缸中汽化成为可燃性气体，所以这种内燃机常称作汽油机或点燃式内燃机。汽油机广泛地用作汽车、飞机等轻型发动机。

2. 定压加热循环

另一种内燃机循环，燃料是在定压下燃烧，常称狄塞尔（Diesel）循环，其示功图如图 8-13 所示。

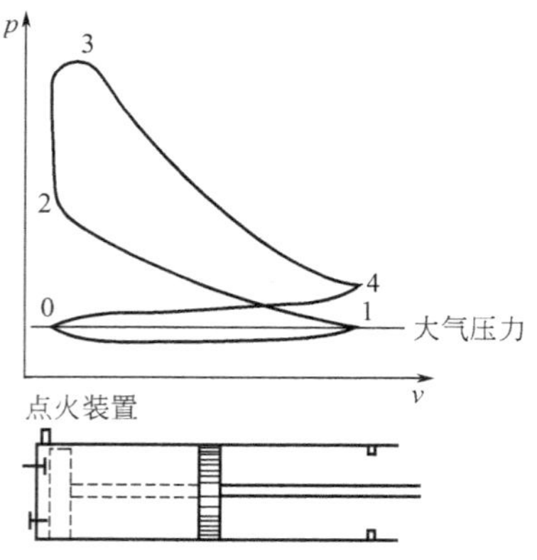

图 8-12　定容加热循环

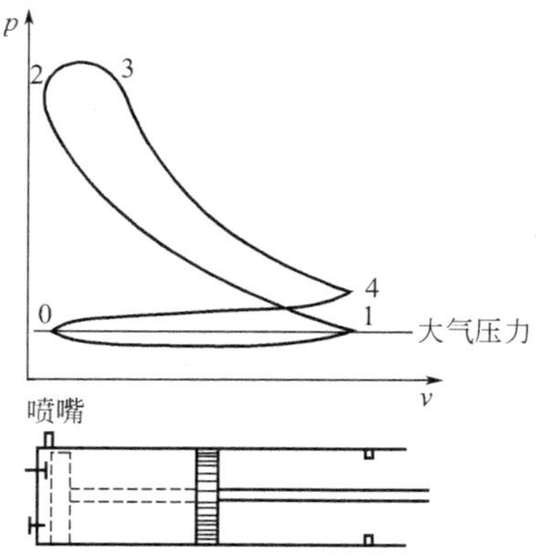

图 8-13　定压加热循环

活塞由上死点向下死点移动，将空气吸入汽缸，为吸气冲程 0→1。活塞从下死点返回，此时进气阀关闭，空气被绝热压缩到燃料的着火点以上，为压缩冲程 1→2。随着活塞反行，装在汽缸顶部的喷嘴将燃料喷入汽缸，燃料的微粒遇到高温空气立即燃烧，随着活塞的移动，燃料不断喷入不断燃烧，这一燃烧过程 2→3 的压力基本保持不变，燃料停止喷射时，燃烧也随即结束，这时活塞靠高温高压的燃烧产物的膨胀而继续被推向右方做功，形成工作冲程 3→4。最后活塞反向移动，将废气排出汽缸，为排气冲程 4→0，从而完成一个循环。

这种发动机依靠被压缩后的高温空气使燃料着火燃烧，可使用柴油，所以常称作柴油机或压燃式内燃机。

3. 混合加热循环

混合加热循环是定容加热循环和定压加热循环综合而成的一种内燃机循环，其示功图如图 8-14 所示。

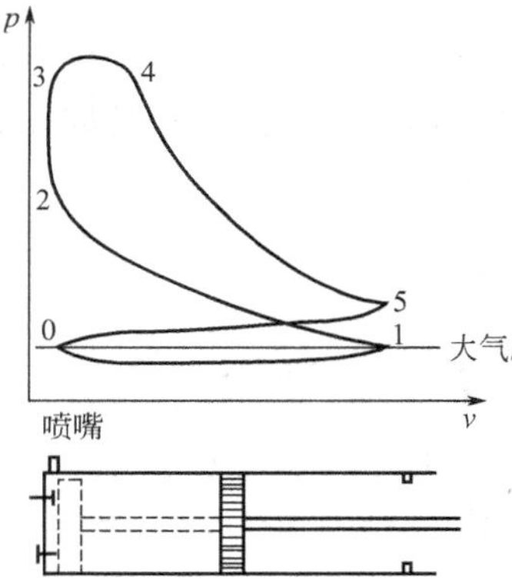

图 8-14　混合加热循环

活塞由左止点向右止点移动，将空气吸入汽缸，为吸气冲程 0→1。随后活塞反行，1→2 为绝热压缩冲程，压缩终了空气温度可达 600～700℃，超过燃料的自燃温度（柴油的自燃温度为 335℃左右）。在空气压缩终了前，一部分柴油经高压油泵提前喷入汽缸内，这些柴油微粒遇到高温空气立即自行燃烧。此时，由于在左止点附近，且活塞尚有往左运动的趋势，故该燃烧过程可视为等容燃烧过程，在图中以 2→3 表示，燃气的压力突增到 60～90bar。随着柴油的继续喷入和燃烧，活塞开始右行，此时活塞位移的容积随柴油的燃烧而增大，故该燃烧过程几乎是在定压下进行的，如图中 3→4，称定压燃烧过程。燃烧终了的燃气温度可达 1700～2000℃。燃烧过程结束后，借助于高温高压的燃气，活塞继续右行进入工作冲程 4→5。膨胀终了时，活塞开始左行，此时排气阀打开，进入排气冲程 5→0，将废气排至环境，至此完成一个工作循环。

这种发动机综合了汽油机和柴油机的优点，既具有汽油机的高速的特点，又具有柴油机的能载重的特点，故称为高速柴油机。常被广泛应用于各类长途运输的载重车辆、冷藏运输车辆以及军队中的坦克、装甲车辆等。

二、燃气轮机循环

燃气轮机是在汽轮机和活塞式内燃机之后出现的另一种热力原动机，它的结构类似汽轮机，但它是利用气体燃烧产物作为工质推动叶轮回转做功，燃气轮机装置的主要组成部分有燃气轮机、压气机及燃烧室。

图 8-15 是燃气轮机装置的工作原理。叶轮式压气机从外界吸入空气，压缩后送入燃烧室，同时油泵连续将燃料油喷入燃烧室与高温压缩空气混合，在定压下进行燃烧。生成的高温气体燃烧产物进入燃气轮机膨胀做功，废气排入大气。

为了便于分析，假设 1kg 理想气体在其中工作，理论循环的 p-v 图如图 8-16 所示。图中 1→2 是工质在压气机中绝热压缩过程，2→3 是在燃烧室内的定压加热过程，3→4 是工质在燃气轮机中绝热膨胀做功的过程，最后是工质在定压下的放热过程 4→1。

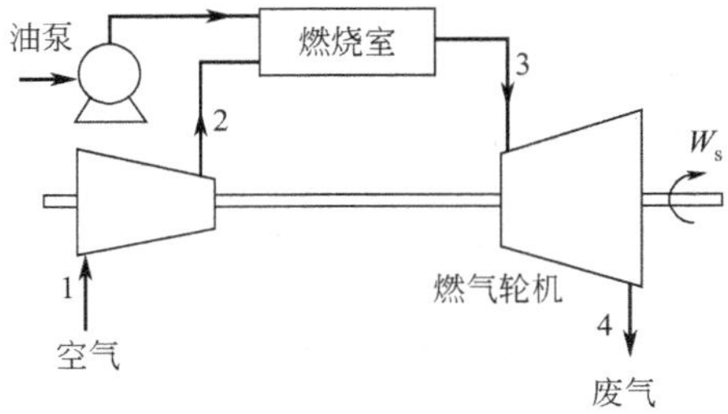

图 8-15　燃气轮机装置工作原理

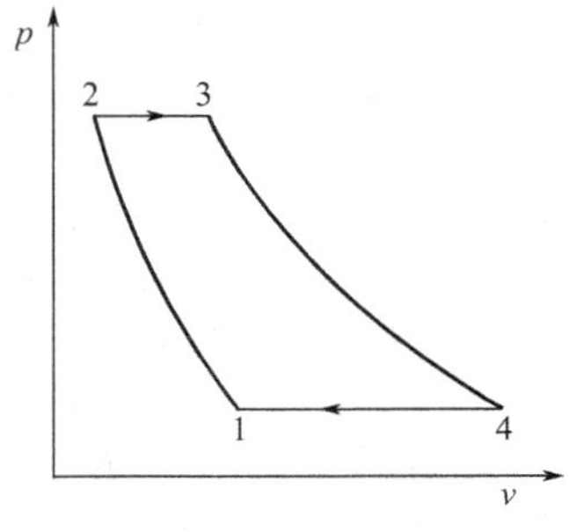

图 8-16　燃气轮机装置循环 p-v 图

从理论上讲，燃气轮机中工质可以完全膨胀，燃气轮机可以高速转动，因而能够输出很大的功率，具有结构紧凑的优点，而且运行平稳，没有活塞式内燃机那样的往复运动机构。其缺点是燃气轮机的叶片长期在高温下工作，要求用耐高温和高强度的材料；压气机消耗的功率很大。

目前，燃气轮机装置主要用于机车、飞机、舰船，以及作为固定动力厂的备用装置。

复习思考题

8-1 朗肯循环的基本构成如何？如何在 T-s 图上表示此循环过程？

8-2 为什么蒸汽动力循环不能采用与卡诺循环相类似的湿蒸汽循环而只能采用过热蒸汽作为工质的朗肯循环？

8-3 何谓循环的热效率、汽耗率和热耗率？

8-4 提高朗肯循环热效率的措施有哪些？

8-5 何谓再热循环、回热循环？它们两者能提高循环热效率的真正原因是什么？

8-6 蒸汽动力循环中，在汽轮机膨胀做功后的乏汽排入凝汽器，向循环冷却水放出大量的热。如果将乏汽直接送入锅炉使其吸热后再变为新蒸汽，这样不仅可以减少冷却放热量，而且可以减少对新蒸汽的加热量，循环效率自然提高，这种想法对不对？为什么？

8-7 说明蒸汽动力循环中采用高参数、低背压各自有何优点？又受到什么因素的限制？

8-8 简要说明气体动力循环的分类及其工作原理。

习题

8-1 南方某厂的汽轮机按朗肯循环工作。环境冷却水温为 50℃，凝汽器内蒸汽在高于冷却水 15℃下进行冷凝，要求锅炉管受压不超过 700kPa。汽轮机和水泵中都是单相工质。试求：①为保证汽轮机中工质是单相，新蒸汽所必需的最低过热度，循环热效率和汽耗率；②在饱和温度和过热温度与冷却水温度之间的卡诺效率？③锅炉改为能受压 1.5MPa，此时朗肯循环的热效率和汽耗率。

8-2 蒸汽朗肯循环的初参数为 16.5MPa、550℃。试计算背压 $p_2=4$kPa、6kPa、8kPa、10kPa 及 12kPa 时的热效率 η_t 和汽耗率（泵功忽略不计）。

8-3 蒸汽朗肯循环的初温 $t_1=500$℃，背压 $p_2=0.04$bar。当初压 $p_1=40$bar、90bar 及 140bar 时，计算：①加热量；②热效率及汽耗率（泵功忽略不计）。

8-4 蒸汽朗肯循环的初压为 $p_1=90$bar，背压 $p_2=0.04$bar。试计算初温 $t_1=500$℃、600℃及 700℃时的热效率及汽耗率（泵功忽略不计）。

8-5 水蒸气再热循环的初压为 17.0MPa，初温为 535℃，背压为 5.5kPa。高压缸排汽压力为 3.5MPa，再热至新蒸汽的温度。假定做功过程绝热可逆。①求其 η_t；②若因节流使进入中压缸的蒸汽压力为 3MPa，则 η_t 又为多少？

8-6 水蒸气两级回热循环的初参数为 $p_1=35$bar，$t_1=440$℃。背压为 0.06bar，第Ⅰ级抽汽压力 $p_{01}=14$bar，第Ⅱ级抽汽压力 $p_{02}=3$bar。试计算用混合式加热器时的抽汽率、热效率和排汽率。

8-7 试绘出二次再热循环的 T-s 图，并列出热效率的计算式。

8-8 某蒸汽动力循环由一次再热及一级回热所组成。蒸汽初参数为 p_1，温度为 t_1，背压为 p_2，再热压力为 p_{RH}，抽汽压力为 p_0，再热后温度 $t_3=t_1$，抽汽量为 a。回热器为混合式的，泵功略去不计。试：①画出循环的 T-s 和 h-s 图；②写出循环加热量、放热量、做功量及热效率的计算公式。

8-9 中压机组蒸汽初参数为 $p_1=3.5$MPa，$t_1=440$℃。若背压分别为 6kPa 及 0.8MPa，试计算凝汽机及背压机的做功量各为多少？循环热效率各为多少？

8-10 有一理想朗肯循环，以水蒸气为工质。已知锅炉的压力为 4MPa，进入汽轮机的蒸汽温度为 480℃，流量为 26×10^3kg/h，乏汽压力为 10kPa。求：①汽轮机的功率；②锅炉给水泵的功率；③工质从锅炉中吸收的热量；④循环的热效率；⑤汽耗率。

8-11 理想朗肯循环以水蒸气为工质，初参数分别为 2.4MPa、390℃；3.5MPa、435℃及 9MPa、535℃。终参数为 4kPa。试比较其热效率。泵功忽略不计，计算结果说明了什么？

8-12 一个理想的再热循环，蒸汽于 8MPa、600℃时进汽轮机，膨胀到 1.5MPa 时再加热到 540℃，然后进一步膨胀做功。冷凝蒸汽压力为 6kPa，输出功率为 1.250×10^5 kW。求蒸汽的流量和循环的热效率。

8-13 某一蒸汽动力循环装置中，采用背压式汽轮机。已知水蒸气的流量为 30000kg/h，蒸汽的压力为 4MPa，进入汽轮机的温度为 500℃。若汽轮机乏汽的压力为 0.12MPa，干度为 0.98，汽轮机的机械效率为 95%。求：①等熵效率；②有效效率；③输出的有效轴功率；④汽耗率。

8-14 某供电、热装置，将 11MPa、580℃的过热蒸汽引入高压汽轮机中膨胀做功。当压力降至 1MPa、温度为 300℃时，抽出部分蒸汽用于工艺加热，假定在工艺热交换器中该部分蒸汽全部冷凝成饱和水，并提供 2×10^4 kJ/s 的热量。余下的蒸汽再过热到 500℃。然后在低压汽轮机中可逆膨胀到 5kPa。如需动力为 2×10^4 kW。试计算：①所需的蒸汽量；②再热所吸收的热量占总热量的百分率；③此装置的热利用率。假设上述过程不存在热损失。

8-15 ①某厂的热电站功率 12000kW。使用背压式汽轮机。汽轮机入口蒸汽压力为 6MPa、温度为 500℃。乏汽压力为 0.2MPa、温度为 140℃，乏汽全部用于供热，在供热过程中冷凝并且降温到 70℃，加压下返回锅炉。假设煤的发热量为 20000kJ/kg，计算电厂的循环热效率。②如果热电分开生产，电能由乏汽压力为 6kPa 的凝汽式汽轮机生产，热能由单独的锅炉供应，锅炉给水温度为 70℃，产生 0.2MPa、140℃的蒸汽，其余条件同上。试比较其耗煤量。假设锅炉无热损失，水泵功耗忽略，冷凝器出口为 6kPa 的饱和水，汽轮机的等熵效率相等。

第九章　制　　冷

第一节　概　　述

一、基本概念

制冷是指借助于外界提供的能量，在一定的时间和空间内从一定量的物质或流动介质中移走热能，使其温度降到环境温度以下，并保持这个低温的过程。

这里所说的“冷”是相对于环境温度而言的。由经验可知，高于环境温度的物体放置于环境中，其温度最终必与环境温度相等。这类冷却降温过程，都是自发的传热过程，属于自然冷却，不是制冷，因为这类过程无需消耗外界能量就能自动完成。

机械制冷中所需机器和设备的总和称为制冷机。

制冷机中使用的工作介质称为制冷剂，也称冷冻剂、冷媒。制冷剂在制冷机中循环流动，并且不断地与外界进行能量交换，即不断地从被冷对象中吸取热能，向环境排放热能。制冷剂一系列状态变化过程的综合称为制冷循环。为了实现这一制冷循环，必须消耗外界能量，该能量可以是机械能、电能、热能、太阳能及其他形式的能量。

按照制冷所达到的低温范围，制冷可分为如下几个领域：

$T>120\text{K}$	普通制冷（简称普冷）
$20\text{K}<T\leqslant 120\text{K}$	深度制冷（简称深冷）
$0.3\text{K}<T\leqslant 20\text{K}$	低温制冷
$T<0.3\text{K}$	超低温制冷

有关制冷领域的划分，还有一些其他的方法，如在有些场合，只将制冷粗略地划分为两个领域，即

$T>173\text{K}$	普冷
$T\leqslant 173\text{K}$	深冷

由于低温范围不同，制冷使用的工质、机器、设备，采取的方法以及具体的原理等方面都有很大的差别，本教材仅限于普通制冷的领域。

二、制冷的基本方法

制冷的方法很多，大致可分为物理方法和化学方法两大类。而目前几乎所有的制冷方法都属于物理方法类。在普通制冷技术领域内，制冷方法有相变制冷、流体膨胀制冷、热电制冷、涡流管制冷四类。在这四类制冷方法中，应用最为广泛的是相变制冷。

（一）相变制冷

相变制冷是利用工质在发生相变时的吸热效应进行制冷的方法。在现代制冷技术中，主

要利用制冷剂在低压下易汽化吸热这一相变汽化过程而从被冷对象中吸取热能，从而实现制冷目的。属于这一类的制冷方法有蒸汽压缩制冷、蒸汽吸收制冷、蒸汽喷射制冷以及吸附制冷四类。其中第一、二类是本章的重点。

（二）流体膨胀制冷

流体（主要是指气体）膨胀制冷又可分为不做功的绝热膨胀制冷即流体的绝热节流制冷和对外做功的绝热膨胀制冷两类。

绝热节流制冷，是利用了加压的流体（通常为实际气体）节流后的冷效应这一基本原理；对外做功的绝热膨胀制冷，是利用了加压气体对外做功只能消耗其内能这一原理来实现的。由于气体内能的降低，温度也就必然降低。

在实际工程中，气体的绝热节流制冷和对外做功的制冷，一般被应用于深冷技术中，它们的选择将依具体的工程情况而定。

（三）热电制冷

热电制冷，也称温差电效应制冷。它是利用帕尔帖（Peltier——法国物理学家）效应的原理来达到制冷目的的一种制冷技术。

帕尔帖效应的原理是，在由两种不同金属组成的闭合电路中，当直流电流在这个闭合环路中流通时，就会出现环路中不同金属的两个接点，一个变冷能吸热，另一个变热会放热的现象。温差电制冷就是利用了环路中的冷接点可吸热这一原理实现的，这种方法的制冷效果主要取决于两种材料的热电势。纯金属材料之间的热电势很小，其帕尔帖效应很弱，制冷效率不到1%。由于半导体材料内部结构的特点，可以制成热电势相差较大的N型半导体和P型半导体，从而产生较为明显的帕尔帖效应。目前热电制冷大多采用某些特种半导体材料作为其热电堆，故该法又被称作半导体制冷。

热电制冷的系统和过程显然不同于前面任何一种制冷方式。它不需要明显的工质来实现能量的转移，整个装置没有任何机械运动部件。热电制冷的效率很低，不宜大规模使用，但由于它的灵活性很强，使用方便可靠，目前在冷量需要量较小的场合应用越来越广。如作为探测空间用的飞机上的科学仪器、电子仪器和医疗器械中的制冷装置，核潜艇中驾驶舱的空调设备等。国外热电制冷在手提式小型冰箱中的使用也日见增多。

（四）涡流管制冷

涡流管制冷是使压缩气体产生涡流并分离成冷、热两部分，其中冷气流用来制冷。

涡流管制冷首先是由法国人兰克（Rauque）提出的，兰克是在一次偶然之中发现旋风分离器中旋转的气流具有低温的现象，并在此基础上发明了一种装置，可以使压缩后的气体产生涡流，并将气流分成冷、热两部分，该装置称为涡流管，又称兰克管，这种制冷方法称涡流管制冷。实验表明，当采用常温高压气流时，涡流管的冷气流温度可达－50～－10℃，热气流温度可达100～130℃。

涡流管具有结构简单、维护方便、启动快、使用灵活等优点，所以常用在有压缩气体或可廉价获得压缩气体的场合。例如用于不长期持续使用的小型低温试验设备、冷却在高温矿井中作业的矿工的工作服、冷却刀具的刀头等。但涡流管制冷的效率太低，因而经济性差，用途受到限制。

三、制冷技术的应用

制冷技术自发明以来，已被广泛地应用于工业生产过程、产品性能试验、建筑工程、空气温度调节、食品加工业、农业生产、生物工程、医疗卫生、文化体育及日常生活等国民经济和人类生活的各个领域之中。

制冷技术最早被应用于食品加工业。在食品加工业中，制冷技术不仅作为加工手段，使食品在低温下能获得更好的质量，例如冷饮制品、酿酒生产等；更重要的是，作为储藏手段。为了使食品从生产、运输、储藏至销售、消费全过程中保持在要求的低温条件的冷藏链下，就需要采用冷库、冷藏船、冷藏列车、冷藏汽车、冷藏销售柜以及冷藏箱等一系列的制冷装置。食品加工业中制冷技术的应用，使食品生产不受季节性和地区性的限制，达到保证质量、调剂淡旺季、保障供应、促进贸易等目的。目前冷藏库和冷藏运输工具的应用还扩大到了保存贵重皮毛、服装、药材、图书、绘画作品、文物等范围。

空气调节工程中的冷却降温和调湿过程也是制冷技术应用的一个主要内容。为了满足人们的身心健康和提高工作效率的要求，在宾馆、会堂、剧场、医院、体育场馆、机场候机室、地下铁道候车室、实验室、办公楼甚至列车、客车、飞机等交通工具上以及家庭居室都需要利用人工制冷来降温调湿，以达到舒适性空气调节的要求。在工业生产上，为了满足某些工艺过程的要求，如纺织、印刷、精密仪器仪表、电子工业等工厂和精密计量室、计算机房等，也必须采用制冷技术来达到恒温恒湿的生产性空气调节的要求。

文化体育事业中，像摄影棚中人工雪景的布置、人工冰场和滑雪道、人工降雪等也是制冷技术的应用实例。

工业生产中制冷技术也有广泛的应用。例如机械制造业中，对钢材进行低温处理（$-90\sim-70$℃），可以改变其金相组织，使奥氏体变成马氏体，提高钢材的硬度和强度；在机器的装配过程中，利用低温能方便地实现过盈配合；在化学工业中，借助于制冷，可使气体液化、混合气体及混合液体分离、控制反应温度、盐类结晶等；在钢铁工业中，利用制冷技术可使高炉用空气得到干燥，以降低焦矿比，保证铁水质量等。

在水电站大坝、铁路桥梁等大型混凝土建筑中，应用冷风冷却和碎冰冷却混凝土能均匀冷却，消除大型建筑构件的热应力，保证浇铸质量。

在农业方面，应用制冷技术进行种子的低温处理和低温保存，创造人工气候室，进行反季节性蔬菜的生产等。

在医疗卫生方面，使用冷冻干燥法来生产药物，利用低温来储藏血浆、疫苗、菌种、脏器和药物，低温麻醉、人工冬眠、低温冷冻外科手术等都是制冷技术应用的实例。

在国防工业中，高寒条件下工作的发动机、汽车、坦克、大炮等常规武器的性能需作环境模拟实验；航空仪表、火箭、导弹中的控制仪器，也需在地面模拟高空低温条件进行性能试验，所有这些需要制冷为其提供实验的环境条件。

此外，在微电子技术、能源、新型原材料、宇宙开发、生物技术、卫星通信、超导技术、火箭导弹等尖端科技等领域中，制冷技术也有重要的应用。随着国民经济的发展、科学技术的进步和人们生活水平的不断提高，制冷技术的应用将展现出无限广阔的前景。

第二节　蒸汽压缩制冷循环

蒸汽压缩制冷是建立在低压下液体汽化吸收汽化潜热这一基础上的。根据具体的制冷流程的不同，该类方法通常又可分为单级蒸汽压缩制冷、多级蒸汽压缩制冷、复叠式蒸汽压缩制冷三类。

一、理想蒸汽压缩制冷循环

（一）理想蒸汽压缩制冷循环及在 *T-s* 图上的表示

理想蒸汽压缩制冷循环是人为抽象出来的假想的循环，其装置的基本构成及对应的 *T-s* 图如图 9-1 所示。由蒸发器来的低压、低温，状态为 1（p_1、$T_1=T_L$ 被冷物体温度、x_1）的湿蒸汽，经压缩机可逆绝热压缩后，变为状态 2（p_2、$T_2=T_0$ 环境温度、$x_2=1$）的制冷剂饱和蒸汽，此过程在 *T-s* 图上用垂线 1→2 表示。接着此饱和蒸汽进入冷凝器，在 T_0 下将冷凝热可逆地传给冷却介质，饱和蒸汽被冷凝成饱和液体，状态为 3（p_2、T_2、$x_3=0$），此过程即 *T-s* 图上的 2→3 冷凝线。随后此饱和液体进入膨胀机进行可逆膨胀，对外做功，制冷剂成为状态 4（p_1、T_1、x_4）的湿蒸汽，即 *T-s* 图上的垂线 3→4。最后，此湿蒸汽进入蒸发器，在 T_1 下从同温度的被冷物体中吸收热量，发生部分汽化成为状态 1，在 *T-s* 图上用 4→1 的直线表示。至此，完成了整个循环，此循环过程在 *T-s* 图上刚好构成一个封闭的矩形框。

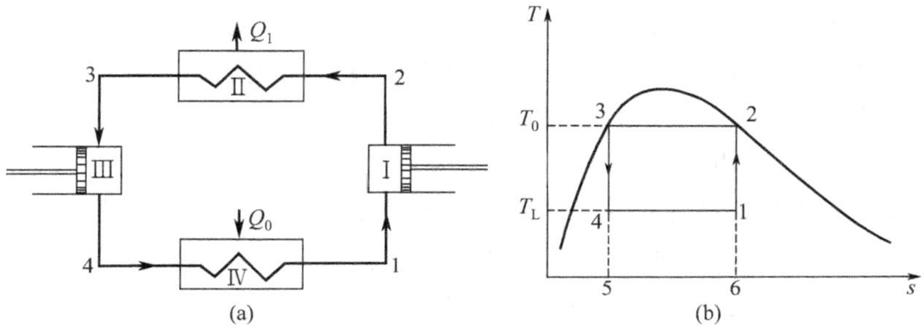

图 9-1　理想蒸汽压缩制冷流程及 *T-s* 图

Ⅰ—压缩机；Ⅱ—冷凝器；Ⅲ—膨胀机；Ⅳ—蒸发器

（二）理想蒸汽压缩制冷循环的热力计算

以制冷剂为热力系，1kg 制冷剂为计算基准，则

① 可逆绝热压缩过程（1→2）功耗 $w_{s(R)压}$

$$w_{s(R)压}=\Delta h_{1\to2}=h_2-h_1(\text{kJ/kg})$$

② 冷凝放热过程（2→3）放热量 q_1

$$q_1=\Delta h_{2\to3}=h_3-h_2=T_0(s_5-s_6)(\text{kJ/kg})$$

相当于 *T-s* 图上 23562 围成的面积。

③ 可逆绝热膨胀过程（3→4）做功 $w_{s(R)膨}$

$$w_{s(R)膨}=\Delta h_{3\to4}=h_4-h_3(\text{kJ/kg})$$

④ 蒸发汽化吸热过程（4→1）吸热量即冷冻量 q_0

$$q_0=\Delta h_{4\to1}=h_1-h_4=T_L(s_6-s_5)(\text{kJ/kg})$$

相当于 *T-s* 图上 14561 围成的面积。

⑤ 循环过程净功量 w_N

$$\begin{aligned}w_N&=w_{s(R)压}+w_{s(R)膨}=(h_2-h_1)+(h_4-h_3)\\&=-(q_1+q_0)=(h_2-h_3)+(h_4-h_1)(\text{kJ/kg})\end{aligned}$$

相当于 *T-s* 图上 12341 围成的面积。

⑥ 循环效率——制冷系数 ξ。制冷系数也称冷冻系数，是指每消耗单位数量的净功所获得的冷冻量。即

$$\xi=\frac{q_0}{w_N}=\frac{q_0}{-(q_0+q_1)} \tag{9-1}$$

$$\xi_{id}=\frac{q_{0id}}{w_{Nid}}=\frac{q_{0id}}{-(q_{0id}+q_{1id})}=\frac{T_L(s_6-s_5)}{T_0(s_6-s_5)-T_L(s_6-s_5)}=\frac{T_L}{T_0-T_L} \tag{9-2}$$

式中　T_0——冷却介质温度，在理想蒸汽压缩制冷循环中，也是制冷剂的冷凝温度，K；

T_L——被冷物体的温度，在理想蒸汽压缩制冷循环中，也是制冷剂的蒸发温度，K。

当已知循环各点的 T、p、x，便可由对应制冷剂的 T-s 图、表查得对应点的焓 h 值，计算出上述过程中制冷剂与外界交换的功、热量。

另外，由式(9-2) 可知，理想的蒸汽压缩制冷循环就是逆向卡诺循环，因此，在两个温度不同的相同热源之间，所有的热机具有相同的制冷系数。在第五章中已讲到，在两个温度间进行操作的热机，以卡诺热机的效率最高。所以逆行的卡诺循环即为理想的制冷循环，产生的制冷量亦最高，其制冷系数 ξ_{id} 是温度 $T_0\sim T_L$ 间所有制冷循环中制冷系数的最大值，它仅是冷却介质温度 T_0 与被冷物体温度 T_L 的函数，与制冷剂的性质无关，被冷物系的温度越低，冷却介质的温度越高，则理论冷冻系数就越低。它也表示任何物系和任何循环所能获得的最大可能的制冷量，是制冷操作的理想准则。

（三）理想蒸汽压缩制冷循环的缺点

尽管理想蒸汽压缩制冷循环理论上的制冷系数最高，但是，实际上却无法实现操作。由 T-s 图可见，理想蒸汽压缩制冷循环的压缩和膨胀过程都处于湿蒸汽区，这样由于液体的不可压缩性，会产生液击而造成压缩机机件的损坏，并且由于湿蒸汽中的液体与汽缸壁发生剧烈的热交换而迅速蒸发，从而使压缩机的容积效率降低，致使整个制冷循环的效率降低。

二、实际蒸汽压缩制冷循环

（一）实际单级蒸汽压缩制冷循环装置的构成及 T-s 图

如图 9-2 所示为一简单、单级蒸汽压缩制冷循环装置的示意图及对应的 T-s 图。

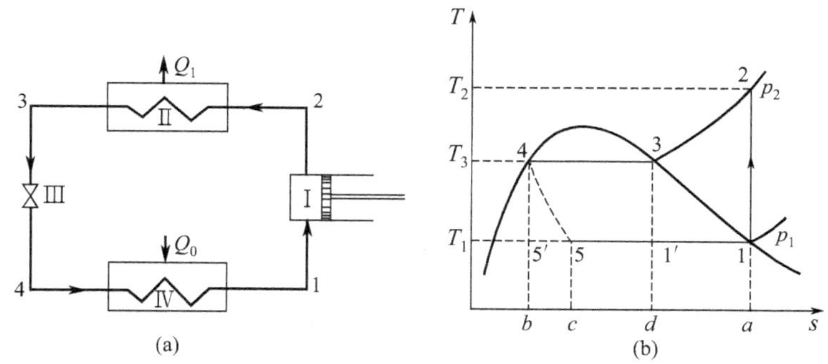

图 9-2　蒸汽压缩制冷简化流程及 T-s 图

Ⅰ—压缩机；Ⅱ—冷凝器；Ⅲ—节流阀；Ⅳ—蒸发器

实际蒸汽压缩制冷循环是由低压蒸汽的压缩、高压蒸汽的冷凝、液体的节流膨胀和低压下液体的蒸发吸热制冷四步构成的。其循环过程如下：从蒸发器出来的蒸汽状态为 1，进入压缩机压缩至状态 2，假定为可逆绝热压缩；然后，在冷凝器中冷却放出热量，温度降到对应压力的饱和蒸汽温度 T_3，又在等温等压下进一步放出热量冷凝成液体（假定不过冷），达到饱和液体曲线上的 4 点，此液体经膨胀阀节流膨胀，压力降至 p_1，温度相应降到低于被冷物系的温度 T_1，并有部分液体汽化，成为湿蒸汽状态 5：低温液体在蒸发器中蒸发吸收被冷物料的热能达到制冷目的，而液体在 T_1 及 p_1 条件下变为饱和蒸汽状态（假定不过热），从而完成一个循环。

上述过程在对应的 T-s 图上的表示为：1→2 为绝热可逆压缩过程，即为等熵过程；2→3→4 为蒸汽在冷凝器中的定压放热过程，先由过热蒸汽在定压下冷却为干饱和蒸汽，再由饱和蒸汽在定压定温下冷凝为饱和液体，在冷凝器中将热能传给冷却介质，通常为冷却水或自然环境中的空气，温度 T_3 在很大程度上取决于冷却水的温度，若冷却水温度较低，则有可能将制冷液体冷却至过冷状态。因此传热过程存在明显的温差，故是一个不可逆传热过程；4→5 为液体的节流膨胀过程；5→1 为湿蒸汽在等温等压条件下蒸发过程，直至完全变为饱和蒸汽，若被冷物系的温度较高，则此饱和蒸汽有可能会到达过热蒸汽状态。

（二）简单、单级蒸汽压缩制冷循环的热力计算

以制冷剂为热力系，1kg 制冷剂为计算基准，则

① 可逆绝热压缩过程（1→2）功耗 $w_{s(R)}$

$$w_{s(R)}=\Delta h_{1\to 2}=h_2-h_1(\text{kJ/kg})$$

② 冷却、冷凝放热过程（2→3→4）放热量 q_1

$$q_1=\Delta h_{2\to 4}=h_4-h_2(\text{kJ/kg})$$

相当于 T-s 图上 $234ba2$ 围成的面积。

③ 节流膨胀过程(4→5)，因节流过程前后焓相等，故

$$h_4=h_5(\text{kJ/kg})$$

④ 蒸发汽化吸热过程（5→1），吸热量即冷冻量 q_0

$$q_0=\Delta h_{5\to 1}=h_1-h_5(\text{kJ/kg})$$

相当于 T-s 图上 $15ca1$ 围成的面积。

⑤ 循环过程净功量 w_N

$$w_N=w_{s(R)}=h_2-h_1=-(q_1+q_0)(\text{kJ/kg})$$

相当于 T-s 图上 $1234bc51$ 围成的面积。

⑥ 循环效率——制冷系数 ξ

$$\xi=\frac{q_0}{w_N}=\frac{q_0}{w_{s(R)}}=\frac{h_1-h_4}{h_2-h_1}=\frac{q_0}{-(q_0+q_1)} \tag{9-3}$$

同样，只要已知循环各点的 T、p，便可由对应制冷剂的 T-s 图、表查得对应点的焓 h 值，计算出上述过程中制冷剂与外界交换的功、热量。

（三）简单实际蒸汽压缩制冷循环与理想蒸汽压缩制冷循环的区别

由图 9-2(b) 可见，实际蒸汽压缩制冷循环在干饱和蒸汽区内操作，可以较好地克服理想蒸汽压缩制冷循环在湿蒸汽区内操作的许多不利因素，较好地利用压缩机汽缸的操作容积。用节流阀或毛细管代替膨胀机进行降压降温，使设备结构简单，便于操作、维修和管理，同时又可延长设备的运转周期。因此，实际蒸汽压缩制冷都采用干饱和蒸汽操作，理想的湿蒸汽压缩制冷循环仅为热力学分析的一种比较依据。

简单实际蒸汽压缩制冷循环与理想蒸汽压缩制冷循环除了在上述设备、操作区域的区别外，两者的传热过程存在着明显的不同，前者是有温差的不可逆传热，后者是无温差的可逆传热。在理想蒸汽压缩制冷循环中

$$T_{冷凝}=T_{介质} \qquad T_{被冷物}=T_{蒸发}$$

而在实际蒸汽压缩制冷循环中，传热必须要有推动力，即传热温差

$$T_{冷凝}>T_{介质} \qquad T_{被冷物}>T_{蒸发}$$

实际上，上述讨论的简单、实际蒸汽压缩制冷循环，相对于真正意义上的、实际应用的蒸汽压缩制冷循环而言，还是较为理想的循环，它与实际生产、生活中使用的蒸汽压缩制冷循环相比，还存在着许多差异，如图 9-3 所示。例如，由于进压缩机进口的低温气体管线有冷量损失，或被冷物体与蒸发温度相差较大，导致进入压缩机的可能是过热蒸汽，如图中的 1′点；压缩过程也不可能是等熵过程，实际为熵值增大的不可逆压缩过程，如 1→2′，故消耗的轴功要多些；另外，如果冷却介质的温度较低，可使液体冷至 4′，成为过冷液体等。

【例 9-1】 某氨冷循环中液氨在 223K 下蒸发，冷冻 227K 的物体，气氨进压缩机的温度为 227K，冷却水温度为 298K，压缩机中压缩过程按等熵过程考虑，冷凝温度与冷却水温度相差 5℃。试求：①冷冻量；②压缩机功耗；③冷凝器中制冷剂放热量；④制冷系数；⑤若按逆卡诺循环进行操作，则制冷系数为多少？

解：以制冷剂氨为热力系，1kg 氨为计算基准。

为便于计算，由题意作出循环过程示意图，如图 9-4 所示。由附图 2-2 查得图 9-4 中所需各点的焓值，列于表 9-1 中。

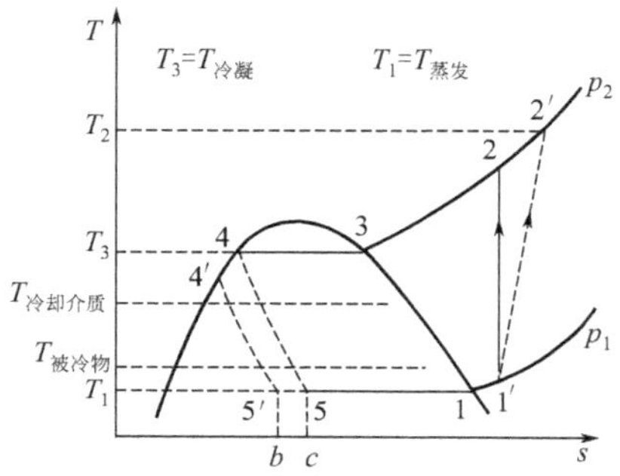

图 9-3 实际制冷循环 T-s 图

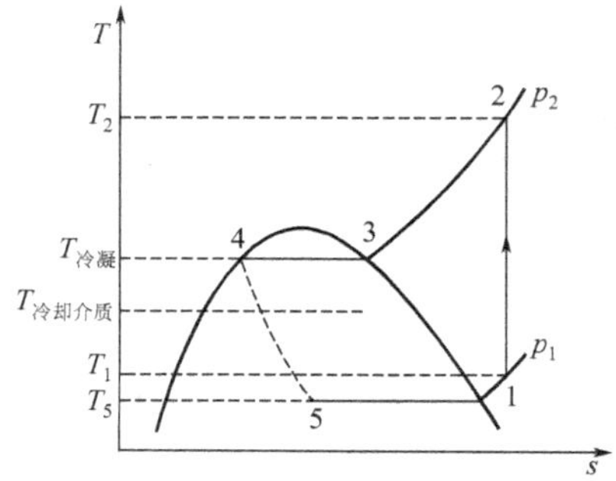

图 9-4 氨冷循环 T-s 图

表 9-1 查询结果

点	$h/(\mathrm{kJ/kg})$	点	$h/(\mathrm{kJ/kg})$
1	1380.72	4	326.35
2	1924.64	5	326.35

① 冷冻量 q_0

$$q_0=\Delta h_{5\to1}=h_1-h_5=1380.72-326.35=1054.37(\mathrm{kJ/kg})$$

② 可逆绝热压缩功耗 $w_{s(R)}$

$$w_{s(R)}=\Delta h_{1\to2}=h_2-h_1=1924.64-1380.72=543.92(\mathrm{kJ/kg})$$

③ 冷凝器中制冷剂放热量 q_1

$$q_1=\Delta h_{2\to4}=h_4-h_2=326.35-1924.64=-1598.29(\mathrm{kJ/kg})$$

④ 制冷系数 ξ

$$\xi=\frac{q_0}{w_{s(R)}}=\frac{1054.37}{543.92}=1.94$$

⑤ 理论制冷系数 ξ_{id}

$$\xi_{id}=\frac{T_L}{T_0-T_L}=\frac{227}{298-227}=3.20$$

从以上计算可知，逆卡诺循环比氨压缩制冷循环的制冷系数高。实际上，氨冷循环由于压缩过程不是等熵过程，压缩机及电机等又有各种不可逆因素存在，以及装置中又有冷损失等，其制冷系数比上述计算的还要低。

三、蒸汽压缩制冷对制冷剂的一般要求

由于制冷的温度和使用的地方不同，因此对制冷剂的性质要求也不同。工业上应用比较广泛的制冷剂主要有氨、氟利昂-11、氟利昂-12、氟利昂-13、二氧化硫、二氧化碳、乙烷、乙烯等十几种，其中氨应用最为广泛。民用电冰箱、空调曾经广泛应用氟利昂为制冷剂，但随着科技的进步、人们环保意识的加强，该类制冷剂正逐渐被新型的环保型制冷剂所代替。制冷剂的性质将决定制冷机的操作压力、结构尺寸、使用材料、运行维护等情况。下面简要介绍蒸汽压缩制冷对制冷的一般要求及常用的制冷剂。

从工作原理和生产上的安全操作对制冷剂的性质提出如下要求。

① 蒸发潜热要尽可能大，潜热大，则冷冻量 q_0 就大。因此，对于一定的制冷能力 Q_0（kJ/h），所需要的制冷剂循环量 m(kg/h)就小，这样，就可以降低功率消耗，提高制冷装置的经济性。氨在这方面占绝对优势。

② 对应于蒸发温度的饱和压力不应过低，以稍高于大气压力为最适宜，以免空气漏入系统，冷凝器内的压力则不宜过高，以便降低压缩机的能量消耗，同时也就降低了对系统的密封、材质等要求。

③ 制冷剂必须具有化学稳定性，制冷剂对于其所经过的设备的任何部分不应有显著的腐蚀破坏作用，如氨对铜有较强的腐蚀作用，对钢则没有。此外，为防止制冷剂的泄漏，要求制冷剂蒸汽不应有毒害或强烈的刺激作用。在这方面，氨和二氧化硫均有刺激人体器官的作用，对人有毒。而氟利昂无毒无味，因而适宜家庭使用。

④ 为了操作安全，制冷剂不应有易燃性和爆炸性。

⑤ 制冷剂价格便宜，而且可获得大量的供应。

⑥ 满足环境保护的要求，氟利昂由于其对大气臭氧层有破坏作用，正逐渐被淘汰。

各种常用制冷剂的物理性质见表 9-2。

表 9-2 常用制冷剂的物理性质

制冷剂	代号	化学式	分子量 M	正常沸点 t_b/℃	凝固温度 t_s/℃	绝热指数 $k=c_p/c_v$	可达最低冷冻温度/℃
水	R718	H_2O	18.016	100.0	0.0	1.33	—
氨	R717	NH_3	17.031	−33.4	−77.7	1.30	−65
二氧化硫	R764	SO_2	64.06	−10.0	−75.2	1.26	−45
甲胺	R630	CH_3NH_2	31.06	−6.5	−92.5	1.18	—
二氧化碳	R744	CO_2	44.01	−78.5	−56.6	1.30	−50
氯甲烷	R40	CH_3Cl	50.49	−24.2	−97.6	1.20	−60
氟利昂-11	R11	$CFCl_3$	137.38	23.1	−111.0	1.13	−25
氟利昂-12	R12	CF_2Cl_2	120.92	−28.2	−155.0	1.14	−65
氟利昂-13	R13	CF_3Cl	104.47	−80.2	−180.0	—	−110
氟利昂-14	R14	CF_4	88.01	−127.8	−190.0	—	−140
氟利昂-21	R21	$CHFCl_2$	102.93	8.9	−135.0	1.16	—
氟利昂-22	R22	CHF_2Cl	86.48	−40.8	−160.0	1.20	−70
氟利昂-23	R23	CHF_3	70.01	−82.2	−163.0	1.21	—
氟利昂-113	R113	$C_2F_3Cl_3$	187.39	92.8	−36.5	1.09	—
氟利昂-114	R114	$C_2F_4Cl_2$	170.91	3.8	−93.9	1.107	—
氟利昂-142	R142	$C_2H_3F_2Cl$	100.48	−9.2	−13.08	1.137	—
氟利昂-143	R143	$C_2H_3F_3$	84.04	−47.3	−111.3	—	—
乙烷	R170	C_2H_6	30.06	−88.6	−183.2	1.25	—
丙烷	R290	C_3H_8	44.1	−42.1	−187.1	1.13	—
乙烯	R1150	C_2H_4	28.05	−103.7	−169.5	—	—
丙烯	R1270	C_3H_6	42.08	−47.7	−185.0	—	—

四、多级压缩制冷

制冷温度越低，制冷剂的蒸发压力就要求越低，则蒸汽的压缩比就要增大。这时，单级压缩不但是不经济的，甚至是不可能的。采用多级压缩可以克服这个困难。如在用氨作制冷剂时，当低压蒸发温度达 240K 左右时，就需要采用三级压缩制冷循环。

多级压缩通常与多级膨胀结合，级间用冷却水或依靠制冷剂蒸发作为中间冷却，此时蒸汽容积减小，进一步压缩蒸汽所需要的功也减小。因此，多级压缩制冷循环不仅可以节约功的消耗，还能获得多种不同的制冷温度。

每级压缩比的减小，降低了被压缩蒸汽的过热温度，也改善了压缩机的润滑和工作条件。下面以两级蒸汽压缩制冷为例说明多级压缩制冷过程及原理。

常用的两级蒸汽压缩制冷循环的流程及 T-s 图见图 9-5。低压蒸发器Ⅶ内所产生的压力为 p_{02}、温度为 T_{02}（T-s 图上状态点 1）的干饱和蒸汽进入低压压缩机，被压缩至中间压力 p_{01}（状态点 2）后，过热的蒸汽即在此压力下被水冷却至状态 2′，而后在中间预冷器内借助部分制冷剂的蒸发冷至温度 T_{01}（状态点 3）。高压压缩机汽缸吸入的是下述四种途径所产生的制冷剂饱和蒸汽：其一是由低压压缩机来的被冷却后的饱和蒸汽；其二是中压制冷时由中压蒸发器Ⅴ所产生的饱和蒸汽；其三是通过高压节流阀Ⅲ在中间预冷器内被分离出的饱和蒸汽；其四是为冷却低压压缩机来的过程蒸汽而被蒸发产生的饱和蒸汽。

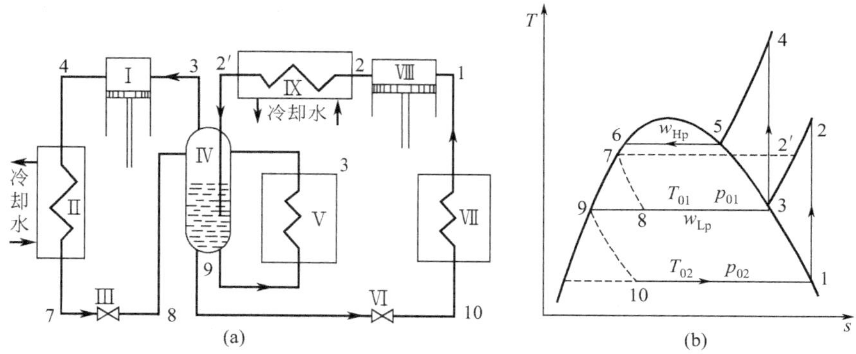

图 9-5　两级蒸汽压缩制冷流程及 T-s 图

Ⅰ—高压压缩机；Ⅱ—冷凝器；Ⅲ—高压节流阀；Ⅳ—中间预冷器；Ⅴ—中压蒸发器；Ⅵ—低压节流阀；Ⅶ—低压蒸发器；Ⅷ—低压压缩机；Ⅸ—水冷却器

上述饱和蒸汽，状态为 3，进入高压压缩机内被压缩至状态 4，此过热蒸汽在冷凝器中冷却至状态点 5、冷凝成饱和液体状态点 6，并且可能过冷至状态点 7。液体制冷剂经节流阀节流到压力 p_{01} 及温度 T_{01}（状态点 8）进入中间预冷器。部分制冷剂在中压蒸发器制冷，另一部分经节流阀Ⅵ节流至状态点 10，进入低压蒸发器制冷。

两级压缩制冷所消耗的功及获得的冷冻量，不能像单级压缩制冷那样在 T-s 图上简单地表示出来。因为经过高压压缩机和低压压缩机的制冷剂量是不相同的。图 9-5 所示 T-s 图中，w_{Hp} 及 w_{Lp} 只分别表示经过高压及低压压缩机单位制冷剂所消耗的功。因此，冷冻量及消耗功的计算，主要涉及制冷剂蒸发量的计算。

【例 9-2】　一单级氨制冷机，其蒸发温度为 238K，冷凝温度为 303K，过冷温度为 293K，制冷能力为 4.184×10^5 kJ/h。若按等熵压缩考虑，试求：①制冷剂循环量；②冷凝器热负荷；③压缩机功率；④循环制冷系数。

解：以制冷剂氨为热力系，1h 为计算基准。为便于计算，由题意作出循环过程示意图，如图 9-6 所示。由附图 2-2 查得图 9-6 中所需各点的焓值，列于表 9-3 中。

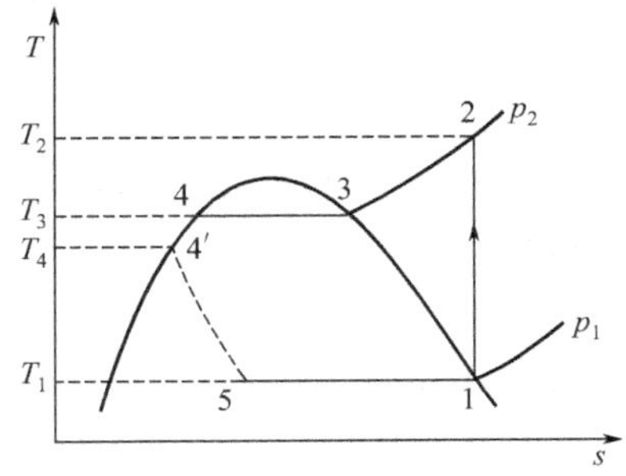

图 9-6　例 9-2 图

① 制冷剂循环量（也称制冷循环速率）m

$$m=Q_0/q_0=Q_0/(h_1-h_5)=4.184\times10^5/(1401.64-280.33)$$
$$=373.13(\mathrm{kg/h})$$

② 冷凝器的热负荷（即制冷剂放热量）Q_1

$$Q_1=m(h'_4-h_2)=373.13\times(280.33-1786.57)$$
$$=-5.620\times10^5(\mathrm{kJ/h})$$

表 9-3　图 9-6 中所需各点的焓值

点	$h/(\mathrm{kJ/kg})$	点	$h/(\mathrm{kJ/kg})$
1	1401.64	4′	280.33
2	1786.57	5	280.33

③ 压缩机功率 P

$$P=mw_{s(R)}/3600=m(h_2-h_1)/3600=373.13\times(1786.57-1401.64)/3600=39.90(\mathrm{kW})$$

④ 制冷系数 ξ

$$\xi=\frac{Q_0}{3600P}=\frac{4.184\times10^5}{3600\times39.90}=2.91$$

【例 9-3】 将例 9-2 改为两级氨压缩制冷循环。设中间压力对应的蒸发温度 $T_{01}=268\mathrm{K}$，低压时的蒸发温度 $T_{02}=238\mathrm{K}$，制冷量 $Q_{02}=Q_{01}=2.092\times10^5\mathrm{kJ/h}$，假定中间预冷器无冷损失，其余条件相同。试求各级压缩的制冷循环速率及压缩机功率，并与例 9-2 的结果比较。

解：以制冷剂氨为热力系，1h 为计算基准。为便于计算，由题意作出循环过程示意图，如图 9-5(b) 所示。由附图 2-2 查得图 9-5(b) 中所需各点的焓值，列于表 9-4 中。

表 9-4　图 9-5(b) 中各点的焓值

点	$h/(\mathrm{kJ/kg})$	点	$h/(\mathrm{kJ/kg})$	点	$h/(\mathrm{kJ/kg})$
1	1401.64	3	1439.30	8	280.33
2	1573.18	4	1610.84	9	150.62
2′	1497.87	7	280.33	10	150.62

① 用于中压蒸发器的制冷剂量 m_1

$$m_1=Q_{01}/(h_3-h_9)=2.092\times10^5/(1439.30-150.62)=162.34(\mathrm{kg/h})$$

② 用于低压蒸发器的制冷剂量 m_2

$$m_2=Q_{02}/(h_1-h_{10})=2.092\times10^5/(1401.64-150.62)=167.22(\mathrm{kg/h})$$

③ 制冷剂的总循环量 m

对中间预冷器进行热量衡算，则有

$$\sum h_{入}=\sum h_{出}$$

即
$$mh_8+m_2h'_2+m_1h_3=mh_3+m_2h_9+m_1h_9$$

$$m=[m_2(h'_2-h_9)+m_1(h_3-h_9)]/(h_3-h_8)$$

$$=\frac{167.22\times(1497.87-150.62)+162.34\times(1439.30-150.62)}{1439.30-280.33}=374.89(\text{kg/h})$$

④ 低压压缩机功率 P_2

$$P_2=m_2(h_2-h_1)/3600=167.22\times(1573.18-1401.64)/3600=7.97(\text{kW})$$

⑤ 高压压缩机功率 P_1

$$P_1=m(h_4-h_3)/3600=374.89\times(1610.84-1439.30)/3600=17.86(\text{kW})$$

⑥ 压缩机总功率 P

$$P=P_1+P_2=17.86+7.97=25.83(\text{kW})$$

⑦ 与单级压缩机的功率相比较

$$25.83/39.90=0.6475=64.75\%$$

⑧ 制冷系数 ξ

$$\xi=\frac{Q_{01}+Q_{02}}{3600P}=\frac{4.184\times10^5}{3600\times25.83}=4.50$$

由计算可见，总制冷量相同，两级压缩制冷循环的功耗仅为单级压缩制冷功率的 64.75%，制冷系数也由单级制冷的 2.91 提高到两级制冷的 4.50。当然，上述两种制冷方法所产生的冷量有一半不是同一能级的，其中单级压缩制冷所产生的冷量的能级较高，但当实际生产中需要不同能级的冷量时，多级压缩制冷的优越性就更能得到体现。

五、复叠式制冷循环

复叠式制冷循环是指由两个或两个以上的单级（或多级）蒸汽压缩制冷循环叠加而成的循环。图 9-7 表示由两个单级蒸汽压缩制冷循环叠加成的复叠式制冷循环。制冷剂在 B 回路中的蒸发使得 A 回路中的制冷剂冷凝，这样 A 回路中的制冷蒸发，就能产生更低的蒸发温度。联系 A 和 B 两个回路的中间热交换器称为冷凝蒸发器。

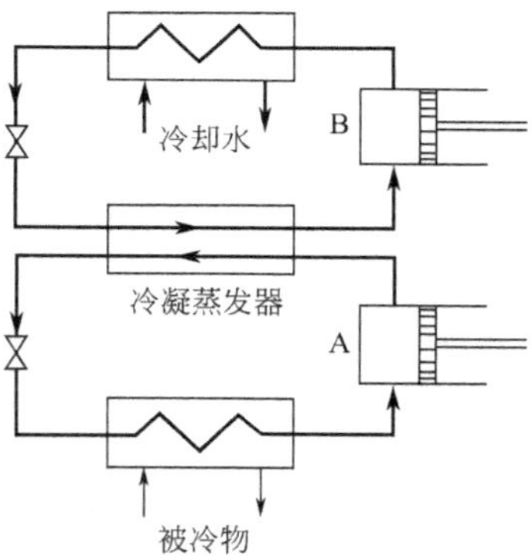

图 9-7 两级复叠式制冷循环流程

采用复叠式制冷循环的理由如下。

① 当蒸发温度和冷凝温度相差很大时，找不到一种制冷剂既能满足冷凝压力不太高，又能满足蒸发压力不太低的要求。若冷凝压力过高，为了保证足够的强度，冷凝器的壁厚需要增加，高压管道的壁厚也要增加，结果使制冷机笨重又庞大。若蒸发压力过低，由于低压部分在真空下运行，增加了空气漏入系统的可能性。另外，蒸发压力过低，吸气状态下制冷蒸汽的比容太大，使压缩机的尺寸增大。总之，不管是冷凝压力过高，还是蒸发压力过低，都会使压缩机的压缩比增大，压缩功耗增加。

② 对于使用活塞式制冷压缩机的循环，气阀是依靠气体压差开启的。当吸气压力低于 0.15bar 时，气阀将会因汽缸内、外压差过小而无法开启。因此，使用活塞式压缩机的制冷循环，能达到的最低蒸发温度只能是与 0.15bar 相对应的制冷饱和温度。如果要达到更低的蒸发温度，即使级数再多也无能为力。若改用低沸点的制冷剂，虽然蒸发压力可不低于 0.15bar，但其冷凝压力太高，接近临界状态，此时循环的节流损失很大。

由此可见，应用单一的制冷剂将温度很低的物系的热能移到环境是很难的。

复叠式制冷机由两种或两种以上的制冷剂及它们相应的蒸汽压缩循环组成，它既能满足在较低蒸发温度下蒸发时合适的蒸发压力，又可满足在环境温度下冷凝时适中的冷凝压力。

图 9-8 所示为由两个单级蒸汽压缩制冷系统组成的复叠式制冷循环的 T-s 图。这种循环通常采用 R22 和 R13 作制冷剂，蒸发温度可达－90～－80℃。图中 1→2→3→4→5→1 是低温部分（R13）的循环，6→7→8→9→10→6 是高温部分（R22）的循环。在低温部分的循环中，5→1 是 R13 的蒸发过程，1→2 是 R13 的压缩过程，2→3→4 是 R13 的冷却和冷凝过程，4→5 是 R13 的节流过程。高温部分的循环中，10→6 是 R22 的蒸发过程，6→7 是 R22 的压缩过程，7→8→9 是 R22 的冷却和冷凝过程，9→10 是 R22 的节流过程。由于 R22 的蒸发和 R13 的冷凝同在一个“冷凝蒸发器”中完成，并且这一设备与环境是用绝热材料隔热的，因此 R22 的蒸发吸热量等于 R13 的冷凝放热量，且 R22 的蒸发温度低于 R13 的冷凝温度，这一温差称为冷凝蒸发器的传热温差，用 ΔT 表示，通常 $\Delta T=5\sim8\text{K}$。

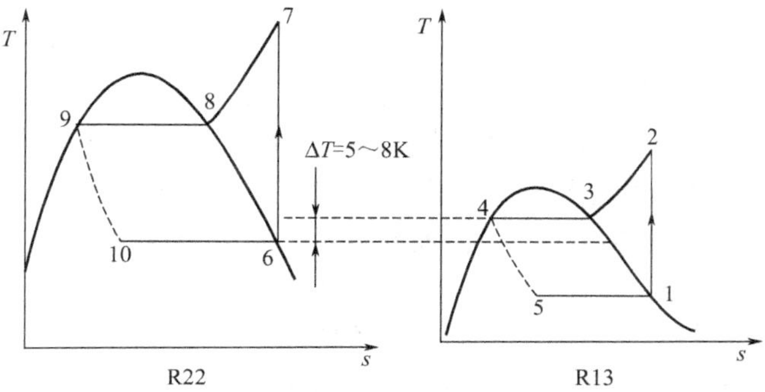

图 9-8　两级复叠式制冷循环的 T-s 图

实际生产中，除采用 R13 和 R22 作为制冷剂的两级复叠式制冷外，在石油烃类裂解制乙烯、丙烯的大型化工企业中，通常采用乙烯和丙烯作为制冷剂的两级复叠式制冷循环（该循环最低温度可接近－100℃）和甲烷、乙烯、丙烯作为制冷剂的三级复叠式制冷循环（该循环最低温度可接近－160℃），详细内容可参阅有关书籍。

第三节　蒸汽吸收制冷循环

蒸汽吸收制冷循环和蒸汽压缩制冷循环同属相变制冷范围，两者都是利用了制冷剂在低压下汽化吸热来达到制冷的目的。

一、蒸汽吸收制冷循环的基本构成

图 9-9 为氨吸收制冷循环和压缩制冷循环装置的示意图。由图比较可得，两图虚线右侧完全相同，所不同的是左侧。氨吸收制冷循环中的吸收器和再生器代替了蒸汽压缩制冷循环中的压缩机，现将吸收制冷装置不同于压缩制冷循环装置的工作过程简述如下。

① 从蒸发器Ⅰ出来的低压氨蒸气，进入吸收器Ⅵ被稀氨水溶液吸收，吸收时放出的热量被冷却水带走，以保持吸收器内的氨水溶液有较低的温度而能吸收较多的氨气。

② 吸收器内的浓氨水溶液由溶液泵Ⅷ加压后排入压力较高的再生器Ⅴ中。

③ 在再生器中，浓氨水溶液由蒸汽加热管加热，使其中的氨蒸发并形成高温高压的氨气，然后该氨气进入冷凝器Ⅲ中。

④ 从再生器底部出来的高温高压的稀氨水溶液，经过换热器Ⅶ降温，减压阀Ⅸ减压后重又进入吸收器Ⅵ中，这种低温稀氨水溶液又具有了吸收氨蒸气的能力。

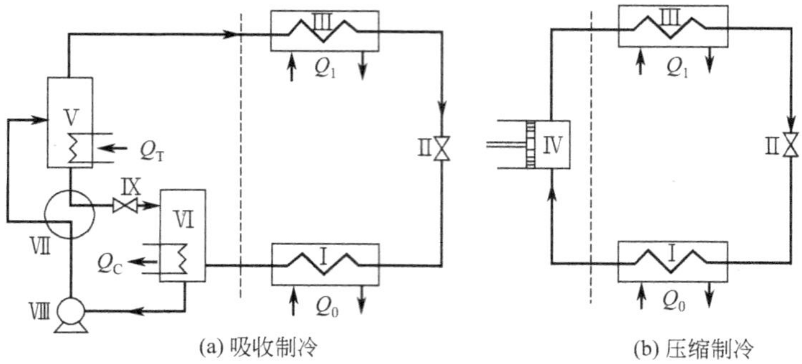

图 9-9 氨吸收制冷与压缩制冷的比较

Ⅰ—蒸发器；Ⅱ—节流阀；Ⅲ—冷凝器；Ⅳ—压缩机；Ⅴ—再生器；
Ⅵ—吸收器；Ⅶ—换热器；Ⅷ—泵；Ⅸ—减压阀

以上过程使氨水溶液的浓度周而复始地变化着。这个循环之所以能够进行，是因为外界对再生器供给了热量 Q_T，并对溶液泵做了机械功 W_p，循环的结果为冷凝器提供了高压高温的氨蒸气。氨气被冷凝后经过节流进入蒸发器蒸发而吸收冷库中的热量，以达到制冷的目的。

制冷机所获得的制冷量与再生器所消耗的热量之比称为吸收制冷的热力系数，用 ζ 表示

$$\zeta=Q_0/Q_T \tag{9-4}$$

显然与制冷系数相似，热力系数愈高，制冷装置的经济性愈好。

二、蒸汽吸收制冷循环与蒸汽压缩制冷循环的区别

1. 在工作介质方面

吸收制冷循环除采用制冷剂外，还采用了吸收剂，借助吸收剂热力状态的改变，使制冷剂实现由低压到高压的过程。

2. 在消耗能量方面

吸收制冷循环主要消耗外界提供的热能，而蒸汽压缩制冷循环则消耗机械能，该机械能通常由电能转换而得。

3. 在设备方面

蒸汽吸收制冷循环以静设备为主，通过再生器、吸收器、换热器等一系列静设备结合溶液泵完成了蒸汽压缩制冷循环中压缩机的工作任务。

三、蒸汽吸收制冷循环主要工作介质及适用场合

目前，吸收制冷循环的工作介质主要有两种。一是氨与水组成的溶液；二是水与溴化锂组成的溶液。前者中氨是制冷剂，水是吸收剂；后者中水是制冷剂，溴化锂是吸收剂。

由氨与水组成的吸收制冷循环，其制冷范围在 0℃以下，主要用于化工、冶金和轻工业中作为制冷的设备。由水与溴化锂组成的吸收制冷循环，由于水的冰点为 0℃，故此循环只能用于温度稍高的系统，一般为 5℃以上，因此该循环通常用于大型空调装置（中央空调）而被广泛应用于医院、宾馆、剧院、办公大楼、舰艇等要求制冷量很大的场合。

四、蒸汽吸收制冷循环的主要特点

与蒸汽压缩制冷循环相比，蒸汽吸收制冷循环具有如下优缺点。

（一）优点

① 采用低压蒸汽、热水或其他低温余热（如烟气）以及某些工业气体等作为外供能量，有利于余热的综合利用。特别是氨水吸收制冷，可适合于有低温热能的化工、冶金和轻工业

企业中，从而达到节省电能的目的。

② 整个装置除泵外均为塔、罐、热交换器等设备，设备结构简单，便于加工制造，并且操作、维修方便，易于管理。

③ 由于整个装置除泵为动设备外，其余均为静设备，因此装置运转周期长，且运行时振动、噪声等较小，可露天安装，从而可降低建筑费用。

④ 装置的操作弹性大，负荷在30%～100%范围内调节时，装置的经济性不会发生明显的变化。

（二）缺点

① 溶液对设备、管道有腐蚀性。如溴化锂水溶液对黑色金属和紫铜等普通材料有强烈的腐蚀性，有空气存在时情况更为严重，腐蚀产生的不凝性气体对装置的制冷量影响较大，因此要采取相应的防腐措施。

② 装置所用的材料及冷却水的消耗量大。

③ 装置的占地面积大，占有的空间大。

④ 整个装置的热力系数较低。

第四节　热　　泵

一、热泵概念及与蒸汽压缩制冷循环的主要区别

众所周知，人们周围的环境，例如大气、河水和海水中都具有环境状态下的热能，但这些热能不能直接利用。根据热力学第二定律，当消耗一定量的外供能量时，热能可以从低温物体转移到高温物体。所谓热泵是指依靠消耗机械能而将热能从低温物体转移到高温物体的设备。热泵和蒸汽压缩制冷装置，就其实质来讲，两者的工作原理完全相同，只是使用目的和工作的温度范围不同而已。

蒸汽压缩制冷循环的工作温度范围是，上限温度 T_H 即大气环境温度或冷却水的温度 T_0，下限温度 T_L 取决于被冷物系的温度。其目的是通过消耗外界提供的机械能，不断地从低温物系中吸收热能以维持低温物系的低温状态。例如，目前广泛使用的双向空调装置，其夏天的工作状况就属制冷装置，通过制冷剂的循环，利用装在室内的蒸发器不断地将室内空气的热能移向温度较高的室外，从而达到降低温度的目的。其他制冷循环也是如此，综合起来，制冷循环的工作温度范围为

$$T_{蒸发}<T_L<T<T_H=T_0<T_{冷凝}$$

热泵工作的温度范围比较灵活，具体数值取决于具体的工作场合，只要有两个不同温度的物系即可。例如对双向空调装置而言，冬季的工作状况就属热泵，其工作的下限温度 T_L 就成了大气环境温度 T_0，而上限温度就是室内温度，即 $T_H=T_{室}$。其目的是通过制冷剂的循环将室外低温热源——大气环境中的热能移到温度比 T_0 高的室内住房中取暖。再如，化工生产中用于分离液体混合物的精馏塔，利用热泵就可将塔顶物料的低温冷凝热提温后移向塔釜再沸器，此种情况下，热泵的工作温度范围就取决于精馏塔中塔顶物料的冷凝温度和塔釜物料的汽化温度。它们的温度可以都在 T_0 以上，也可以都处于 T_0 以下，或者一个大于 T_0，另一个小于 T_0。综合热泵的各类用途，其工作温度范围可表示为

$$T_{蒸发}<T_L<T<T_H<T_{冷凝}\quad T_L\gtreqless T_0、T_H\gtreqless T_0$$

二、热泵循环工作原理及热力计算

尽管蒸汽压缩制冷循环与热泵的工作温度范围不同，但实际上两者有时可合二为一，属于同一个装置的两个不同的工况，其工作原理完全一致。如图 9-10 所示的双向空调就是一典型例子，在实际装置中，只要在压缩机出口管路上安装一个转换阀来控制制冷剂的流向即可。图 9-10(a) 的夏季工况就是蒸汽压缩制冷循环，从压缩机出来的高温高压制冷剂蒸汽进入转换阀，使其流入置于室外的冷凝器中，冷凝后制冷剂流过膨胀阀并在置于室内的蒸发器中吸热蒸发，以达到冷却室内空气的目的。图 9-10(b) 的冬季工况则属热泵循环，由压缩机出来的高温高压的制冷剂经转换阀直接通入置于室内的冷凝器中，在冷凝器中冷凝放热，以加热室内的空气。而冷凝后的制冷剂则通过膨胀阀引入置于室外的蒸发器中，吸收外界环境中的热能而蒸发，然后制冷剂蒸汽进入压缩机中压缩，从而完成一个热泵循环。其相应的 T-s 图如图 9-11 所示，可见与蒸汽压缩制冷循环的 T-s 图一模一样。

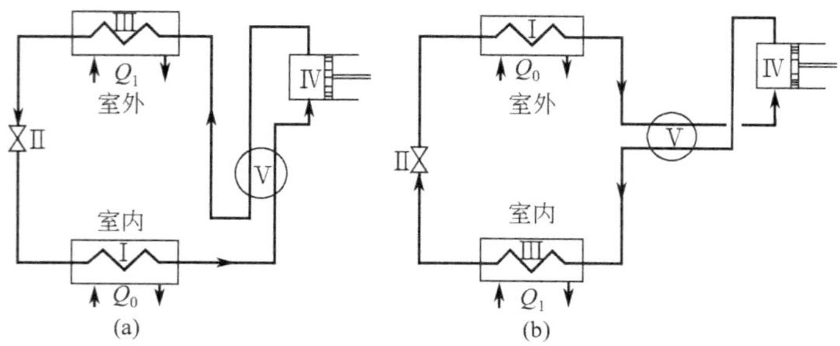

图 9-10 双向空调的夏季和冬季工况

Ⅰ—蒸发器；Ⅱ—节流阀；Ⅲ—冷凝器；Ⅳ—压缩机；Ⅴ—转换阀

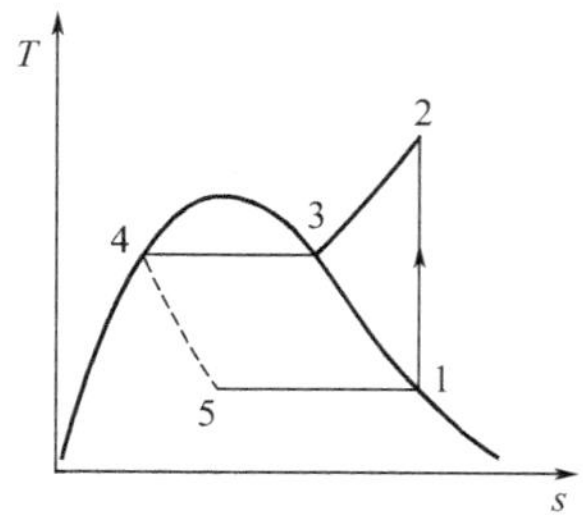

图 9-11 热泵工作的 T-s 图

热泵循环的热力计算，与蒸汽压缩制冷循环的完全相同，这里不再重复叙述。所不同的是，由于热泵循环与蒸汽压缩制冷循环的目的不同，因此，其评价指标有所不同，热泵的经济性以制冷剂通过冷凝器的供热量 q_1 与在压缩机中消耗的功 w_s 之比表示，称为供热系数（又称获热系数）ε

$$\varepsilon = -q_1/w_s \tag{9-5}$$

与式(9-3) 比较可得，供热系数 ε 与制冷系数 ξ 之间的关系为

$$\varepsilon = \frac{-q_1}{w_s} = \frac{h_2 - h_4}{h_2 - h_1} = \frac{(h_2 - h_1) + (h_1 - h_4)}{h_2 - h_1} = 1 + \xi \tag{9-6}$$

由上式可知，蒸汽压缩制冷循环的制冷系数越高，相应的热泵循环的供热系数也就越高。

理想的热泵循环即逆向卡诺循环，其供热系数为

$$\varepsilon_{id} = \frac{T_H}{T_H - T_L} \tag{9-7}$$

三、热泵的用途

热泵除用于空调即冬季住房的取暖外，在化工企业中有着广泛的用途，如用于精馏系统、吸收再生系统、蒸发系统及干燥系统等，详细可参阅有关书籍。

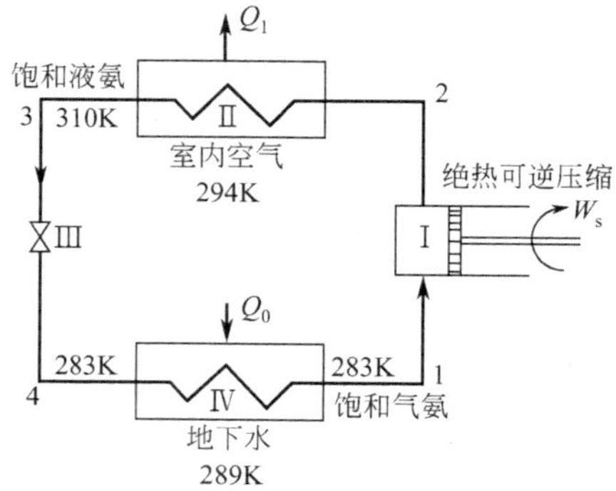

图 9-12 例 9-4 图

【例 9-4】 用热泵自地下水吸热量，从地下水获得 4×10^4 kJ/h 的热量，向室内放热以维持室温为 294K，循环示意图见图 9-12。求：①氨蒸发和冷凝

的压力？②制冷剂循环量为多少？③可释放给房间的热量为多少？④压缩机所需最小功率是多少？⑤热泵的供热系数和作为冷冻装置时的冷冻系数为多少？

解：以热泵为工作体系。由题意作出循环过程示意图，如图 9-11 所示，查出图中所需各点的焓值，列于表 9-5。

表 9-5 查询结果

点	$h/(kJ/kg)$	点	$h/(kJ/kg)$
1	1456.0	4	351.46
2	1569.00	5	351.46

① 冷凝压力与蒸发压力

查氨的 T-s 图，得

$$p_1=6\text{atm}(6.14795\times10^5\text{Pa})$$

$$p_2=14\text{atm}(1.42956\times10^6\text{Pa})$$

② 制冷剂循环量 m

$$m=Q_0/(h_1-h_5)=4\times10^4/(1456.03-351.46)=36.21(\text{kg/h})$$

③ 热泵供热量 Q_1

$$Q_1=m(h_4-h_2)=36.21\times(351.46-1569.00)=-4.41\times10^4(\text{kJ/h})$$

④ 压缩机的最小功率 P

$$P=m(h_2-h_1)/3600=36.21\times(1569.00-1456.03)/3600=1.14(\text{kW})$$

⑤ 热泵的供热系数 ε 和制冷系数 ξ

$$\varepsilon=\frac{-q_1}{w_s}=\frac{h_2-h_4}{h_2-h_1}=\frac{1569.00-351.46}{1569.00-1456.03}=10.78$$

$$\xi=\frac{q_0}{w_s}=\frac{h_1-h_5}{h_2-h_1}=\frac{1456.03-351.46}{1569.00-1456.03}=9.78$$

复习思考题

9-1 何谓制冷、制冷剂？按照制冷所达到的低温范围，制冷可分为哪几个领域？

9-2 制冷的方法有哪些？制冷有哪些用途？

9-3 衡量制冷循环经济性的指标是什么？它与哪些因素有关？怎样提高？

9-4 既然逆卡诺循环的制冷系数最大，为什么实际生产中不采用类似逆卡诺循环的方法进行操作？逆卡诺循环的制冷系数何时小于 1？

9-5 作为蒸汽压缩制冷循环的制冷剂，一般应具备哪些条件？试举例加以说明。

9-6 在采用蒸汽压缩制冷循环时，为什么有时一定要采用多级压缩制冷？

9-7 何谓复叠式制冷？为什么要采用复叠式制冷？

9-8 何谓吸收制冷？它与蒸汽压缩制冷相比有何优缺点？目前吸收制冷循环常用的工质有哪几类？并举例加以说明。

9-9 何谓热泵？它与蒸汽压缩制冷循环有何区别？它的主要用途有哪些？试举例说明。

习题

9-1 一台普通家用电冰箱放在一间关闭的、绝热的房间内。①如冰箱门关着；②如冰箱门开着。问房间内"平均温度"将发生什么变化？

9-2 某冷冻装置的制冷量为 4.145×10^4 kJ/h，采用氨蒸气压缩制冷循环，氨蒸发温度为 283K，冷凝温度为 313K。试计算制冷剂的循环速率（kg/h）；压缩机的理论功率（kW）；冷凝器放出的热量（kJ/h）；制冷系数。压缩过程为可逆过程。

9-3 某厂采用氨气压缩制冷（采用干压缩及节流阀），每小时欲将 0℃、1000kg 的水制成 0℃的冰。若循环中氨的汽化温度为－5℃，凝结温度为 25℃，冷凝器中冷却水的进口温度为 12℃，出口温度为 20℃，冰的溶解热为 339.1kJ/kg，压缩过程可逆绝热。试求：①该制冷机的制冷量每小时为多少（kJ）？②每小时氨的循环量为多少（kg）？③制冷机理论功率为多少（kW）？④每小时冷却水的消耗量为多少（kg）？⑤若该厂仓库中有一台制冷量为 376740kJ/h 的制冷机，问是否适用？

9-4 一热泵采用氟利昂-12 为制冷剂，该装置在蒸发温度为－7℃和冷凝压力为 11.955bar 下运行。夏季室外最高平均温度为 32℃、冬季平均温度为 4℃，而室内要求始终维持在 21℃时，建筑物冷、热损失均为 1055kJ/(h·℃)。求在稳定供热、冷时：①供热时所需的制冷剂流量、供热系数、压缩机功率；②制冷时的制冷剂流量、制冷系数、压缩机功率；③由哪个季节来确定该热泵系统的大小？

9-5 某氨蒸气压缩制冷循环，制冷量为 120000kJ/h，冷藏室的温度为－10℃，冷凝器内冷却水温度为 15℃。如果蒸发器与冷凝器中的传热温差均为 5℃，压缩机进口为饱和气氨，冷凝器出口为饱和液氨。试求：①制冷循环量；②制冷剂在冷凝器中的放热量；③压缩机的功率；④循环的制冷系数；⑤同温度范围内的理论制冷系数。

第十章　湿　空　气

第一节　基本概念

所谓湿空气，是指含有水蒸气的空气，而干空气（有的教材上称为绝干空气）则是指完全不含有水蒸气的空气。在大自然中存在的空气，由于地表水分的蒸发，使得空气中总是含有一定量的水蒸气。从总体上来讲，其含量比较少，并且其含量的变化也不大，一般可以不予考虑。但对于某些工程上使用的空气（如烘干、冷却过程等），由于水蒸气的含量在过程中具有特殊的作用，所以必须对湿空气的性质进行专门讨论。

湿空气可以视为干空气与水蒸气的混合物。干空气可以看成理想气体，因湿空气中的水蒸气含量很小，其分压较低，也可当作理想气体，由两者混合而成的气体混合物也同样作为理想气体处理，故理想气体的定律对湿空气也同样适用。其状态方程为

$$pV=nRT$$

式中　p——湿空气的总压力，由道尔顿分压定律可知，$p=p_A+p_v$，其中 p_A 为干空气的分压力，p_v 为水蒸气的分压力。

湿空气中水蒸气含量的多少决定了湿空气的状态。如果湿空气是由干空气和过热蒸汽组成的，则称为未饱和空气；若是由干空气和饱和蒸汽组成的，则称为饱和空气。下面将空气中水蒸气的状态用 T-s 图进一步说明。

如图 10-1 所示，湿空气的温度为 t，其中所含水蒸气的分压为 p_v，当 p_v 小于对应温度 t 时的饱和压力 p_s 时，则湿空气中的水蒸气处于过热状态，此时的空气为未饱和湿空气。如图中的 A 点，如果保持温度不变，湿空气中的水蒸气含量增加，即水蒸气的分压增加，这一过程将沿等温线自 A 点向左，直到和饱和蒸汽线交于 C 点，即达到水蒸气的饱和状态，此时称为饱和湿空气。如果继续增加水蒸气的含量，那么如同自然界中的下雨，水分将以水滴状态凝结而从空气中分离出来。

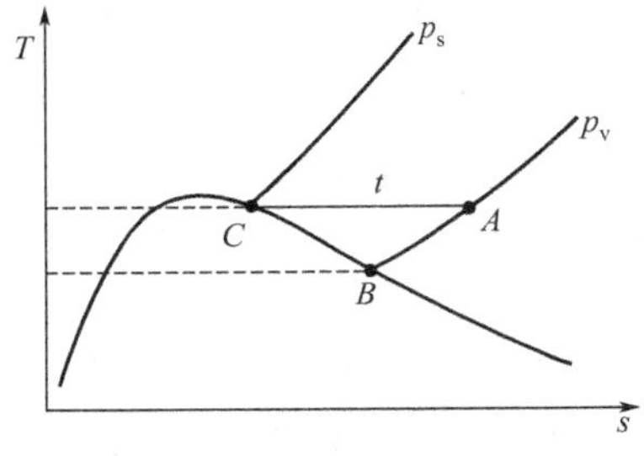

图 10-1　湿空气中水蒸气状态的 T-s 图

假如将状态点 A 的湿空气在水蒸气含量不变的情况下（即 p_v 不变），将湿空气的温度逐渐降低，则湿空气将沿等压线冷却，和饱和蒸汽线相交于如图 10-1 中的 B 点，同样达到饱和状态。如再降温，则将有水滴析出。如空调器制冷操作时，会有冷凝水析出；将冰箱中的冷物体取出，会有水滴在冷物体表面生成等皆属等压冷却现象。

第二节　描述湿空气的有关参数

描述湿空气的状态参数，除了 p、v、T、h 等常用的参数以外，还有一些用来描述湿空气特性的专用参数，如绝对湿度、相对湿度、含湿量等。对于组成湿空气的干空气和水蒸气的各参数，采用各自相应的下标区别。对湿空气，不用下标，下标注有“A”，代表干空气，“v”代表水蒸气，“s”代表水蒸气的饱和参数。

一、湿度

（一）绝对湿度

湿度是指湿空气中所含水蒸气量的多少。每 1m^3 湿空气中所含水蒸气的质量（kg）称为湿空气的绝对湿度，其数值等于湿空气中水蒸气的密度（kg/m^3）。若在 p-v 图上，则等于湿空气状态点处比体积的倒数。若湿空气可以视为理想气体，则根据理想气体状态方程知

$$\rho_v=\frac{m_v}{V}=\frac{p_v}{R_v'T} \tag{10-1}$$

式中　R_v'——水蒸气的气体常数。

该式表明，当空气的温度一定时，绝对湿度取决于湿空气中水蒸气的分压力。湿空气中水蒸气的分压愈大，则湿空气的绝对湿度愈大。当水蒸气的分压等于湿空气对应温度下水蒸气的饱和蒸汽压 p_s 时，湿空气具有该温度下最大绝对湿度，即

$$\rho_s=\rho_{v,\max}=\frac{p_s}{R_v'T}=\rho'' \tag{10-2}$$

式中　ρ''——干饱和蒸汽的密度，也可查水蒸气表得到。

绝对湿度只能说明单位体积湿空气中实际包含了多少水蒸气，但并不能说明湿空气是否还有继续吸收水蒸气的能力。为了说明湿空气吸收水蒸气的能力及其潮湿的程度，下面将引入描述湿空气的另一重要参数——相对湿度。

（二）相对湿度

相对湿度是指湿空气中实际所含的水蒸气的量与同温度下湿空气中可能达到的最大水蒸气含量的比值，用 φ 表示

$$\varphi=\frac{m_v}{m_{v,\max}}=\frac{\rho_v}{\rho_s}=\frac{\rho_v}{\rho''}=\frac{p_v}{p_s} \tag{10-3}$$

φ 通常以百分数表示，其值为 0～100%，φ 值越小，表示湿空气中水蒸气离饱和态越远，此时湿空气具有吸收更多水蒸气的能力，即空气越干燥。当 $\varphi=0$ 时，即空气中不含水蒸气，称为干空气。在相同温度下，具有最大吸水能力。φ 值越大，湿空气吸收水蒸气的能力越弱，即空气越潮湿，此时空气中水蒸气越接近饱和状态。而当 $\varphi=1$ 时，则说明湿空气中的水蒸气已经饱和，此时湿空气已不具备继续吸收水蒸气的能力。在用相对湿度作为表示湿空气的参数时，不论湿空气的温度如何，均可由 φ 值的大小看出湿空气的干湿程度或湿空气是否还具有吸收水蒸气的能力。相对湿度反映了湿空气中水蒸气含量接近饱和的程度，所以又称为饱和度。天气预报中经常有空气相对湿度的参数，从相对湿度的数值可以大致判断天气是干爽或是潮湿。

（三）比湿度（湿含量）

在工程上常以空气作为工质来吸收物料中的水分（干燥过程或烘干），在此过程中，工质中干空气的质量保持不变，而所含水蒸气的量则在不断增加。为了方便起见，用每千克干空气作为计算单位，把每千克干空气中所含有的水蒸气的质量（kg）称为比湿度或湿含量，

用符号 d 表示。根据定义

$$d=\frac{m_v}{m_A}(\text{kg 水/kg 干空气}) \tag{10-4}$$

对湿空气，其温度为 T，体积为 V，则湿空气和水蒸气的状态方程分别可以表示成

对干空气：$p_AV=m_AR'_AT$，$m_A=\frac{p_AV}{R'_AT}$

对水蒸气：$p_vV=m_vR'_vT$，$m_v=\frac{p_vV}{R'_vT}$

将 m_A、m_v 代入式(10-4)，则

$$d=\frac{p_v}{p_A}\times\frac{R'_A}{R'_v}=\frac{p_v}{p_A}\times\frac{M_v}{M_A}$$

将水蒸气的分子量 $M_v=18.02$，干空气的分子量 $M_A=28.97$
代入上式得

$$d=0.622\times\frac{p_v}{p_A}(\text{kg 水/kg 干空气}) \tag{10-5}$$

对湿空气，因为 $p_A=p-p_v$
所以

$$d=0.622\times\frac{p_v}{p-p_v}(\text{kg 水/kg 干空气}) \tag{10-5a}$$

将式(10-3) 代入式(10-5a) 得

$$d=0.622\times\frac{\varphi p_s}{p-\varphi p_s}(\text{kg 水/kg 干空气}) \tag{10-5b}$$

当湿空气的压力一定时，其中水蒸气的含量只取决于湿空气中水蒸气的分压的大小，随水蒸气分压的增大（或减小）而增大（或减小）。因此，湿含量与水蒸气分压在本质上是同一参数。

二、温度

（一）干球温度

干球温度可以直接由普通温度计在空气中测得，是指将温度计的测温头（感温部分）直接暴露于空气中所测得的温度，也称为湿空气的真实温度，用 t 表示。

干球温度只能反映湿空气的测量温度，并不能反映出湿空气中水蒸气含量的多少和湿空气是否还具有吸收水蒸气的能力。

（二）湿球温度

如图 10-2 所示，用湿纱布将温度计的感温部分包起，置于温度和湿度均不变的空气流中，且保持纱布的湿润状态，当达到稳定状态时，温度计指示的温度称为湿球温度，用 t_w 表示。

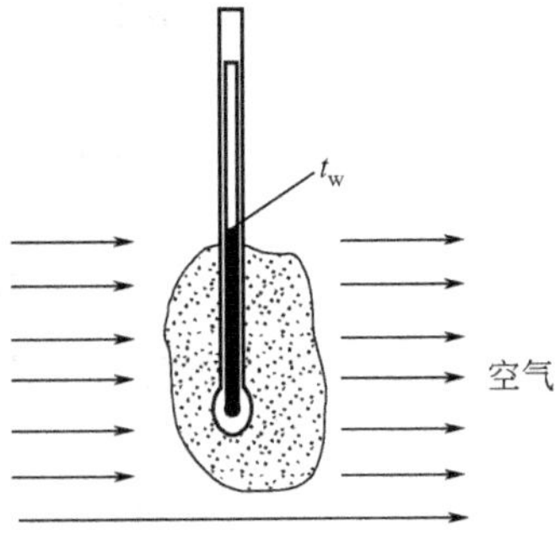

图 10-2　湿球温度的测量

湿球温度的测量机理如下：当一定温度及湿度的不饱和空气流过湿球温度计时，如果湿纱布表面上水的饱和蒸汽压大于湿空气中水蒸气分压，纱布上的水将从纱布表面汽化，并扩散至周围空气中。水汽化所需的热量，首先取自湿纱布的显热，使湿纱布的温度下降，当湿纱布的温度低于周围空气的温度时，周围空气将热量传给湿纱布，直到空气传递给湿纱布的热量等于水汽化所需的潜热，温度计上的读数趋于

稳定，这一稳定的温度就称为湿空气的湿球温度。由此可以看出，湿球温度的高低取决于湿空气的温度和湿度。当空气的温度一定时，湿度越大，测得的湿球温度越接近空气的干球温度，当空气中的水蒸气达到饱和状态时，测得的湿球温度与干球温度相等。

（三）露点温度（t_d）

对未饱和的湿空气，保持其湿含量不变，逐渐降低温度，其状态将沿等压线变化。如图10-1所示，由 $A \to B$，这时 B 的温度即对应于水蒸气分压 p_v 下的饱和温度，若再降温，则将有水滴析出。将对应于水蒸气分压 p_v 下的饱和温度称为露点温度，用 t_d 表示。

（四）干球温度、湿球温度与露点温度之间的关系

除干球温度外，湿球温度、露点温度都与湿空气中的水蒸气的含量有关，所以当空气为不饱和湿空气时，$t > t_w > t_d$；当空气为饱和空气时，$t = t_w = t_d$。

【例 10-1】 已知湿空气的压力为 101.3kPa，湿空气的干球温度为 30℃，相对湿度 φ 为 89%，求：①湿空气的湿含量；②湿空气中水蒸气的分压；③湿空气的露点温度。

（1）手工计算

解： ① 湿空气的湿含量。由附录查得，温度为 30℃时，水的饱和蒸汽压力 $p_s = 4.241$kPa

$$d = 0.622 \times \frac{\varphi p_s}{p - \varphi p_s} = 0.622 \times \frac{0.89 \times 4.241}{101.3 - 0.89 \times 4.241} = 0.0241(\text{kg 水/kg 干空气})$$

② 水蒸气的分压。

$$p_v = \varphi p_s = 0.89 \times 4.241 = 3.77(\text{kPa})$$

③ 湿空气的露点温度。当 $p_v = p_s = 3.77$kPa 时对应的温度即为 t_d，由附录查得对应的温度为 $t_d = 27.9$℃。

（2）采用 Excel VBA 自定义函数计算　具体方法如图 10-3 所示。

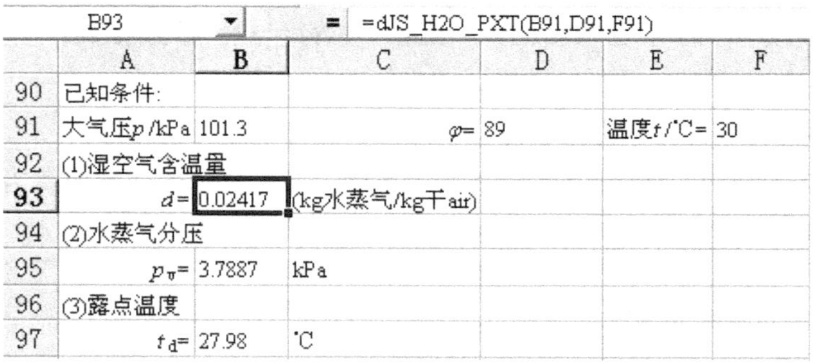
B93 = =dJS_H2O_PXT(B91,D91,F91)

	A	B	C	D	E	F
90	已知条件:					
91	大气压p /kPa	101.3	φ=	89	温度t /℃=	30
92	(1)湿空气含温量					
93	d=	0.02417	(kg水蒸气/kg干air)			
94	(2)水蒸气分压					
95	p_v=	3.7887	kPa			
96	(3)露点温度					
97	t_d=	27.98	℃			

图 10-3　例 10-1Excel VBA 自定义函数计算示意图

步骤 1：在单元格 B91、D91、F91 中分别输入大气压力（kPa）、相对湿度（%）、干球温度（℃）之值 101.3、89、30。

步骤 2：在单元格 B93、B95、B97 中分别输入 = dJS _ H2O _ PXT（B91，D91，F91）、=D91/100 * pressure _ H2O（F91）、= temperature _ H2O（B95），按“Enter”键，即可得湿含量、水蒸气分压、露点温度之值 0.02417、3.7887、27.98。

计算结果与手工计算有点误差的原因是函数中有关水蒸气分压采用了经验公式计算。

计算中采用的 Excel VBA 自定义函数的程序代码如下，有兴趣的读者可自行验证。

```
Public Function pressure _ H2O (T) As Double
    pressure _ H2O=Exp (16.5362 -3985.44/(T+234.1526))
```

```
'由温度计算水的饱和蒸气压，t 的单位为摄氏度，蒸气压的单位为 kPa
End Function
Public Function Temperature _ H2O (P) As Double
    Temperature _ H2O=3985.44/(16.5362 -Log (P)) -234.1526
'由水的蒸气压反算其对应的饱和温度，单位同上
End Function
Public Function dJS _ H2O _ PXT (P, XDSD, T) As Double
  Dim Ps As Double
    XDSD=XDSD/100
    Ps=pressure _ H2O (T)
  dJS _ H2O _ PXT=0.622 * XDSD * Ps/(P -XDSD * Ps)
'空气含湿量 d 的计算，其中 P 为大气压力，单位 kPa，XDSD 为相对湿度，用%数表示方式，T 为干球温度，单位为摄氏度，Ps 为对应干球温度下的水的饱和蒸气压
End Function
```

第三节　湿空气的焓

湿空气的焓是指组成湿空气的水蒸气的焓值与干空气的焓值之和，表示为

$$H=H_A+H_v \tag{10-6}$$

或

$$H=m_A h_A+m_v h_v \tag{10-6a}$$

式中　h_A——每千克干空气的焓，kJ/kg 干空气；

h_v——每千克水蒸气的焓，kJ/kg 水蒸气。

湿空气的焓通常以每千克干空气作为基准，则湿空气中每千克干空气的焓与湿空气中所含水蒸气的焓值之和为湿空气的焓。表达式为

$$h=h_A+\frac{m_v}{m_A}h_v$$

即

$$h=h_A+dh_v \tag{10-6b}$$

在工程上，若使用的压力变化范围不大，干空气和过热水蒸气的热容一般可视为定值，若以 0℃时干空气的焓为零作为计算的基准点，在 0℃时，干空气的比定压热容 c'_p = 1.004kJ/(kg·K)。工程计算中将其作为常数处理，则干空气的焓为

$$h_A=c'_p\Delta t=1.004t(\text{kJ/kg 干空气}) \tag{10-7}$$

湿空气中水蒸气的焓值，可以由以下两种方法求取。

1. 查表法

若已知湿空气的温度 t 以及湿空气中水蒸气的分压 p_v（如果已知湿空气的压力和湿空气的湿含量，也可以换算出水蒸气的分压），则由附录中过热水蒸气表直接查得在温度为 t、水蒸气压力为 p_v 时水蒸气的焓值 h''。如：当湿空气的温度为 50℃、湿空气中水蒸气的分压为 5kPa 时水蒸气的焓值为 2593kJ/kg。

利用查表的方法可以直接快速地求取一定温度及一定水蒸气分压下水蒸气的焓值。如果暂时缺少水蒸气表的相关数据，也可以用公式计算的方法求出湿空气中水蒸气的焓值。

2. 公式法求水蒸气的焓值

在采用公式计算湿空气中水蒸气的焓值时，使用的是与第六章相同的计算基准，即以水

的三相点为基准。当水蒸气的温度为 t（也就是湿空气的温度）时，其焓值可以通过如下计算途径得出湿空气中水蒸气的焓值。现以 1kg 水为计算基准。

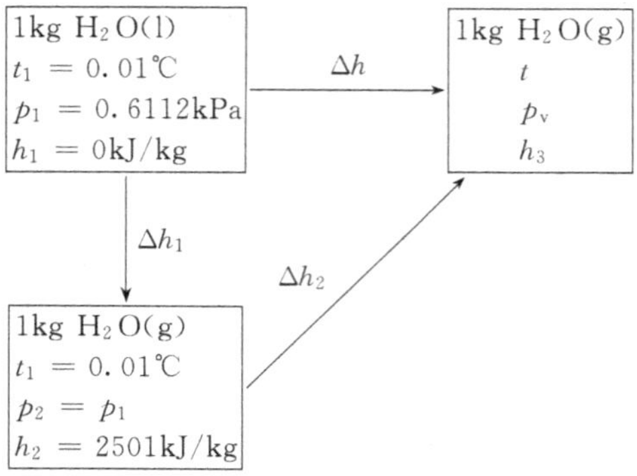

因为 $$\Delta h = h_3 - h_1 = h_3 = \Delta h_1 + \Delta h_2 = 2501 + c'_{p,v}(t - t_1) \approx 2501 + c'_{p,v}t$$

故 $$h_v = 2501 + c'_{p,v}t = 2501 + 1.859t \tag{10-8}$$

式中　2501——0.01℃时水蒸气的焓值，kJ/kg；

$c'_{p,v}$——常温下水蒸气的比定压热容，kJ/(kg·K)，在工程计算中常将其作为常数，其数值一般取 1.859，近似计算时可用 1.86。

由于湿空气的焓值等于湿空气中干空气的焓值与水蒸气的焓值之和。若湿空气的温度为 t，湿含量为 d，则湿空气的焓值可以写成

$$h = h_A + dh_v = 1.004t + d(2501 + c'_{p,v}t) = 1.004t + d(2501 + 1.859t) \tag{10-9}$$

第四节　湿空气的焓-湿图

在湿空气性质的各参数（如 p、t、d、h、t_w、φ 等）中，一般只要确定其中的两个独立参数，湿空气的状态就可以确定。在对这些参数确定时，当然可以通过公式进行计算，但其计算过程比较烦琐，甚至有时还需要试差。在工程上，为了方便地表示湿空气的状态，确定其参数以及湿空气的状态变化过程，人们绘制了湿空气的焓-湿（h-d）图。下面介绍一种湿空气的焓-湿图，该图是以含 1kg 干空气的湿空气为基准，按湿空气总压为 101.325kPa 绘制而成，为了使图线清晰，纵横坐标之间的夹角取 135°。在纵坐标轴上标出零点，并令 $d=0$，$h=0$。湿空气的焓-湿图是工程计算中的重要工具。

一、湿空气焓-湿图的组成

湿空气的焓-湿图主要由五种线群或关系线组成，现分别介绍如下。

(1) 等湿线　等湿指等湿含量，如图 10-4 所示，等湿线是一组与纵轴平行的直线，其数值在辅助横轴上读出（下方水平轴上，也有的在上方水平轴上）。

(2) 等焓线　该线群是一组与横轴平等的直线。即图 10-4 中从左至右下方的斜线。在同一根线上的不同点所代表的空气的状态尽管不同，但都具有相同的焓值。等焓线上的焓值在纵轴上读出，也有的在对应的等焓线上直接读出。

(3) 等温线　等温线是一组与水平轴成一定斜角的线群，在图 10-4 中为自左至右上方的一组线群。根据式(10-9）中的关系，知该线的斜率为 $1.859t+2501$。所以温度越高，直线的斜率越大，因此，这一组直线之间相互不平行。该值从纵轴上读出。如图 10-4 中左边第二条线，为干球温度值。

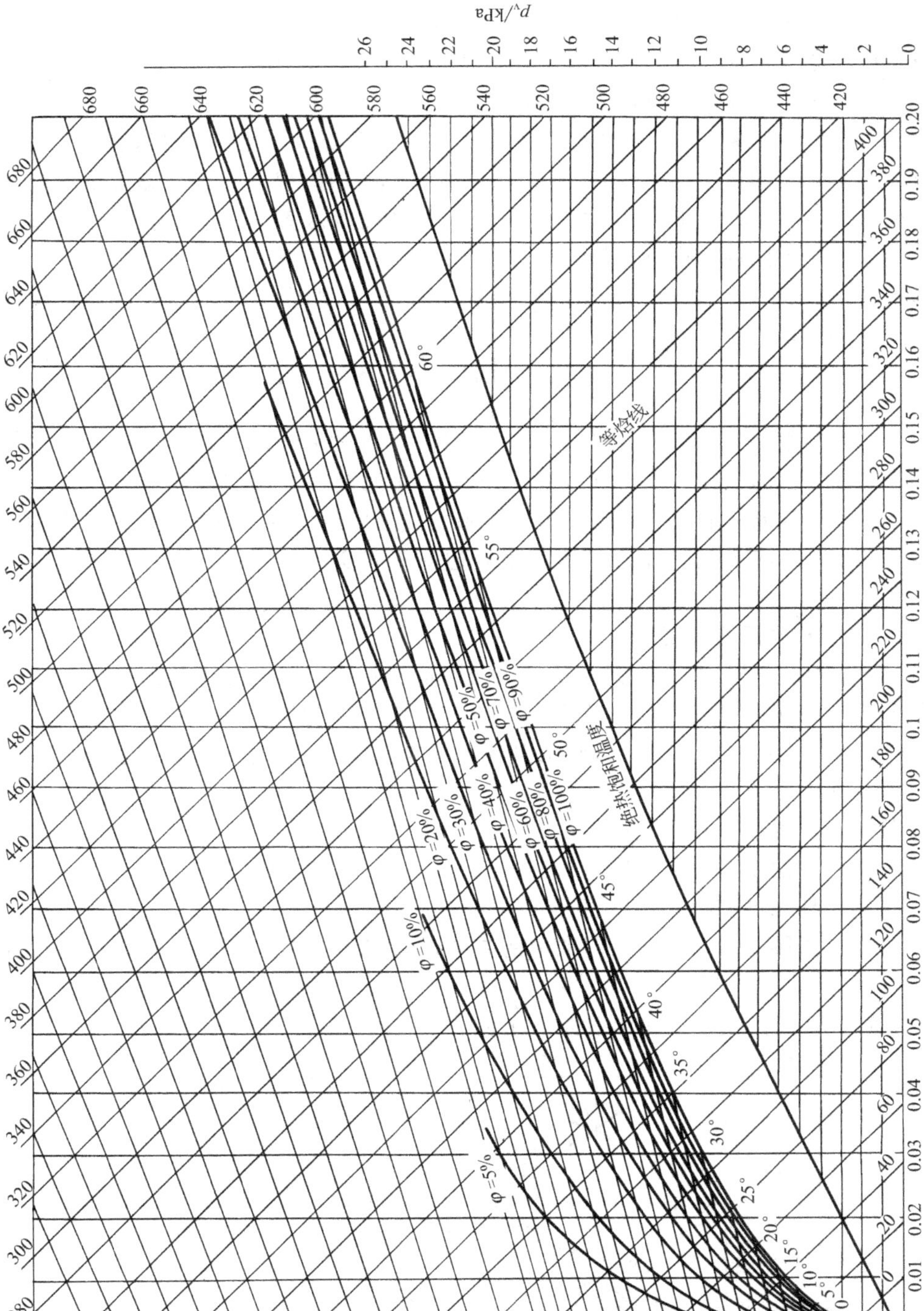

图 10-4 湿空气的 h-d 图

(4) 等相对湿度线　等相对湿度线主要是根据式(10-5b) 绘制，在图 10-4 中是一组从原点出发的曲线。图中标绘的是 $\varphi=0\sim100\%$的一系列曲线，$\varphi=100\%$代表湿空气已达饱和状态，所以又称为临界曲线。这条线将整个图分成了两个部分，图的左上部为湿空气的未饱和区，在 $\varphi=100\%$线上各点是饱和蒸汽，右下部为湿空气的过饱和区。即在该区内各点湿空气中的水蒸气已开始冷凝。该区内的数值无多少实际应用价值。从图上可以看出，当湿空气的湿含量为一定时（图中竖线），温度升高，则湿空气的相对湿度降低，即湿空气吸收水蒸气的能力增加。当 $\varphi=100\%$时，说明湿空气已不具备吸收水蒸气的能力。等相对湿度线在工程上对湿空气的不同用途进行分析时具有重要的意义。

(5) 水蒸气分压线　水蒸气的分压线表示的是湿空气中湿含量与水蒸气分压之间的关系，将式(10-5a) 改写成

$$p_v=\frac{pd}{0.622+d} \tag{10-10}$$

该式表明，当湿空气的总压不变时，水蒸气分压 p_v 将随 d 值的变化而变化。水蒸气分压的数值从和纵轴平行的直线上读出（该线位于图 10-4 的最右方）。在 $\varphi=100\%$线的下方，有一自左下方向右上方倾斜的曲线，该曲线称为水蒸气分压线。将水蒸气分压线与已知状态点的等 d 线相交，从交点处向右作水平线与最右边数轴相交，即可读出已知点状态下的水蒸气分压。

二、湿空气的焓-湿图的应用

在工程上利用焓-湿图可方便地查取湿空气的各项参数。只要已知表示湿空气性质的各项参数中可在焓-湿图上得到交点的任意两个参数，即可在焓-湿图上得到一交点，该点即湿空气所处的状态点，由此点就可查出该点的其他各项参数值。通常情况下确定湿空气状态点的条件有下列几种：

① 湿空气的干球温度和相对湿度；

② 湿空气的干球温度和露点温度；

③ 湿空气的干球温度和湿球温度。

在简化了的焓-湿图上简单介绍各参数值的查法，如图 10-5 所示，A 点代表湿空气的某一状态点。

(1) 湿含量　从 A 点出发沿等湿线向下在水平辅助轴上（C 点）读出 A 点的湿含量。

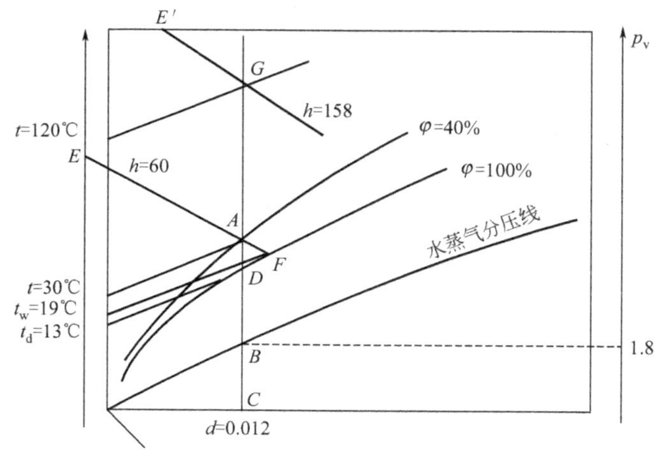

图 10-5　湿空气焓-湿图的应用

(2) 湿空气的焓　通过 A 点作等焓线（自左上至右下的线）的平行线与左边的辅助纵轴相交于 E 点，即可读得 A 点的焓值。焓值较大时，可从与上方横线的交点 E' 处读出。

(3) 水蒸气分压　从 A 点沿等湿线向下与水蒸气的分压线交于点 B，再从 B 点出发向右作水平线与右边纵轴的交点上读出水蒸气的分压值。

(4) 湿空气的露点　从 A 点出发沿等湿线向下与 $\varphi=100\%$（即饱和线）相交 于 D 点，过 D 点的等温线对应的温度即为露点温度 t_d，相当于将水蒸气降温至有水滴时对应的温度值。

(5) 湿空气的湿球温度　从 A 点出发沿等焓线向右下，与 $\varphi=100\%$（饱和线）线相交于 F 点，再由过 F 点的等温线，读出湿球温度 t_w 值。

【例 10-2】 已知湿空气的总压为 101.33kPa，其相对湿度为 40%，湿空气的干球温度为 30℃。试利用焓-湿图求：①湿空气中水蒸气的分压 p_v；②湿空气的湿含量 d；③湿空气的焓值；④露点；⑤湿球温度；⑥若湿空气中干空气的流量为 1000kg/h，现需将湿空气加热到 120℃，求过程所需热量。

解：已知条件：$p=101.3$kPa，$\varphi=40\%$，t=30℃（采用图 10-5 作为本题附图，图上各点的数值在图 10-4 中查得）。即图 10-5 中的状态点为 A。

① 水蒸气的分压。从 A 点沿等湿线向下交水蒸气分压线于 B，向右作水平线于右边纵坐标上读出水蒸气分压 $p_v=1.8$kPa。

② 湿含量。从 A 点出发沿等湿线交水平辅助轴于 C 点，可以读得 $d=0.012$kg 水/kg 干空气。

③ 湿空气的焓值。通过 A 点作等焓线的平行线交左纵轴于 E 点，可以读出 $h_1=60$kJ/kg 干空气。

④ 露点。从 A 点沿等湿线（向下的竖线）与 $\varphi=100\%$ 相交于 D 点，并由过 D 点的等温线读得 $t_d=13$℃。

⑤ 湿球温度。由 A 点沿等焓线与 $\varphi=100\%$ 线相交于 F 点，再由过 F 点的等温线读得 $t_w=19$℃。

⑥ 过程所需的热量。因为湿空气在加热过程中其湿含量不变，所以由 A 点沿等湿线向上与 $t=120$℃等温线相交于 G 点，该点的焓为

$$h_2=158\text{kJ/kg 干空气}$$

以每千克干空气为基准时加热所需的热量为

$$q=h_2-h_1=158-60=98(\text{kJ})$$

每小时流过的干空气为 1000kg，则加热所需的热量为

$$Q=m\,q=1000\times 98=98000(\text{kJ/h})=27.22(\text{kW})$$

从例 10-2 计算可以看出，用焓-湿图求取湿空气的各参数具有比用公式法快捷方便的优点，而且物理意义也相当明确，但采用图解法的数据精度不高，不过这对一般工程计算已足够。

第五节　湿空气的应用实例

一、连续烘干

（一）连续烘干过程

有些物体，如固体原料、半成品或成品中通常含有水分或其他溶剂（一般都称为湿分），

在工程上采用加热的方法使水分或其他溶剂汽化，以此来除去物料中的水分，此过程称为烘干（或干燥）。烘干时所用的介质通常为热空气，热空气将热能以对流的方式传给与其接触的湿物料，以供给湿物料中湿分汽化所需要的热量，并将蒸汽带走。热空气在进入干燥器前应先经预热器。在预热器中空气被加热，温度升高，相对湿度下降，吸湿能力提高。经预热器预热后，热空气进入烘干器中，在烘干器中热空气供给湿物料中湿分汽化所需的热量。烘干过程使空气的温度下降，湿含量和相对湿度均上升。图 10-6 为连续烘干过程的示意图，通常情况下除去的湿分主要为水分。

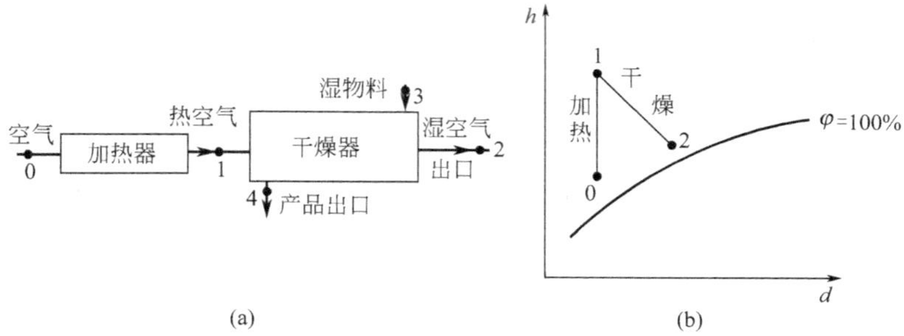

图 10-6 连续烘干装置及在焓-湿图上的表示

（二）连续烘干过程的能量平衡

进行烘干过程计算的目的是计算烘干过程所需的热量，并确定离开干燥器的湿空气的状态。在进行烘干过程计算时，都是根据确定的生产任务（烘干过程中需要除去的水分量），首先确定空气的使用量。通常情况下是把每蒸发 1kg 水分所消耗的干空气称为单位空气消耗量，用 A_m 表示，则

$$A_m=\frac{1}{d_2-d_1}(\text{kg 干空气/kg 水}) \tag{10-11}$$

如果进入加热器的空气的温度为 t_0，焓值为 h_0，湿含量为 d_0，加热器出口温度 t_1，焓值 h_1，湿含量 $d_1=d_0$。若以 1kg 干空气为基准，则所加热量为

$$q_A=h_1-h_0(\text{kJ/kg 干空气}) \tag{10-12}$$

空气在空气加热器（预热器）中加热的过程为一升焓定湿含量过程。温度升高，相对湿度下降，其吸水能力提高。

若结合式(10-11)，则加热数量为 A_m的空气所需的热量为

$$Q=A_m(h_1-h_0) \tag{10-13}$$

经空气加热器加热后的热空气进入烘干箱，吸收被烘干物料中的水分。由于水蒸气含量增加，干空气的量不变，所以空气的湿含量增加。在空气的吸湿过程中，湿物料中水分蒸发所需的热量全部由空气温度下降放出的热量（显热）提供。所以，空气的温度降低，其相对湿度则由出口的温度和吸水量决定。如果忽略吸湿过程（烘干过程）的热量损失，可以认为是在绝热的情况下进行，则对干燥器进行能量平衡。

以蒸发 1kg 水分为计算基准，干燥器为热力系。

则由稳流体系热力学第一定律可得

$$\Delta H_A+\Delta H_{物}=Q=0 \tag{a}$$

$$\Delta H_A=A_m(h_2-h_1)=\frac{h_2-h_1}{d_2-d_1} \tag{b}$$

$$\Delta H_{物}=\Delta H_{干物}+\Delta H_{水}=Gc'_{m}(t_4-t_3)+W_4h_4-W_3h_3 \tag{c}$$

式中 G——蒸发 1kg 水分的绝干物料量，kg/kg 水；

c'_{m}——绝干物料的比热容，kJ/(kg·K)，工程计算中将其作为常数；

t_3、t_4——物料的进、出口温度，℃；

W_3、W_4——进、出口物料中带入的水量，kg；

h_3、h_4——进、出口物料状态下水的焓值，kJ/kg。

将式(b)、式(c) 代入式(a)，得

$$h_2-h_1=-(d_2-d_1)[Gc'_{m}(t_4-t_3)+(W_4h_4-W_3h_3)]$$

由于 d_2-d_1 较小，物料进、出口温度 t_3、t_4 变化不大，故可近似认为

$$h_2-h_1\approx 0 \tag{10-14}$$

式(10-14) 即为绝热干燥过程的能量平衡式，因此，工程上通常将绝热干燥过程作为等焓过程处理，此过程也称为绝热定焓吸湿过程。

（三）绝热定焓吸湿过程在 h-d 图上的表示

绝热定焓吸湿过程在 h-d 图上可用定焓线 1→2 表示，如图 10-6(b) 所示。工程上，除绝热连续干燥过程可作为绝热定焓吸湿过程处理外，在绝热条件下向空气中喷水使其湿含量增加的过程也称为绝热吸湿过程。如果在吸湿的过程中略去动能和位能的变化，对这一绝热不做功的过程可以看做湿空气的焓值不变。由于过程是绝热的，水分蒸发所需的热量完全来自空气本身，在加湿后，空气的温度必然下降，所以这种过程又被称为蒸发冷却过程。

空气在加热器中加热及绝热定焓吸湿过程可以从湿空气的焓-湿图中方便地对其进行表示，如图 10-7 所示，被加热到一定温度的空气进入吸湿器时的状态为 t_1、φ_1（或 d_1），沿等焓线向右下方是空气的等焓吸湿过程。若湿空气的出口温度已知，则等焓线与湿空气的出口 t_2 温度线相交于 2 点，该点即为湿空气的出口状态点。

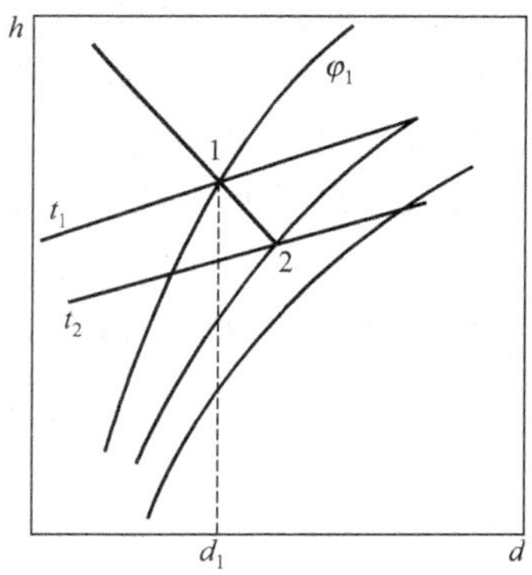

图 10-7 绝热定焓吸湿过程

【例 10-3】 某烘干用空气的初态参数为：干球温度 25℃，湿球温度 20℃，在空气预热器（加热器）中被加热到 110℃之后被送入烘箱中，从烘箱中出来的温度是 40℃。试确定湿空气的初态和终态诸参数。

解：空气始态诸参数。

从 h-d 图中查得，$t=25$℃的定温线与 $t_w=20$℃的定焓线的交点即表示空气的初态状态点，并求得。

$d_1=0.013$kg 水/kg 干空气（状态点的横坐标）

$h_1=58$kJ/kg 干空气（状态点沿等焓线在纵坐标上读出）

$t_d=17$℃（下垂线与饱和空气交点处的等温线）

$p_v=2.0$kPa（下垂线与水蒸气分压线相交后，向右水平线与右边纵轴交点读出）

$\varphi_1=63\%$

空气的终态参数如下。

沿等湿线向上，与 $t=110$℃的等温线相交得热空气进口状态点，沿等焓线向右下与 $t=40$℃线的交点即为湿空气的终态参数，并查得：$d_2=0.038$kg 水/kg 干空气，$h_2=141$kJ/kg，$t_d=35$℃，$p_v=10.5$kPa，$\varphi_2=70\%$。

二、冷却塔

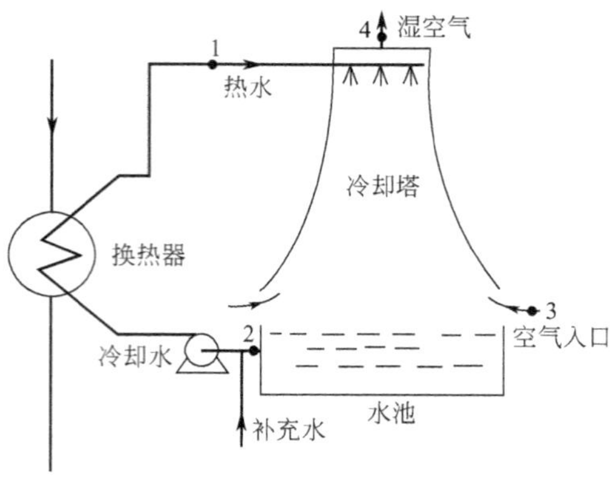

图 10-8　冷却塔工作示意图

在工业上，冷却水的使用量相当大。现在由于水资源越来越宝贵，所以，冷却水的循环使用已越来越重要。冷却水的冷却通常采用廉价的空气，其方法有两种，一种是用间壁式换热器进行冷却，另一种是采用将空气和被冷却的水在冷却塔中直接接触换热冷却。在这两种方法中，间壁式换热由于传热效率不高，经冷却后水的温度都高于空气温度。而第二种方法，由于在冷却的过程中，其传热效率比较高，同时，伴有水的蒸发，在理论上，被冷却水的温度可以低于空气的温度（$\varphi_1<1$ 时干球温度）。所以冷却塔比间壁式换热器具有更多的优点，设备的体积也较小。可是由于冷却塔在冷却过程中有部分水蒸发，所以在使用过程中需不停补充水分。图 10-8 为冷却塔的工作示意图。

冷却塔凉水过程分析：经换热器出来的热水，从冷却塔顶部向下喷淋，热水被冷却并在向下的过程中有部分水汽化进入空气流中，使自下向上的空气的湿含量增加，温度升高，形成自然对流（有时为了强化这一过程，也可以采取强制空气流动的方式）。冷却后的水从塔底的水池流出，在补充被蒸发的水分后由泵送入使用车间。空气在冷却塔由下向上经历的过程是升温、增湿，当然其焓值也增加。冷却水在冷却塔中将一部分热量传递给比自身温度低的湿空气，一部分靠自身部分水的蒸发带走，水温降低，从而达到凉水的目的。

1. 冷却塔的物料衡算

进入冷却塔的物料　热水 m_{w1}

进入冷却塔的空气 $m_3=m_{A3}+m_{v3}$

出冷却塔的物料　冷水 m_{w2}

出冷却塔空气 $m_4=m_{A4}+m_{v4}$

所以

$$m_{w1}+m_3=m_{w2}+m_4$$

$$m_{w1}-m_{w2}=m_4-m_3 \tag{10-15a}$$

因为干空气的量不变，即 $m_{A3}=m_{A4}=m_A$

所以

$$m_{w1}-m_{w2}=m_{v4}-m_{v3}=m_A(d_4-d_3) \tag{10-15b}$$

上式即在冷却塔中热水蒸发量，也等于空气中水分的增加量。

蒸发水的量（每千克水/每千克热水）为

$$\frac{m_w}{m_{w1}}=\frac{m_{w1}-m_{w2}}{m_{w1}}=\frac{m_A(d_4-d_3)}{m_{w1}} \tag{10-16}$$

2. 冷却塔能量衡算

假设冷却塔内的每一种物质均为稳定流动，不做功，且忽略动能与势能的影响，则对整个过程 $\Delta H=0$，即

$$m_A(h_{A3}+d_3h_{v3})+m_{w1}h_{w1}=m_A(h_{A4}+d_4h_{v4})+m_{w2}h_{w2} \tag{10-17a}$$

$$m_A[(h_{A4}+d_4h_{v4})-(h_{A3}+d_3h_{v3})]=m_{w1}h_{w1}-m_{w2}h_{w2} \tag{10-17b}$$

将式(10-15b) 代入式(10-17b) 得

$$m_A[(h_{A4}+d_4h_{v4})-(h_{A3}+d_3h_{v3})]=m_{w1}h_{w1}-[m_{w1}-m_A(d_4-d_3)]h_{w2}$$

整理后得 $m_A[(h_{A4}+d_4h_{v4})-(h_{A3}+d_3h_{v3})-(d_4-d_3)h_{w2}]=m_{w1}(h_{w1}-h_{w2})$

$$m_A=\frac{m_{w1}(h_{w1}-h_{w2})}{(h_{A4}-h_{A3})+d_4(h_{v4}-h_{w2})-d_3(h_{v3}-h_{w2})} \tag{10-18}$$

干空气的使用量（kg 干空气/kg 热水）为

$$\frac{m_A}{m_{w1}}=\frac{h_{w1}-h_{w2}}{(h_{A4}-h_{A3})+d_4(h_{v4}-h_{w2})-d_3(h_{v3}-h_{w2})}$$

$$=\frac{h_{w1}-h_{w2}}{(h_4-h_3)-(d_4-d_3)h_{w2}} \tag{10-19}$$

在实际冷却过程中，空气的进口状态为已知，冷却用水的进出口状态为已知（冷却的要求），所以只需确定湿空气的出口状态，则可以计算出冷却塔所需的空气量及冷却水的补充量。

【例 10-4】 某电厂的冷却塔如图 10-8 所示，空气的进口状态为 30℃，相对湿度为 40%，出口状态为 38℃，相对湿度为 98%，水温由 40℃被冷却到 25℃，当地大气压为标准大气压，求：①冷却每千克热水所需干空气的流量；②冷却过程需补充水量（水分蒸发量）。

解：热水的参数如下。

进口温度为 40℃，查表得 $h_{w1}=167.5\text{kJ/kg}$

出口温度为 25℃，查表得 $h_{w2}=104.8\text{kJ/kg}$

空气的参数如下。

进口：温度为 30℃，相对湿度为 $\varphi_3=40\%$，查得 $d_3=0.01$

$$h_3=1.004t_3+(2501+1.859t_3)d_3=55.69(\text{kJ/kg 干空气})$$

出口：温度为 38℃，相对湿度为 $\varphi_4=98\%$，查得 $d_4=0.043$

$$h_4=1.004t_4+d_4(2501+1.859t_4)=148.73(\text{kJ/kg 干空气})$$

① 冷却每千克热水所需干空气的量为

$$\frac{m_A}{m_{w1}}=\frac{h_{w1}-h_{w2}}{(h_4-h_3)-(d_4-d_3)h_{w2}}$$

$$=\frac{167.5-104.8}{(148.73-55.69)-(0.043-0.01)\times 104.8}$$

$$=0.70(\text{kg 干空气/kg 热水})$$

② 需补充水量为

$$\frac{m_w}{m_{w1}}=\frac{m_A}{m_{w1}}(d_4-d_3)=0.70\times(0.043-0.01)=0.0231(\text{kg 水/kg 热水})$$

复习思考题

10-1 何谓湿空气、饱和湿空气？

10-2 何谓绝对湿度、相对湿度、比湿度？如何计算？它们之间有何关系？

10-3 何谓干球温度、湿球温度、露点温度？它们之间有何关系？天气预报中所讲的气温是指什么温度？

10-4 为什么阴雨天晾衣服不容易干，而晴天晾衣服就容易干？

10-5 为什么冬季寒冷时人呼出的气体呈白色雾状？冬季室内供暖时，为什么常嫌空气干燥？用火炉取暖时，经常要搁一壶水，为何？

10-6 两种空气的相对湿度一样，一个温度高，另一个温度低，试问从吸湿能力看，它们具有同样的干燥能力吗？试分析原因。

10-7 冬夜，窗子玻璃靠室内一侧常有水珠出现，当戴眼镜的人从寒冷的室外进入温暖的室内时，眼镜上也常常会生出一层薄雾，这是为什么？

10-8 根据相对湿度及 p_{max} 来求水蒸气分压 p_v 时，p_{max} 如何确定？

10-9 空气的焓-湿图中，包含了哪几类线条？这些线条在图上是如何分布的？为什么定相对湿度线达到一定温度时总是几乎垂直向上的？

10-10 空气经加热后，其温度会升高，比湿度会升高吗？相对湿度会变化吗？空气冷却时，其温度会降低，比湿度会改变吗？相对湿度会变化吗？

10-11 冷却塔中为什么能将冷却水温度降低到环境温度以下？该过程是不是违背了热力学第二定律？

10-12 冬季气温很低，为什么还能晒干衣服？

习题

10-1 60℃的空气中所含水蒸气的分压力为 0.9807×10^4 Pa，试求：①空气的状态（是饱和还是未饱和）及露点；②空气的绝对湿度；③水蒸气的 p_{max}；④相对湿度。

10-2 某封闭容器内有少量水，还有 0.5kg 干空气。容器内的温度为 120℃，压力为 2.9421×10^5 Pa，试求：①容器的体积（设水的体积可以不计）；②空气与水蒸气的混合物中所含水蒸气的质量。

10-3 湿空气的温度为 30℃，压力为 0.9807×10^5 Pa，相对湿度为 70%。试求：①比湿度；②水蒸气的分压力；③湿空气的焓；④由 h-d 图查比湿度及水蒸气分压力，并与①和②的答案对照；⑤如果将其冷却到 10℃，在此过程中会析出多少水分？放出多少热量（用图计算）？

10-4 空气的温度为 30℃，压力为 0.960×10^5 Pa，水蒸气的分压力为 0.0171×10^5 Pa。试求：①相对湿度；②比湿度；③干空气的密度；④水蒸气的密度；⑤空气的焓。查 h-d 图对照①、②和⑤的答案。

10-5 $t_1=20$℃及 $\varphi_1=60\%$ 的空气作干燥用。空气在加热器中被加热到 $t_2=50$℃，然后进入干燥器。出干燥器时的相对湿度为 80%。设空气的流量为 5000kg 干空气/h，试求：①使物料蒸发 1kg 水分需要多少干空气？②每小时蒸发水分多少（kg）？③加热器每小时向空气加入的热量及蒸发 1kg 水分所耗费的热量。

10-6 将温度 $t_1=38$℃、$\varphi_1=40\%$ 的湿空气进行冷却干燥成 $t_2=10$℃的饱和湿空气。若进入干燥器的空气流量为 45.5kg/h。求：①析出的冷凝水量；②移出的热量。

10-7 一股空气流压力 $p_1=1$atm，温度 $t_1=20$℃，$\varphi_1=30\%$，流量 $m_1=15\text{m}^3/\text{min}$；另一股空气流压力 $p_2=1$atm，温度 $t_2=35$℃，$\varphi_2=80\%$，流量 $m_2=20\text{m}^3/\text{min}$。两股空气流在绝热条件下混合，求混合气体的①相对湿度；②湿含量；③比体积。

10-8 有一冷却水塔，冷却水流量为 $m_2=227$t/h，进口水温 $t_3=38$℃，被冷却至 $t_4=21$℃。进入冷却塔的空气温度 $t_1=21$℃，$\varphi_1=50\%$；排出的空气温度 $t_2=32$℃，$\varphi_2=100\%$。求：①空气的流量 m_1；②水的蒸发量 m_3。

附　录

附录一　常用数据表

附表 1-1　压力单位换算表

单　位	Pa(帕)	bar(巴)	atm (标准大气压)	at(kgf/cm^2) (工程大气压)	mmHg	mmH_2O
Pa	1	1×10^{-5}	9.86923×10^{-6}	1.01972×10^{-5}	7.50062×10^{-3}	1.01972×10^{-1}
bar	1×10^{5}	1	9.86923×10^{-1}	1.01972	7.50062×10^{2}	1.01972×10^{4}
atm	1.01325×10^{5}	1.01325	1	1.03323	760	1.03323×10^{4}
kgf/cm^2	9.80665×10^{4}	9.80665×10^{-1}	9.67841×10^{-1}	1	735.559	1×10^{4}
mmHg	133.322	133.322×10^{-5}	1.31579×10^{-3}	1.35951×10^{-3}	1	13.5951
mmH_2O	9.80665	9.80665×10^{-5}	9.67841×10^{-5}	1×10^{-4}	735.559×10^{-4}	1

附表 1-2　常用能量单位换算表

单　位	J(焦耳)	$cal_{Ⅰ}$ (热化学)	$cal_{Ⅱ}$ (水蒸气表)	kgf·m (千克力·米)	W·h (瓦·时)	L·atm (升·大气压)	hp·h (马力·时)
J	1	0.2390	0.2388	0.1020	2.778×10^{-4}	9.869×10^{-3}	3.73×10^{-7}
$cal_{Ⅰ}$	4.1840	1	0.9993	0.4266	1.162×10^{-3}	4.129×10^{-2}	1.5606×10^{-6}
$cal_{Ⅱ}$	4.1868	1.001	1	0.4269	1.163×10^{-3}	4.132×10^{-2}	1.5617×10^{-6}
kgf·m	9.807	2.344	2.342	1	2.724×10^{-3}	9.678×10^{-2}	3.65×10^{-6}
W·h	3600	860.4	859.9	367.1	1	35.53	1.34×10^{-3}
L·atm	101.3	24.22	24.20	10.33	2.815×10^{-2}	1	3.77×10^{-5}
hp·h	2.65×10^{6}	6.4243×10^{5}	6.42×10^{5}	2.74×10^{5}	746	2.6525×10^{4}	1

附表 1-3　功率单位换算表

单　位	W,J/s	$(cal/s)_{Ⅰ}$ (热化学)	$(cal/s)_{Ⅱ}$ (水蒸气表)	kgf·m/s	L·atm/s	hp
W,J/s	1	0.2390	0.2388	0.1020	9.869×10^{-3}	1.35962×10^{-3}
$(cal/s)_{Ⅰ}$	4.1840	1	0.9993	0.4266	4.129×10^{-2}	5.68865×10^{-3}
$(cal/s)_{Ⅱ}$	4.1868	1.001	1	0.4269	4.132×10^{-2}	5.69246×10^{-3}
kgf·m/s	9.807	2.344	2.342	1	9.678×10^{-2}	1.33333×10^{-2}
L·atm/s	101.3	24.22	24.20	10.33	1	1.3773×10^{-1}
hp	735.499	175.7885	175.6709	75	7.2606	1

附表 1-4　常见物质的真实定压摩尔热容　　J/(mol·K)

名　称	化学式	$c_p=a_0+a_1T+a_2T^{-2}+a_3T^2$				适应温度范围/K
		a_0	$a_1\times10^3$	$a_2\times10^{-5}$	$a_3\times10^6$	
氯　气	Cl_2	37.03	0.6694	−2.845		298～2000
氮　气	N_2	27.87	4.268	—		298～2500
氢　气	H_2	27.28	3.264	0.5021		298～2000
氧　气	O_2	29.96	4.184	−1.674		298～2000
一氧化碳	CO	27.61	5.021	—		273～2500
二氧化碳	CO_2	28.66	35.70	—	−10.36	273～1500
氯化氢	HCl	26.53	4.602	1.088		298～2000
氟化氢	HF	26.90	3.431	—		273～2000
水蒸气	H_2O	30.00	10.71	0.3347		298～2500

续表

名　称	化学式	$c_p=a_0+a_1T+a_2T^{-2}+a_3T^2$				适应温度范围/K
		a_0	$a_1\times10^3$	$a_2\times10^{-5}$	$a_3\times10^6$	
硫化氢	H_2S	29.37	15.4	—		298～1800
一氧化氮	NO	29.41	3.849	−0.5858		298～2500
二氧化氮	NO_2	42.93	8.535	−6.736		298～2000
氨　气	NH_3	25.89	33.00	—	−3.046	273～1000
二氧化硫	SO_2	43.43	10.63	−5.941		298～1800
三氧化硫	SO_3	57.32	26.86	−13.05		298～1200

名　称	化学式	$c_p=a_0+a_1T+a_2T^{-2}+a_3T^3$			
		a_0	$a_1\times10^3$	$a_2\times10^6$	$a_3\times10^9$
甲　烷	CH_4	19.24	52.09	11.97	−11.31
乙　烷	C_2H_6	5.406	178.0	−69.33	8.707
丙　烷	C_3H_8	−4.222	306.1	−158.5	32.12
正丁烷	C_4H_{10}	9.481	331.1	−110.8	−2.820
异丁烷	C_4H_{10}	−1.389	384.5	−184.5	28.93
正戊烷	C_5H_{12}	−3.623	487.0	−257.9	53.01
乙　烯	C_2H_4	3.803	156.5	−83.43	17.54
丙　烯	C_3H_6	3.707	234.4	−115.9	22.03
1-丁烯	C_4H_8	−2.992	353.0	−198.9	44.60
乙　炔	C_2H_2	26.80	75.73	−50.04	14.11
氯乙烯	C_2H_3Cl	5.945	201.8	−153.5	47.70
苯	C_6H_6	−33.89	474.0	−310.5	71.25
甲　醇	CH_3OH	21.14	70.88	25.85	−28.50
乙　醇	C_2H_5OH	9.008	213.9	−83.85	1.372
甲　醛	CH_2O	23.46	315.5	29.83	−22.99
乙　醛	C_2H_4O	7.711	182.1	−100.6	23.79
丙　酮	$(CH_3)_2CO$	6.297	260.4	−125.2	20.36
甲　酸	CHOOH	11.71	135.7	−84.06	20.15
乙　酸	CH_3COOH	4.837	254.7	−175.2	49.45

附表 1-5　某些气体的真实摩尔定压热容　J/(mol·K)

温度/K	H_2	N_2	CO	空气	O_2	NO	H_2O	CO_2
300	28.85	29.12	29.14	29.18	29.37	29.85	33.58	37.21
400	29.18	29.25	29.34	29.43	30.10	29.97	34.25	41.30
500	29.26	29.58	29.79	29.89	31.08	30.50	35.21	44.61
600	29.32	30.11	30.44	30.47	32.09	31.25	36.30	47.33
700	29.43	30.76	31.17	31.23	32.99	32.04	37.48	49.58
800	29.61	31.43	31.90	31.91	33.74	32.77	38.72	51.46
900	29.87	32.10	32.58	32.57	34.36	33.43	39.99	53.04
1000	30.20	32.70	33.19	33.17	34.87	34.00	41.26	54.37
1100	30.58	33.25	33.71	33.68	35.31	34.49	42.45	55.48
1200	30.98	33.74	34.17	34.15	35.69	34.90	43.57	56.44
1300	31.40	34.16	34.58	34.55	36.02	35.25	44.63	57.24
1400	31.84	34.53	34.93	34.90	36.30	35.56	45.64	57.95
1500	32.27	34.85	35.23	35.21	36.56	35.82	46.58	58.53

温度/K	HCl	Cl_2	CH_4	SO_2	C_2H_4	SO_3	C_2H_6	NH_3
300	29.12	33.97	35.78	39.92	43.72	50.75	52.93	35.52
400	29.16	35.31	40.74	43.47	53.97	58.83	65.61	38.61
500	29.29	36.07	46.58	46.53	63.43	65.52	78.07	41.63
600	29.58	36.57	52.49	48.99	71.55	70.71	89.33	44.60
700	30.00	36.90	58.07	50.92	78.49	74.73	99.24	47.49
800	30.50	37.15	63.18	52.43	84.52	77.86	108.1	50.33
900	31.05	37.32	67.82	53.64	89.79	80.46	115.9	53.14
1000	31.63	37.49	72.01	54.52	94.43	82.68	122.7	55.86
1100	32.17	37.61	75.69	55.23	98.49	84.56	128.7	
1200	32.68	37.74	78.99	55.86	102.0	86.23	134.0	
1300	33.18	37.82	81.88	56.36	105.2	87.70	138.5	
1400	33.64	37.91	84.43	56.78	107.9	89.04	142.5	
1500	34.06	37.99	86.65	57.11	110.3	90.29	146.0	

附表 1-6　气体的平均定压摩尔热容($t_0=0℃$)　kJ/(kmol·K)

温度/℃	O_2	N_2	CO	CO_2	H_2O	SO_2	空　气
0	29.274	29.115	29.123	35.860	33.499	38.854	29.073
100	29.538	29.144	29.178	38.112	33.741	40.654	29.153
200	29.931	29.228	29.303	40.059	34.118	42.329	29.299
300	30.400	29.383	29.517	41.755	34.575	43.878	29.521
400	30.878	29.601	29.789	43.250	35.090	45.217	29.789
500	31.334	29.864	30.099	44.573	35.630	46.390	30.095
600	31.761	30.149	30.425	45.753	36.195	47.353	30.405
700	32.150	30.451	30.752	46.813	36.789	48.232	30.723
800	32.502	30.748	31.070	47.763	37.392	48.944	31.028
900	32.825	31.037	31.376	48.617	38.008	49.614	31.321
1000	33.118	31.313	31.665	49.392	38.619	50.158	31.598
1100	33.386	31.577	31.937	50.099	39.226	50.660	31.862
1200	33.633	31.828	32.192	50.740	39.285	51.079	32.109
1300	33.863	32.067	32.427	51.322	40.407	51.623	32.343
1400	34.076	32.293	32.653	51.858	40.976	51.958	32.565
1500	34.282	32.502	32.858	52.348	41.525	52.251	32.774
1600	34.474	32.699	33.051	52.800	42.056	52.544	32.967
1700	34.658	32.883	33.231	53.218	42.576	52.796	33.151
1800	34.834	33.055	33.402	53.604	43.070	53.047	33.319
1900	35.006	33.218	33.561	53.959	43.539	53.214	33.482
2000	35.169	33.373	33.708	54.290	43.995	53.465	33.641
2100	35.328	33.520	33.850	54.596	44.435	53.633	33.787
2200	35.483	33.658	33.980	54.881	44.853	53.800	33.926
2300	35.634	33.787	34.106	55.144	45.255	53.968	34.060
2400	35.785	33.909	34.223	55.391	45.644	54.135	34.185
2500	35.927	34.022	34.336	55.617	46.017	54.261	34.307
2600	36.069	34.206	34.499	55.852	46.381	54.387	34.332
2700	36.207	34.290	34.583	56.061	46.729	54.512	34.457
2800	36.341	34.415	34.667	56.229	47.060	54.596	34.541
2900	36.509	34.499	34.750	56.438	47.378	54.721	34.625
3000	36.676	34.583	34.834	56.606	—	54.847	34.709

附表 1-7　一些气体的焓值数据　J/mol

温度/K	N_2	O_2	空　气	H_2	CO	CO_2	H_2O
273	0.0	0.0	0.0	0.0	0.0	0.0	0.0
291	524.5	527.4	523.7	516.6	525.3	655.6	603.3
298	728.4	732.6	727.1	718.3	728.8	911.7	838.1
300	786.5	791.2	785.3	763.9	787.0	986.2	905.4
400	3697.1	3754.4	3698.7	3656.9	3701.3	4903.6	4284.4
500	6647.4	6814.8	6664.1	6593.0	6655.7	9204.8	7753.0
600	9632.0	9975.2	9678.0	9523.0	9669.7	13807.2	11326.1
700	12658.5	13231.9	12742.2	12445.0	12754.7	18656.5	15016.4
800	15764.5	16572.4	15885.9	15421.0	15906.8	23710.7	18823.8
900	18971.0	19979.8	19125.8	18393.3	19134.2	28936.5	22761.0
1000	22181.6	23445.8	22378.4	21398.8	22424.4	34308.8	26823.6
1100	25484.4	26953.7	25710.4	24437.9	25773.2	39802.4	31011.8
1200	28833.2	30507.6	29092.7	27523.0	29168.0	45404.8	35313.0
1300	32232.2	34095.0	32516.8	30641.5	32593.4	51090.8	39722.9
1400	35656.3	37711.7	35970.3	33806.1	36070.3	56860.6	44237.4
1500	39134.2	41357.7	39490.7	37012.6	39576.5	62676.3	48848.2
1750	47963.2	50579.4	48348.3	45292.5	48459.1	77445.8	60751.7
2000	56929.6	59943.5	57348.2	53706.4	57488.2	92466.4	73136.3
2250	66013.2	69487.6	66473.7	62371.4	66567.4	107738.0	85855.7
2500	75096.8	79157.3	75682.9	71245.7	75772.2	123177.0	98867.9
2750	84306.0	88952.5	84975.8	80329.3	85018.9	138699.6	112089.4
3000	93557.1	98873.3	94310.6	89496.7	94265.5	154347.8	125520.0
3500	112184.8	119091.7	113189.4	108082.5	112968.0	185895.1	152799.7
4000	130938.1	139728.7	132235.7	127589.3	131796.0	217777.2	180414.1

附表 1-8　饱和水与干饱和蒸汽表（按温度排列）

温度	压力	比体积		密度		焓		汽化潜热	熵	
		液体	蒸汽	液体	蒸汽	液体	蒸汽		液体	蒸汽
t	p	v'	v''	ρ'	ρ''	H'	H''	R	s'	s''
℃	10^5Pa	m^3/kg	m^3/kg	kg/m^3	kg/m^3	kJ/kg	kJ/kg	kJ/kg	kJ/(kg·K)	kJ/(kg·K)
0.01	0.006112	0.0010002	206.3	999.80	0.004847	0.00	2501	2501	0.0000	9.1544
1	0.006566	0.0010001	192.6	999.90	0.005192	4.22	2502	2498	0.0154	9.1281
2	0.007054	0.0010001	179.9	999.90	0.005559	8.42	2504	2496	0.0306	9.1018
3	0.007575	0.0010001	168.2	999.90	0.005945	12.63	2506	2493	0.0458	9.0757
4	0.008129	0.0010001	157.3	999.90	0.006357	16.84	2508	2491	0.0610	9.0498
5	0.008719	0.0010001	147.2	999.90	0.006793	21.05	2510	2489	0.0762	9.0241
6	0.009347	0.0010001	137.8	999.90	0.007257	25.25	2512	2487	0.0913	8.9978
7	0.010013	0.0010001	129.1	999.90	0.007746	29.45	2514	2485	0.1063	8.9736
8	0.010721	0.0010002	121.0	999.80	0.008264	33.55	2516	2482	0.1212	8.9485
9	0.011473	0.0010003	113.4	999.70	0.008818	37.85	2517	2479	0.1361	8.9238
10	0.012277	0.0010004	106.42	999.60	0.009398	42.04	2519	2477	0.1510	8.8994
11	0.013118	0.0010005	99.91	999.50	0.01001	46.22	2521	2475	0.1658	8.8752
12	0.014016	0.0010006	93.84	999.40	0.01066	50.41	2523	2473	0.1805	8.8513
13	0.014967	0.0010007	88.18	999.30	0.01134	54.60	2525	2470	0.1952	8.8276
14	0.015974	0.0010008	82.90	999.20	0.01206	58.78	2527	2468	0.2098	8.8040
15	0.017041	0.0010010	77.97	999.00	0.01282	62.97	2528	2465	0.2244	8.7806
16	0.018170	0.0010011	73.39	998.90	0.01363	67.16	2530	2463	0.2389	8.7574
17	0.019364	0.0010013	69.10	998.70	0.01447	71.34	2532	2461	0.2534	8.7344
18	0.02062	0.0010015	65.09	998.50	0.01536	75.53	2534	2458	0.2678	8.7116
19	0.02196	0.0010016	61.34	998.40	0.01630	79.72	2536	2456	0.2821	8.6890
20	0.02337	0.0010018	57.84	998.20	0.01729	83.90	2537	2451	0.2964	8.6665
22	0.02643	0.0010023	51.50	997.71	0.01942	92.27	2541	2449	0.3249	8.6220
24	0.02982	0.0010028	45.93	997.21	0.02177	100.63	2545	2444	0.3532	8.5785
26	0.03360	0.0010033	41.04	996.71	0.02437	108.99	2548	2440	0.3812	8.5358
28	0.03779	0.0010038	36.73	996.21	0.02723	117.35	2552	2435	0.4090	8.4938
30	0.04241	0.0010044	32.93	995.62	0.03037	125.71	2556	2430	0.4366	8.4523
35	0.05622	0.0010061	25.24	993.94	0.03962	146.60	2565	2418	0.5049	8.3519
40	0.07375	0.0010079	19.55	992.16	0.05115	167.50	2574	2406	0.5723	8.2559
45	0.09584	0.0010099	15.28	990.20	0.06544	188.40	2582	2394	0.6384	8.1688
50	0.12335	0.0010121	12.04	988.04	0.08306	209.3	2592	2383	0.7038	8.0753
55	0.15740	0.0010145	9.578	985.71	0.1044	230.2	2600	2370	0.7679	7.9901
60	0.19917	0.0010171	7.678	983.19	0.1302	251.1	2609	2358	0.8311	7.9084
65	0.2501	0.0010199	6.201	980.49	0.1613	272.1	2617	2345	0.8934	7.8297
70	0.3117	0.0010228	5.045	977.71	0.1982	293.0	2626	2333	0.9549	7.7544

续表

温度	压力	比体积		密度		焓		汽化潜热	熵	
		液体	蒸汽	液体	蒸汽	液体	蒸汽		液体	蒸汽
t	p	v'	v''	ρ'	ρ''	H'	H''	R	s'	s''
℃	10^5Pa	m^3/kg	m^3/kg	kg/m^3	kg/m^3	kJ/kg	kJ/kg	kJ/kg	kJ/(kg·K)	kJ/(kg·K)
75	0.3855	0.0010258	4.133	974.85	0.2420	314.0	2635	2321	1.0157	7.6815
80	0.4736	0.0010290	3.048	971.82	0.2934	334.9	2643	2308	1.0753	7.6116
85	0.5781	0.0010324	2.828	968.62	0.3536	355.9	2651	2295	1.1342	7.5438
90	0.7011	0.0010359	2.361	965.34	0.4235	377.0	2659	2282	1.1529	7.4787
100	1.01325	0.0010435	1.673	958.31	0.5977	419.1	2676	2257	1.3071	7.3547
110	1.4326	0.0010515	1.210	951.02	0.8264	461.3	2691	2230	1.4184	7.2387
120	1.9854	0.0010603	0.8917	943.13	1.121	503.7	2706	2202	1.5277	7.1298
130	2.7011	0.0010697	0.6683	934.84	1.496	546.3	2721	2174	1.6354	7.0272
140	3.614	0.0010798	0.5087	926.10	1.966	589.0	2734	2145	1.7392	6.9304
150	4.760	0.0010906	0.3926	916.93	2.547	632.2	2746	2114	1.8418	6.8383
160	6.180	0.0011021	0.3068	907.36	3.253	675.6	2758	2082	1.9427	6.7508
170	7.920	0.0011144	0.2426	897.34	4.122	719.2	2769	2050	2.0417	6.6666
180	10.027	0.0011275	0.1939	886.92	5.157	763.1	2778	2015	2.1395	6.5858
190	12.553	0.0011415	0.1564	876.04	6.394	807.5	2786	1979	2.2357	6.5074
200	15.551	0.0011565	0.1272	864.68	7.862	852.4	2793	1941	2.3308	6.4318
210	19.080	0.0011726	0.1043	852.81	9.588	897.7	2798	1900	2.4246	6.3577
220	23.201	0.0011900	0.08606	840.34	11.62	943.7	2802	1858	2.5179	6.2849
230	27.979	0.0012087	0.07147	827.34	13.99	990.4	2803	1813	2.6101	6.2133
240	33.480	0.0012291	0.05967	813.60	16.76	1037.5	2803	1766	2.7021	6.1425
250	39.776	0.0012512	0.05006	799.23	19.28	1085.7	2801	1715	2.7934	6.0721
260	46.94	0.0012755	0.04215	784.01	23.72	1135.1	2796	1661	2.8851	6.0013
270	55.05	0.0013023	0.03560	767.87	28.09	1185.3	2790	1605	2.9764	5.9297
280	64.19	0.0013321	0.03013	750.69	33.19	1236.9	2780	1542.9	3.0681	5.8573
290	74.45	0.0012655	0.02554	732.33	39.15	1290.0	2766	1476.3	3.1611	5.7827
300	85.92	0.0014036	0.02164	712.45	46.21	1344.9	2749	1404.3	3.2548	5.7049
310	98.70	0.001447	0.01832	691.09	54.58	1402.1	2727	1325.2	3.3508	5.6233
320	112.90	0.001499	0.01545	667.11	64.72	1462.1	2700	1237.8	3.4495	5.5353
330	128.65	0.001562	0.01297	640.20	77.10	1526.1	2666	1139.6	3.5522	5.4412
340	146.08	0.001639	0.01078	610.13	92.76	1594.7	2622	1027.0	3.6605	5.3361
350	165.37	0.001741	0.008803	574.38	113.6	1671	2565	893.5	3.7786	5.2117
360	186.74	0.001894	0.006943	527.98	144.0	1762	2481	719.3	3.9162	5.0530
370	210.53	0.00222	0.00493	450.45	203	1893	2321	438.4	4.1137	4.7951
374	220.8	0.002807	0.00347	357.14	288	2032	2147	114.7	4.3258	4.5029
374.15	221.297	0.00326	0.00326	306.75	306.75	2100	2100	0.0	4.4296	4.4296

临界参数

$t_c = 374.15$℃ $\qquad \rho_c = 306.75 kg/m^3$

$p_c = 221.29 \times 10^5 Pa \qquad v_c = 0.00326 m^3/kg$

附表 1-9 饱和水与干饱和蒸汽表(按压力排列)

压力	温度	比体积		密度		焓		汽化潜热	熵	
		液体	蒸汽	液体	蒸汽	液体	蒸汽		液体	蒸汽
p	t	v'	v''	ρ'	ρ''	H'	H''	R	s'	s''
10^5 Pa	℃	m^3/kg	m^3/kg	kg/m^3	kg/m^3	kJ/kg	kJ/kg	kJ/kg	kJ/(kg·K)	kJ/(kg·K)
0.010	6.92	0.0010001	129.9	999.0	0.00770	29.32	2513	2484	0.1054	8.975
0.020	17.514	0.0010014	66.97	998.6	0.01493	73.52	2533	2459	0.2609	8.722
0.030	24.097	0.0010028	45.66	997.2	0.02190	101.04	2545	2444	0.3546	8.576
0.040	28.979	0.0010041	34.81	995.9	0.02873	121.42	2554	2433	0.4225	8.473
0.050	32.88	0.0010053	28.19	994.7	0.03547	137.83	2561	2423	0.4761	8.393
0.060	36.18	0.0010064	23.74	993.6	0.04212	151.50	2567	2415	0.5207	8.328
0.070	39.03	0.0010075	20.53	992.6	0.04871	163.43	2572	2409	0.5591	8.274
0.080	41.54	0.0010085	18.10	991.6	0.05525	173.9	2576	2402	0.5927	8.227
0.090	43.79	0.0010094	16.20	990.7	0.06172	183.3	2580	2397	0.6225	8.186
0.10	45.84	0.0010103	14.68	989.8	0.06812	191.9	2584	2392	0.6492	8.149
0.15	54.00	0.0010140	10.02	986.2	0.09980	226.1	2599	2373	0.7550	8.007
0.20	60.08	0.0010171	7.647	983.2	0.1308	251.4	2609	2358	0.8321	7.907
0.25	64.99	0.0010199	6.202	980.5	0.1612	272.0	2618	2346	0.8934	7.830
0.30	69.12	0.0010222	5.226	978.3	0.1913	289.3	2625	2336	0.9441	7.769
0.40	75.88	0.0010264	3.994	974.3	0.2504	317.7	2636	2318	1.0261	7.670
0.45	78.75	0.0010282	3.574	972.6	0.2797	329.6	2641	2311	1.0601	7.629
0.50	81.35	0.0010299	3.239	971.0	0.3087	340.6	2645	2404	1.0910	7.593
0.55	83.74	0.0010315	2.963	969.5	0.3375	350.7	2649	2298	1.1193	7.561
0.60	85.95	0.0010330	2.732	968.1	0.3661	360.0	2653	2293	1.1453	7.531
0.70	89.97	0.0010359	2.364	965.3	0.4230	376.8	2660	2283	1.1918	7.479
0.80	93.52	0.0010385	2.087	962.9	0.4792	391.8	2665	2273	1.2330	7.434
0.90	96.72	0.0010409	1.869	960.7	0.5350	405.3	2670	2265	1.2696	7.394
1.0	99.64	0.0010432	1.694	958.6	0.5903	417.4	2675	2258	1.3206	7.360
1.5	111.38	0.0010527	1.159	949.9	0.8627	467.2	2693	2226	1.4336	7.223
2.0	120.23	0.0010605	0.8854	943.0	1.129	504.8	2707	2202	1.5302	7.127
2.5	127.43	0.0010672	0.7185	937.0	1.393	535.4	2717	2182	1.6071	7.053
3.0	133.54	0.0010733	0.6057	931.7	1.651	561.4	2725	2164	1.672	6.992
3.5	138.88	0.0010786	0.5241	927.1	1.908	584.5	2732	2148	1.728	6.941
4.0	143.62	0.0010836	0.4624	922.8	2.163	604.7	2738	2133	1.777	6.897
4.5	147.92	0.0010883	0.4139	918.9	2.416	623.4	2744	2121	1.821	6.857
5.0	151.84	0.0010927	0.3747	915.2	2.669	640.1	2749	2109	1.860	6.822
6.0	158.84	0.0011007	0.3156	908.5	3.169	670.5	2757	2086	1.931	6.761
7.0	164.96	0.0011081	0.2728	902.4	3.666	697.2	2764	2067	1.992	6.709
8.0	170.42	0.0011149	0.2403	896.9	4.161	720.9	2769	2048	2.046	6.663

续表

压力	温度	比体积		密度		焓		汽化潜热	熵	
		液体	蒸汽	液体	蒸汽	液体	蒸汽		液体	蒸汽
p	t	v'	v''	ρ'	ρ''	H'	H''	R	s'	s''
10^5Pa	℃	m^3/kg	m^3/kg	kg/m^3	kg/m^3	kJ/kg	kJ/kg	kJ/kg	kJ/(kg·K)	kJ/(kg·K)
9.0	175.35	0.0011213	0.2149	891.8	4.654	742.8	2774	2031	2.094	6.623
10.0	179.88	0.0011273	0.1946	887.1	5.139	762.7	2778	2015	2.138	6.587
11.0	184.05	0.0011331	0.1775	882.5	5.634	781.1	2781	2000	2.179	6.554
12.0	187.95	0.0011385	0.1633	878.3	6.124	798.3	2785	1987	2.216	6.523
13.0	191.60	0.0011438	0.1512	874.3	6.614	814.5	2787	1973	2.251	6.495
14.0	195.04	0.0011490	0.1408	870.3	7.103	830.0	2790	1960	2.284	6.469
15.0	198.28	0.0011539	0.1317	866.6	7.593	844.6	2792	1947	2.314	6.445
16.0	201.36	0.0011586	0.1238	863.1	8.080	858.3	2793	1935	2.344	6.422
17.0	204.30	0.0011632	0.1167	859.7	8.569	871.6	2795	1923	2.371	6.400
18.0	207.10	0.0011678	0.1104	856.3	9.058	884.4	2796	1912	2.397	6.379
19.0	209.78	0.0011722	0.1047	853.1	9.549	896.6	2798	1901	2.422	6.359
20.0	212.37	0.0011766	0.09958	849.9	10.041	908.5	2799	1891	2.447	6.340
22.0	217.24	0.0011851	0.09068	843.8	11.03	930.9	2801	1870	2.492	6.305
24.0	221.77	0.0011932	0.08324	838.1	12.01	951.8	2802	1850	2.534	6.272
26.0	226.03	0.0012012	0.07688	835.2	13.01	971.7	2803	1831	2.573	6.242
28.0	230.04	0.0012088	0.07141	827.3	14.00	990.4	2803	1813	2.611	6.213
30	233.83	0.0012163	0.06665	822.2	15.00	1008.3	2804	1796	2.646	6.186
35	242.54	0.0012345	0.05704	810.0	17.53	1049.8	2803	1753	2.725	6.125
40	250.33	0.0012520	0.04977	798.7	20.09	1087.5	2801	1713	2.796	6.070
45	257.41	0.0012690	0.04404	788.0	22.71	1122.1	2798	1676	2.862	6.020
50	263.91	0.0012857	0.03944	777.8	25.35	1154.4	2794	1640	2.921	5.973
60	275.56	0.0013185	0.03243	758.4	30.84	1213.0	2785	1570.8	3.027	5.890
70	285.80	0.0013510	0.02737	740.2	36.54	1267.4	2772	1504.9	3.122	5.814
80	294.98	0.0013838	0.02352	722.6	42.52	1317.0	2758	1441.1	3.208	5.745
90	303.32	0.0014174	0.02048	705.5	48.83	1363.7	2743	1379.3	3.287	5.678
100	310.96	0.0014521	0.01803	688.7	55.46	1407.7	2725	1317.0	3.360	5.615
110	318.04	0.001489	0.01598	671.6	62.58	1450.2	2705	1255.4	3.430	5.553
120	324.63	0.001527	0.01426	654.9	70.13	1491.1	2685	1193.5	3.496	5.492
130	330.81	0.001567	0.01277	638.2	78.30	1531.5	2662	1130.8	3.561	5.432
140	336.63	0.001611	0.01149	620.7	87.03	1570.8	2638	1066.9	3.623	5.372
160	347.32	0.001710	0.009318	584.8	107.3	1650	2582	932.0	3.746	5.247
180	356.96	0.001837	0.007504	544.4	133.2	1732	2510	778.2	3.871	5.107
200	365.71	0.00204	0.00585	490.2	170.9	1827	2410	583	4.015	4.928
220	373.7	0.00373	0.00367	366.3	272.5	2016	2168	152	4.303	4.591
221.29	374.15	0.00326	0.00326	306.75	306.75	2100	2100	0	4.030	4.430

附表 1-10 未饱和水与过热蒸汽表(粗水平线之上为未饱和水,之下为过热蒸汽)

压力 p	0.01×10⁵Pa			0.05×10⁵Pa			0.10×10⁵Pa			0.50×10⁵Pa			1.0×10⁵Pa			2.0×10⁵Pa		
温度	$T_{sat}=6.92$℃ $H''=2513$kJ/kg $v''=129.9$m³/kg $s''=8.975$kJ/(kg·K)			$T_{sat}=32.88$℃ $H''=2561$kJ/kg $v''=28.19$m³/kg $s''=8.393$kJ/(kg·K)			$T_{sat}=45.84$℃ $H''=2584$kJ/kg $v''=14.68$m³/kg $s''=8.149$kJ/(kg·K)			$T_{sat}=81.35$℃ $H''=2645$kJ/kg $v''=3.239$m³/kg $s''=7.593$kJ/(kg·K)			$T_{sat}=99.64$℃ $H''=2675$kJ/kg $v''=1.694$m³/kg $s''=7.360$kJ/(kg·K)			$T_{sat}=120.23$℃ $H''=2707$kJ/kg $v''=0.8854$m³/kg $s''=7.127$kJ/(kg·K)		
t	v	H	s	v	H	s	v	H	s	v	H	s	v	H	s	v	H	s
℃	m³/kg	kJ/kg	kJ/(kg·K)	m³/kg	kJ/kg	kJ/(kg·K)	m³/kg	kJ/kg	kJ/(kg·K)	m³/kg	kJ/kg	kJ/(kg·K)	m³/kg	kJ/kg	kJ/(kg·K)	m³/kg	kJ/kg	kJ/(kg·K)
0	0.0010002	0.0	0.0000	0.0010002	0.0	0.0000	0.0010002	0.0	0.0000	0.0010002	0.1	0.0000	0.0010001	0.1	0.0000	0.0010000	0.2	0.0000
10	131.3	2518	8.995	0.0010003	41.9	0.1511	0.0010003	41.9	0.1511	0.0010003	42.0	0.1511						
20	136.0	2537	9.056	0.0010018	83.7	0.2964	0.0010018	83.7	0.2964	0.0010018	83.8	0.2964	0.0010018	83.9	0.2964	0.0010017	84.0	0.2964
30	140.7	2556	9.117	0.0010044	125.6	0.4368	0.0010044	125.6	0.4363	0.0010044	125.6	0.4363						
40	145.4	2575	9.178	28.87	2574	8.434	0.0010079	167.5	0.5715	0.0010079	167.5	0.5715	0.0010079	167.5	0.5715	0.0010078	167.6	0.5716
50	150.0	2594	9.238	29.80	2593	8.492	15.00	259	8.170	0.0010121	209.3	0.7031	0.0010121	209.3	0.7031	0.0010120	209.4	0.7033
60	154.7	2613	9.296	30.73	2612	8.549	15.35	2611	8.227	0.0010171	251.1	0.8307	0.0010171	251.1	0.8307	0.0010170	251.2	0.8307
70	159.4	2632	9.352	31.65	2631	8.605	15.81	2630	8.283	0.0010228	293.0	0.9546						
80	164.0	2651	9.406	32.58	2650	8.659	16.27	2649	8.337	0.0010290	334.9	1.0748	0.0010289	334.9	1.0748	0.0010289	335.0	1.0748
90	168.7	2669	9.459	33.50	2669	8.712	16.74	2669	8.390	3.324	2663	7.640						
100	173.3	2688	9.510	34.43	2688	8.764	17.20	2688	8.442	3.420	2683	7.693	1.695	2676	7.361	0.0010434	419.0	1.3067
120	182.6	2726	9.609	36.28	2726	8.863	18.13	2726	8.542	3.608	2722	7.795	1.795	2717	7.465	0.0010603	503.7	1.5269
140	191.9	2764	9.703	38.13	2764	8.957	19.06	2764	8.636	3.795	2761	7.890	1.889	2757	7.562	0.9357	2749	7.227
160	201.1	2803	9.793	39.93	2803	9.047	19.98	2802	8.727	3.982	2799	7.981	1.984	2796	7.654	0.9840	2790	7.324
180	210.4	2841	9.880	41.83	2841	9.135	20.90	2841	8.814	4.169	2838	8.069	2.078	2835	7.743	1.032	2830	7.415
200	219.8	2880	9.963	43.68	2880	9.219	21.83	2879	8.897	4.355	2877	8.152	2.172	2875	7.828	1.080	2870	7.501
220	229.1	2918	10.044	45.53	2918	9.299	22.76	2918	8.978	4.540	2916	8.233	2.266	2914	7.910	1.128	2910	7.583
240	238.3	2958	10.121	47.37	2958	9.376	23.63	2957	9.056	4.726	2956	8.311	2.359	2954	7.988	1.175	2950	7.663
260	247.6	2997	10.196	49.22	2997	9.451	24.60	2997	9.131	4.912	2995	8.368	2.452	2993	8.064	1.222	2990	7.740
280	256.9	3037	10.269	51.07	3037	9.524	25.53	3037	9.203	5.098	3035	8.460	2.545	3033	8.139	1.269	3030	7.815
300	266.2	3077	10.340	52.92	3077	9.595	26.46	3077	9.274	5.284	3076	8.531	2.638	3074	8.211	1.316	3071	7.887
400	312.6	3280	10.665	62.16	3280	9.921	31.08	3280	9.601	6.212	3279	8.858	3.102	3278	8.541	1.549	3276	8.219
500	359.0	3490	10.958	71.39	3490	10.214	35.70	3490	9.895	7.136	3489	9.152	3.565	3488	8.833	1.781	3487	8.512
600	405.6	3707	11.226	80.64	3707	10.482	40.32	3707	10.162	8.058	3707	9.419	4.028	3706	9.097	2.013	3705	8.776

续表

压力 p	4.0×10^{5}Pa			6.0×10^{5}Pa			8.0×10^{5}Pa			10×10^{5}Pa			20×10^{5}Pa			30×10^{5}Pa		
温度	T_{sat}=143.42℃ H''=2738kJ/kg v''=0.4624m^3/kg s''=6.897kJ/(kg·K)			T_{sat}=158.84℃ H''=2757kJ/kg v''=0.3156m^3/kg s''=6.761kJ/(kg·K)			T_{sat}=170.42℃ H''=2769kJ/kg v''=0.2408m^3/kg s''=6.663kJ/(kg·K)			T_{sat}=179.88℃ H''=2778kJ/kg v''=0.1946m^3/kg s''=6.587kJ/(kg·K)			T_{sat}=212.37℃ H''=2799kJ/kg v''=0.09958m^3/kg s''=6.340kJ/(kg·K)			T_{sat}=233.83℃ H''=2804kJ/kg v''=0.06665m^3/kg s''=6.186kJ/(kg·K)		
t	v	H	s	v	H	s	v	H	s	v	H	s	v	H	s	v	H	s
℃	m^3/kg	kJ/kg	kJ/(kg·K)	m^3/kg	kJ/kg	kJ/(kg·K)	m^3/kg	kJ/kg	kJ/(kg·K)	m^3/kg	kJ/kg	kJ/(kg·K)	m^3/kg	kJ/kg	kJ/(kg·K)	m^3/kg	kJ/kg	kJ/(kg·K)
0	0.0010000	0.5	0.0000	0.0009998	0.7	0.0000	0.0009997	0.9	0.0000	0.0009996	1.1	0.0000	0.0009991	2.1	0.0000	0.0009986	3.1	0.0000
20	0.0010017	84.1	0.2964	0.0010015	84.3	0.2964	0.0010015	84.5	0.2962	0.0010014	84.7	0.2960	0.0010009	85.7	0.2957	0.0010004	86.7	0.2956
40	0.0010078	167.7	0.5716	0.0010076	167.9	0.5716	0.0010076	168.1	0.5714	0.0010075	168.3	0.5712	0.0010070	169.2	0.5708	0.0010065	170.1	0.5707
50	0.0010120	209.5	0.7030	0.0010118	209.7	0.7028	0.0010118	209.9	0.7026	0.0010117	210.1	0.7024	0.0010112	210.9	0.7020	0.0010107	211.8	0.7018
60	000010170	251.3	0.8303	0.0010168	251.5	0.8302	0.0010167	251.7	0.8300	0.0010166	251.8	0.8298	0.0010161	252.6	0.8294	0.0010157	253.5	0.8290
80	0.0010288	335.1	1.0745	0.0010287	335.2	1.0744	0.0010286	335.3	1.0742	0.0010285	335.4	1.0740	0.0010280	336.2	1.0731	0.0010275	337.0	1.0726
100	0.0010433	419.1	1.3063	0.0010432	419.1	1.3062	0.0010431	419.2	1.3060	0.0010430	419.3	1.3058	0.0010424	420.1	1.3048	0.0010419	420.9	1.3038
120	0.0010602	503.7	1.5265	0.0010601	503.7	1.5265	0.0010600	503.8	1.5263	0.0010598	503.9	1.5261	0.0010593	504.7	1.5252	0.0010587	505.4	1.5244
140	0.0010798	589.1	1.738	0.0010797	589.1	1.738	0.0010795	589.1	1.737	0.0010794	589.2	1.737	0.0010787	589.9	1.736	0.0010782	590.6	1.735
150	0.4709	2754	6.928	0.0010906	632.1	1.840	0.0010904	632.1	1.840	0.0010902	632.1	1.840	0.0010895	632.8	1.838	0.0010889	633.4	1.837
160	0.4840	2776	6.980	0.3167	2759	6.767	0.0011020	675.3	1.941	0.0011018	675.4	1.941	0.0011011	675.9	1.939	0.0011004	676.4	1.938
180	0.5094	2818	7.077	0.3348	2805	6.869	0.2473	2792	6.715	0.1949	2778	6.588	0.0011267	768.2	2.136	0.0011258	763.7	2.134
200	0.5341	2859	7.166	0.3520	2849	6.963	0.2609	2839	6.814	0.2060	2827	6.692	0.0011561	852.4	2.328	0.0011551	852.6	3.326
220	0.5585	2900	7.251	0.3688	2891	7.051	0.2739	2883	6.905	0.2169	2874	6.788	0.1021	2821	6.385	0.0011891	943.5	2.514
240	0.5827	2941	7.332	0.3855	2933	7.135	0.2867	2926	6.991	0.2274	2918	6.877	0.1084	2875	6.491	0.06826	2823	6.225
260	0.6068	2982	7.410	0.4019	2975	7.215	0.2993	2969	7.073	0.2377	2962	6.961	0.1143	2924	6.585	0.07294	2882	6.337
280	0.6307	3023	7.486	0.4181	3017	7.292	0.3118	3011	7.151	0.2478	3005	7.040	0.1200	2972	6.674	0.07720	2937	6.438
300	0.6545	3065	7.560	0.4342	3059	7.366	0.3240	3054	7.226	0.2578	3048	7.116	0.1255	3019	6.757	0.08119	2988	6.530
400	0.7723	3273	7.895	0.5136	3270	7.704	0.3842	3267	7.568	0.3065	3263	7.461	0.1511	3240	7.122	0.09929	3229	6.916
500	0.8890	3458	8.190	0.5919	3483	8.001	0.4432	3481	7.866	0.3539	3479	7.761	0.1755	3468	7.429	0.1161	3456	7.231
600	1.0054	3703	8.455	0.6697	3701	8.266	0.5018	3699	8.132	0.4010	3693	8.027	0.1995	3690	7.701	0.1325	3682	7.506

续表

压力 p	40×10^5 Pa			50×10^5 Pa			60×10^5 Pa			70×10^5 Pa			80×10^5 Pa			90×10^5 Pa		
温度	T_{sat}=250.33℃ H''=2801kJ/kg v''=0.04977m³/kg s''=6.070kJ/(kg·K)			T_{sat}=263.91℃ H''=2794kJ/kg v''=0.03944m³/kg s''=5.973kJ/(kg·K)			T_{sat}=275.56℃ H''=2785kJ/kg v''=0.03243m³/kg s''=5.890kJ/(kg·K)			T_{sat}=285.80℃ H''=2772kJ/kg v''=0.02737m³/kg s''=5.814kJ/(kg·K)			T_{sat}=294.98℃ H''=2758kJ/kg v''=0.02352m³/kg s''=5.745kJ/(kg·K)			T_{sat}=303.32℃ H''=2743kJ/kg v''=0.02048m³/kg s''=5.678kJ/(kg·K)		
t	v	H	s	v	H	s	v	H	s	v	H	s	v	H	s	v	H	s
℃	m³/kg	kJ/kg	kJ/(kg·K)	m³/kg	kJ/kg	kJ/(kg·K)	m³/kg	kJ/kg	kJ/(kg·K)	m³/kg	kJ/kg	kJ/(kg·K)	m³/kg	kJ/kg	kJ/(kg·K)	m³/kg	kJ/kg	kJ/(kg·K)
0	0.0009981	4.2	0.0002	0.0009976	5.2	0.0004	0.0009971	6.2	0.0004	0.0009966	7.2	0.0004	0.0009961	8.2	0.0004	0.0009956	9.2	0.0004
20	0.0010000	87.6	0.2953	0.0009995	88.5	0.2951	0.0009991	89.4	0.2948	0.0009987	90.4	0.2945	0.0009983	91.3	0.2943	0.0009978	92.3	0.2941
40	0.0010061	171.0	0.5704	0.0010056	171.9	0.5699	0.0010052	172.8	0.5694	0.0010048	173.7	0.5689	0.0010043	174.6	0.5686	0.0010038	175.5	0.5681
50	0.0010103	212.7	0.7012	0.0010098	213.6	0.7005	0.0010094	214.4	0.7000	0.0010090	215.3	0.6995	0.0010085	216.2	0.6992	0.0010080	217.1	0.6986
60	0.0010152	254.4	0.8282	0.0010147	255.3	0.8273	0.0010143	256.1	0.8268	0.0010139	256.9	0.8263	0.0010134	257.8	0.8260	0.0010129	258.7	0.8253
80	0.0010270	337.8	1.0718	0.0010265	338.7	1.0709	0.0010261	339.5	1.0702	0.0010257	340.3	1.0694	0.0010254	341.2	1.089	0.0010249	342.1	1.0682
100	0.0010414	421.7	1.3030	0.0010408	422.5	1.3020	0.0010403	423.3	1.3012	0.0010400	424.1	1.3003	0.0010398	424.9	1.2996	0.0010393	425.7	1.2988
120	0.0010582	506.2	1.5236	0.0010576	506.9	1.5223	0.0010571	507.7	1.5215	0.0010567	508.4	1.5205	0.0010564	509.1	1.5198	0.0010559	509.8	1.5189
140	0.0010776	591.2	1.734	0.0010769	591.9	1.733	0.0010763	592.6	1.732	0.0010758	593.2	1.731	0.0010754	593.9	1.730	0.0010749	594.6	1.729
150	0.0010883	634.0	1.836	0.0010876	634.7	1.835	0.0010869	635.4	1.834	0.0010864	636.0	1.833	0.0010859	636.6	1.832	0.0010854	637.3	1.831
160	0.0010997	677.0	1.936	0.0010990	677.7	1.935	0.0010938	678.4	1.934	0.0010977	679.0	1.933	0.0010972	679.6	1.931	0.0010966	680.3	1.930
180	0.0011250	764.2	2.133	0.0011242	764.9	2.131	0.0011234	765.5	2.119	0.0011226	766.1	2.128	0.0011220	766.7	2.126	0.0011213	767.4	2.125
200	0.0011544	853.0	2.324	0.0011530	853.6	2.322	0.0011522	854.0	2.320	0.0011512	854.5	2.319	0.0011504	855.0	2.317	0.0011496	855.5	2.316
220	0.0011897	943.8	2.512	0.0011867	944.1	2.510	0.0011855	944.5	2.508	0.0011845	944.8	2.506	0.0011833	945.1	2.504	0.0011822	945.5	2.502
240	0.0012280	1037.4	2.698	0.0012264	1037.4	2.696	0.0012249	1037.6	2.693	0.0012235	1037.8	2.691	0.0012221	1037.9	2.688	0.0012207	1038.1	2.686
250	0.0012511	1085.7	2.791	0.0012492	1085.7	2.789	0.0012476	1085.7	2.786									
260	0.05174	2834	6.133	0.0012749	1135.1	2.882	0.0012727	1134.8	2.879	0.0012706	1134.6	2.876	0.0012689	1134.4	2.873	0.0012669	1134.2	2.870
280	0.05550	2898	6.249	0.04224	2854	6.083	0.03315	2803	5.923	0.0013304	1235.9	3.063	0.0013275	1235.4	3.059	0.0013246	1234.9	3.056
300	0.05888	2955	6.352	0.04539	2920	6.200	0.3620	2880	6.060	0.02948	2835	5.925	0.02429	2784	5.788	0.0014016	1344.3	3.249
400	0.07337	3211	6.762	0.05781	3193	6.640	0.04742	3174	6.535	0.03997	3155	6.442	0.03438	3135	6.358	0.03001	3114	6.280
500	0.08642	3445	7.087	0.06858	3433	6.974	0.05667	3421	6.878	0.04817	3409	6.795	0.04177	3397	6.722	0.03680	3386	6.656
600	0.09885	3674	7.367	0.07870	3666	7.257	0.06525	3658	7.165	0.05565	3649	7.087	0.04844	3640	7.019	0.04285	3631	6.957

压力 p	100×10^5 Pa			120×10^5 Pa			140×10^5 Pa			160×10^5 Pa			180×10^5 Pa			200×10^5 Pa		
温度	$T_{sat}=318.04$℃ $H''=2725$kJ/kg $v''=0.01803$m^3/kg $s''=5.615$kJ/(kg·K)			$T_{sat}=324.63$℃ $H''=2685$kJ/kg $v''=0.01426$m^3/kg $s''=5.492$kJ/(kg·K)			$T_{sat}=336.63$℃ $H''=2638$kJ/kg $v''=0.01149$m^3/kg $s''=5.372$kJ/(kg·K)			$T_{sat}=347.32$℃ $H''=2582$kJ/kg $v''=0.009318$m^3/kg $s''=5.247$kJ/(kg·K)			$T_{sat}=356.96$℃ $H''=2510$kJ/kg $v''=0.007504$m^3/kg $s''=5.107$kJ/(kg·K)			$T_{sat}=365.71$℃ $H''=2410$kJ/kg $v''=0.00585$m^3/kg $s''=4.928$kJ/(kg·K)		
t	v	H	s	v	H	s	v	H	s	v	H	s	v	H	s	v	H	s
℃	m^3/kg	kJ/kg	kJ/(kg·K)	m^3/kg	kJ/kg	kJ/(kg·K)	m^3/kg	kJ/kg	kJ/(kg·K)	m^3/kg	kJ/kg	kJ/(kg·K)	m^3/kg	kJ/kg	kJ/(kg·K)	m^3/kg	kJ/kg	kJ/(kg·K)
0	0.0009951	10.2	0.0004	0.0009941	12.2	0.0008	0.0009931	14.2	0.0008	0.0009922	16.2	0.0009	0.0009913	18.2	0.0011	0.0009904	20.2	0.0013
20	0.0009975	93.2	0.2939	0.0009965	95.1	0.2935	0.0009957	96.9	0.2930	0.0009948	95.9	0.2925	0.0009939	100.7	0.2921	0.0009930	102.6	0.2918
40	0.0010033	176.4	0.5677	0.0010024	178.2	0.5668	0.0010016	179.9	0.5660	0.0010007	181.7	0.5653	0.0009999	183.5	0.5647	0.0009990	185.3	0.5640
50	0.0010075	218.0	0.6980	0.0010066	219.8	0.6970	0.0010058	221.4	0.6960	0.0010049	223.2	0.6951	0.0010041	225.0	0.6942	0.0010033	226.7	0.6933
60	0.0010125	259.6	0.8247	0.0010116	216.4	0.8230	0.0010108	263.0	0.8224	0.0010099	264.7	0.8212	0.0010091	266.5	0.8200	0.0010083	286.1	0.8188
80	0.0010245	342.9	1.0676	0.0010236	344.6	1.0662	0.0010226	346.2	1.0648	0.0010217	347.9	1.0634	0.0010209	349.5	1.0620	0.0010200	351.1	1.0605
100	0.0010386	426.5	1.2982	0.0010370	428.1	1.2967	0.0010368	429.6	1.2951	0.0010359	431.2	1.2937	0.0010349	432.7	1.2923	0.0010339	434.2	1.2909
120	0.0010552	510.5	1.5182	0.0010544	512.0	1.5165	0.0010533	513.4	1.5148	0.0010522	514.9	1.5131	0.0010512	516.4	1.5115	0.0010501	517.8	1.5098
140	0.0010741	595.3	1.728	0.0010732	596.7	1.727	0.0010719	598.0	1.724	0.0010707	599.4	1.722	0.0010695	600.8	1.721	0.0010684	602.1	1.719
150	0.0010845	638.0	1.830	0.0010835	639.4	1.832	0.0010822	640.7	1.826	0.0010809	624.0	1.823	0.0010796	643.4	1.822	0.0010784	644.6	1.820
160	0.0010956	681.0	1.929	0.0010946	682.4	1.927	0.0010932	683.6	1.925	0.0010918	684.9	1.922	0.0010905	686.2	1.921	0.0010891	687.4	1.919
180	0.0011201	768.0	2.123	0.0011189	769.1	2.121	0.0011174	770.2	2.118	0.0011157	771.3	2.116	0.0011142	772.4	2.114	0.0011126	773.5	2.112
200	0.0011482	856.0	2.314	0.0011468	857.0	2.311	0.0011448	857.9	2.308	0.0011430	858.8	2.305	0.0011411	859.7	2.302	0.0011393	860.6	2.299
220	0.0011805	945.8	2.500	0.0011788	946.6	2.497	0.0011766	947.3	2.493	0.0011744	948.0	2.489	0.0011721	948.7	2.486	0.0011700	949.4	2.483
240	0.0012185	1038.3	2.684	0.0012164	1038.7	2.680	0.0012136	1039.1	2.676	0.0012109	1039.5	2.672	0.0012082	1039.9	2.668	0.0012056	1040.3	2.664
250										0.0012316	1086.2	2.762	0.0012286	1086.4	2.758	0.0012256	1086.6	2.754
260	0.0012650	1134.0	2.868	0.0012612	1133.9	2.863	0.0012575	1133.8	2.858	0.0012539	1133.7	2.853	0.0012504	1133.7	2.848	0.0012470	1133.6	2.843
280	0.0013217	1234.5	3.053	0.0013164	1233.7	3.046	0.0013111	1232.9	3.040	0.0013061	1232.2	3.035	0.0013013	1231.6	3.028	0.0012968	1230.9	3.023
300	0.0013970	1342.2	3.244	0.0013886	1340.0	3.235	0.0013808	1338.0	3.226	0.0013735	1336.2	3.218	0.0013665	1334.6	3.211	0.0013598	1333.2	3.204
320	0.01926	2278	5.705	0.001493	1459.3	3.441	0.001479	1454.1	3.427	0.001466	1449.8	3.414	0.001455	1446.3	3.403	0.001444	1442.9	3.394
340	0.02150	2878	5.872	0.01624	2789	5.667	0.01197	2672		0.001616	1586.3	3.642	0.001592	1576.6	3.620	0.001569	1569.1	3.603
350									5.436	0.00978	2612	5.302	0.001704	1657	3.751	0.001665	1644	3.724
360	0.02337	2958	6.002	0.01816	2892	5.832	0.01425	2812		0.01103	2711	5.457	0.00810	2563	5.194	0.001824	1739	3.876
380									5.654	0.01289	2843	5.662	0.01042	2759	5.498	0.00828	2655	5.309
400	0.02646	3093	6.207	0.02113	3049	6.071	0.01726	3000	5.942	0.01429	2945	5.816	0.01194	2884	5.688	0.00998	2816	5.553
500	0.3281	3372	6.596	0.02681	3347	6.487	0.02252	3321	6.390	0.01930	3294	6.303	0.01678	3267	6.221	0.01478	3238	6.144
600	0.03837	3621	6.901	0.03163	3603	6.803	0.02683	2585	6.716	0.02322	3567	6.640	0.02043	3549	6.572	0.01816	3530	6.508

续表

压力 p	220×10^5 Pa			250×10^5 Pa			300×10^5 Pa		
温度	$T_{sat}=373.7$℃ $H''=2168$kJ/kg $v''=0.00367$m³/kg $s''=4.591$kJ/(kg·K)								
t	v	H	s	v	H	s	v	H	s
℃	m³/kg	kJ/kg	kJ/(kg·K)	m³/kg	kJ/kg	kJ/(kg·K)	m³/kg	kJ/kg	kJ/(kg·K)
0	0.0009893	22.2	0.0013	0.0009880	25.2	0.0013	0.0009857	30.1	0.0013
20	0.0009920	104.5	0.2915	0.0009908	107.3	0.2909	0.0009886	112.0	0.2902
40	0.0009981	187.1	0.5634	0.0009969	189.7	0.5621	0.0009949	194.1	0.5603
50	0.0010024	228.4	0.6927	0.0010012	231.0	0.6911	0.0009992	235.3	0.6889
60	0.0010073	269.8	0.8181	0.0010061	272.3	0.8164	0.0010041	276.5	0.8140
80	0.0010190	352.7	1.0596	0.0010178	355.1	1.0576	0.0010156	359.1	1.0545
100	0.0010329	435.7	1.2899	0.0010316	438.0	1.2873	0.0010293	441.9	1.2834
120	0.0010490	519.3	1.5084	0.0010475	521.5	1.5053	0.0010450	525.1	1.5014
140	0.0010671	603.5	1.717	0.0010654	605.6	1.714	0.0010626	609.0	1.709
150	0.0010771	646.0	1.818	0.0010758	647.9	1.815	0.0010722	651.2	1.810
160	0.0010877	688.7	1.917	0.0010858	690.5	1.914	0.0010825	693.6	1.908
180	0.0011110	774.7	2.110	0.0011087	776.3	2.107	0.0011050	779.1	2.100
200	0.0011375	861.6	2.297	0.0011349	683.0	2.293	0.0011305	865.4	2.287
220	0.0011679	950.2	2.480	0.0011648	951.3	2.475	0.0011597	953.3	2.468
240	0.0012030	1040.9	2.661	0.0011992	1041.6	2.655	0.0011931	1042.9	2.647
260	0.0012437	1133.8	2.839	0.0012388	1134.1	2.833	0.0012313	1134.7	2.822
280	0.0012926	1230.6	3.017	0.0012863	1230.2	3.009	0.0012764	1229.9	2.996
300	0.0013535	1332.2	3.197	0.0013446	1330.7	3.187	0.0013311	1329.0	3.171
320	0.001434	1440.5	3.384	0.001421	1437.3	3.371	0.001403	1433.2	3.351
340	0.001551	1562.6	3.589	0.001527	1555.3	3.567	0.001496	1546.8	3.539
360	0.001757	1717	3.837	0.001695	1696	3.794	0.001634	1676	3.747
380	0.00610	2503	5.052	0.00224	1926	4.149	0.001887	1836	3.995
400	0.00828	2736	5.406	0.00602	2579	5.137	0.00283	2155	4.476
500	0.01312	3207	6.070	0.01113	3157	5.965	0.00869	3073	5.799
600	0.01631	3512	6.449	0.01413	3483	6.367	0.01144	3434	6.242

附录二　常用热力学图

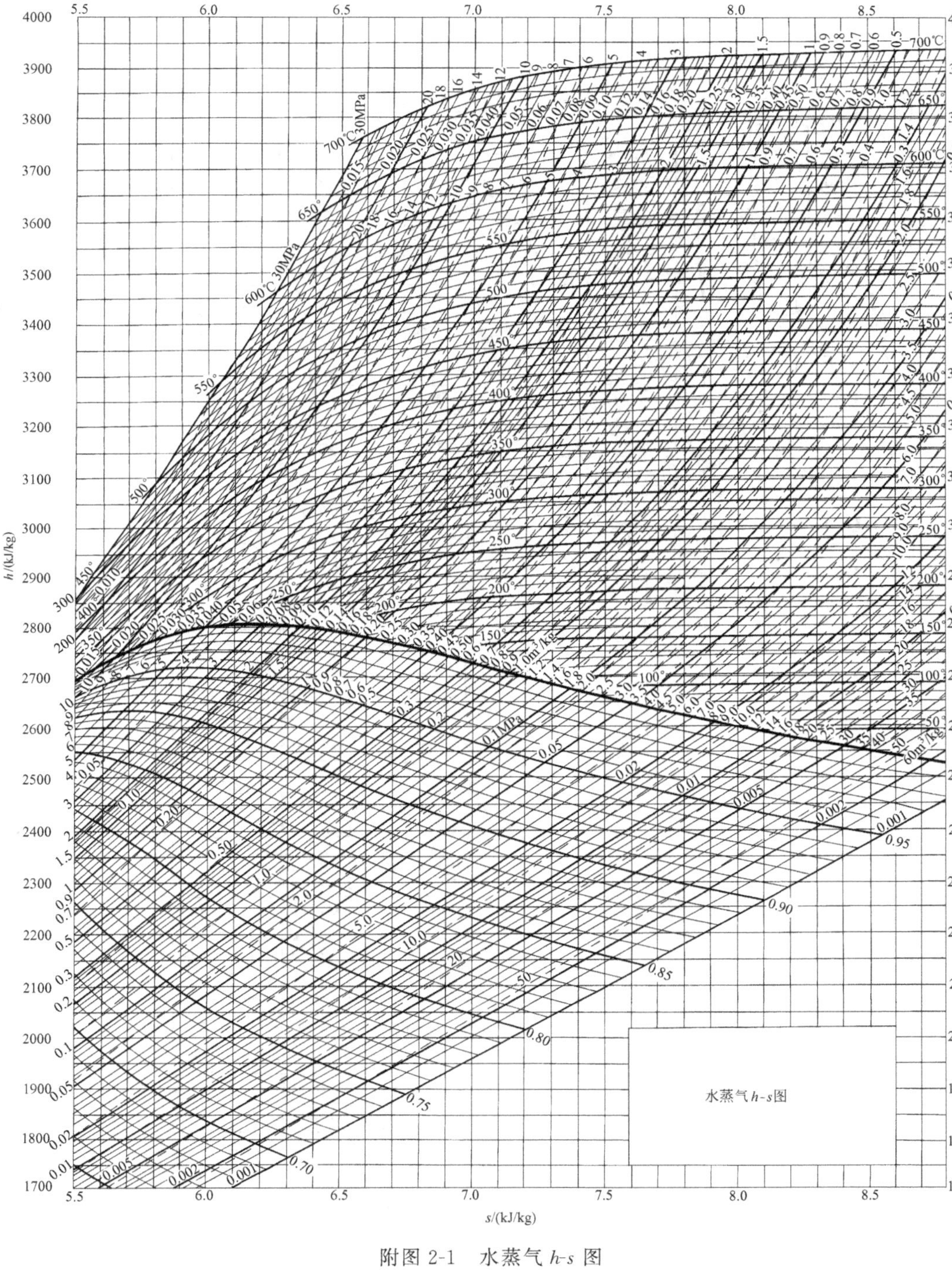

附图 2-1　水蒸气 h-s 图

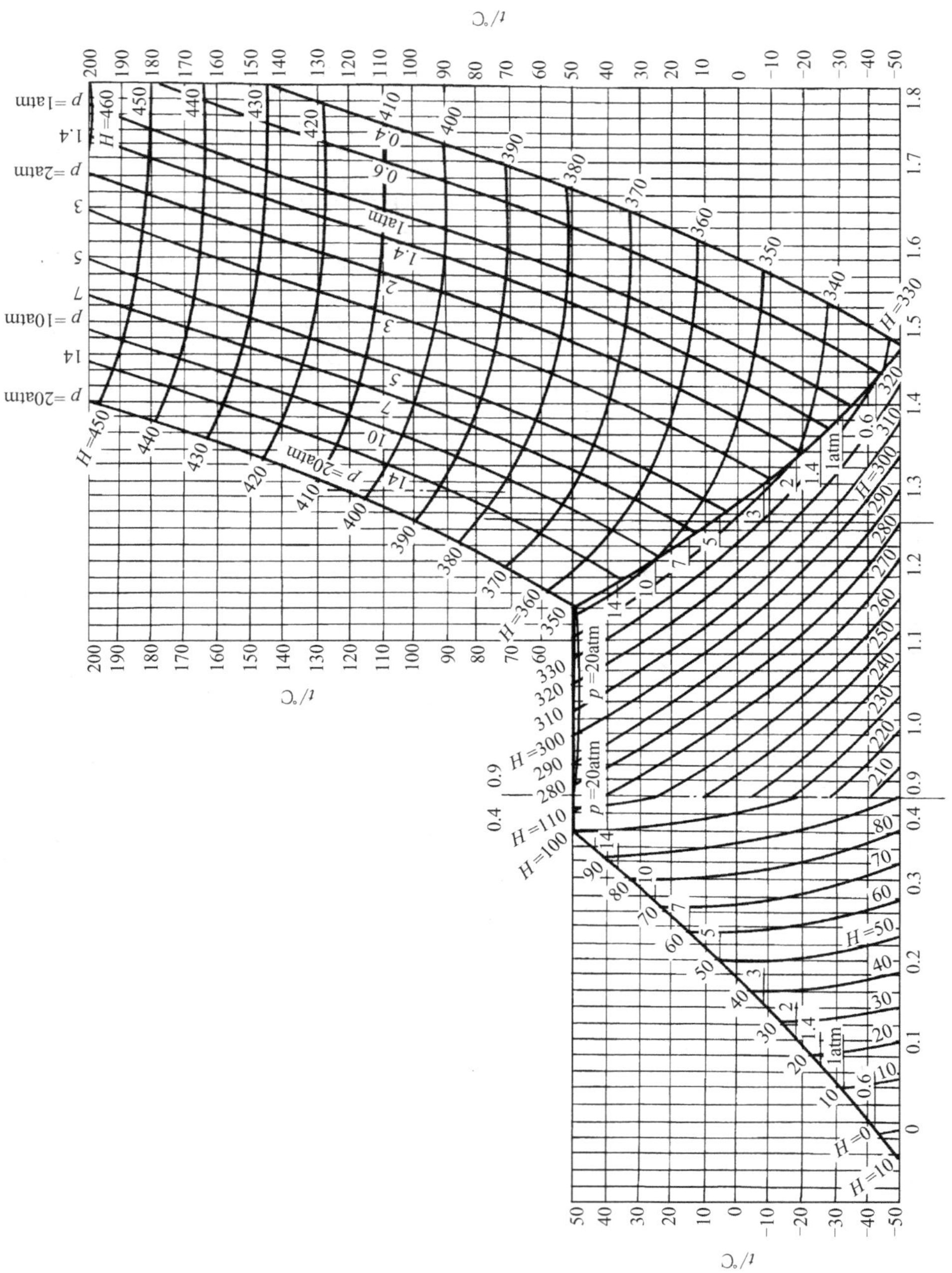

附图 2-2　氨的 T-s 图

单位换算：1kcal=4.184kJ

1atm=101325Pa

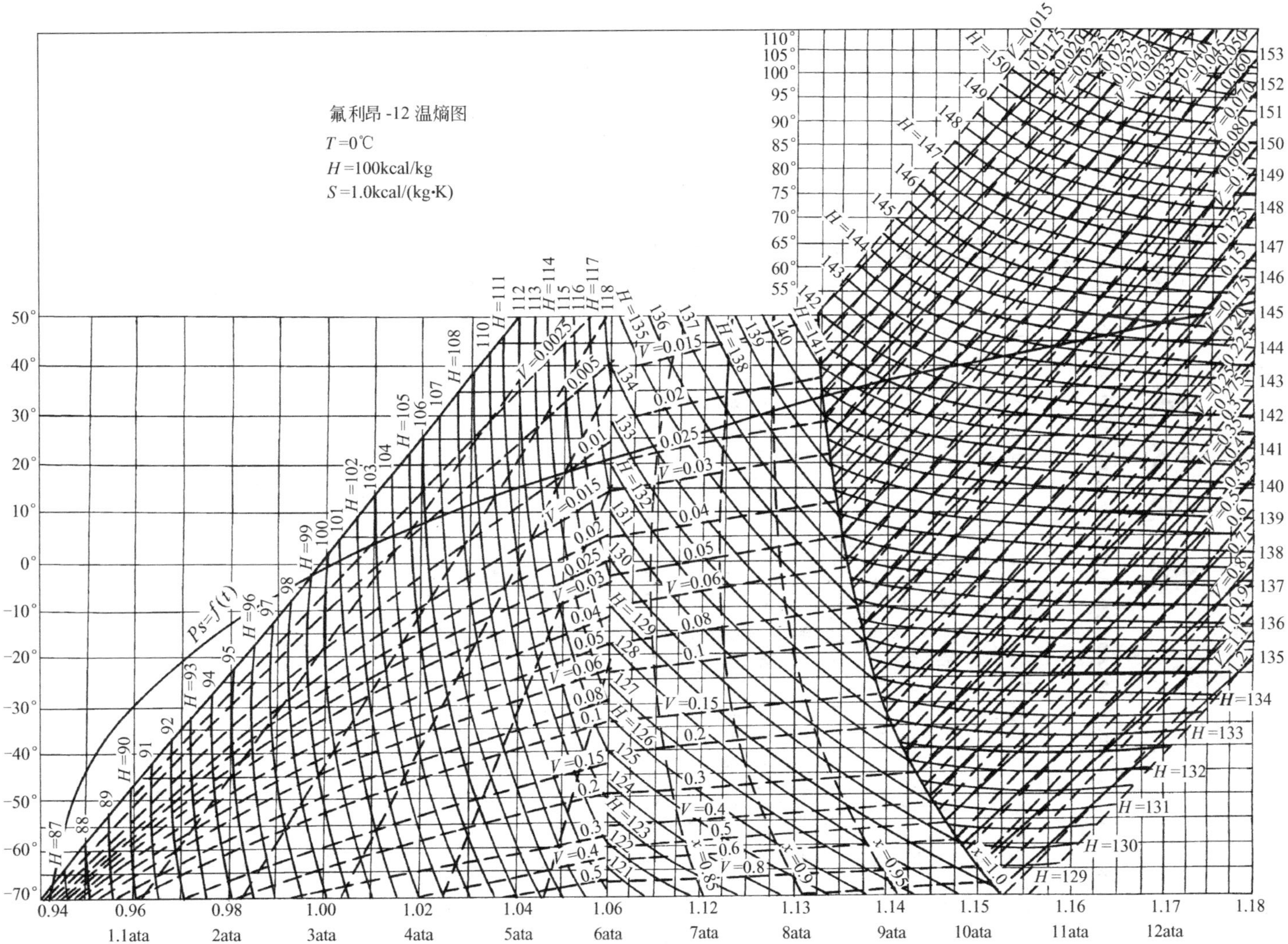

附图 2-3　氟利昂-12 T-s 图

参考文献

[1] 李斯特主编. 工程热力学. 北京: 化学工业出版社, 1990.

[2] 施明恒, 李鹤立. 工程热力学. 南京: 东南大学出版社, 1995.

[3] 邱信立, 廉乐明, 李力能. 工程热力学. 北京: 中国建筑工业出版社, 1992.

[4] 吴君理, 袁荣坤, 项新耀. 工程热力学. 北京: 石油工业出版社, 1992.

[5] 朱自强, 徐汛. 化工热力学. 北京: 化学工业出版社, 1991.

[6] 叶学群主编. 热工理论与流体力学基础. 北京: 中国商业出版社, 1997.

[7] 古启贤主编. 化工热力过程. 北京: 化学工业出版社, 1992.

[8] 施云海主编. 化工热力学. 上海: 华东理工大学出版社, 2007.

[9] 沈维道, 蒋智敏, 童钧耕编. 工程热力学. 北京: 高等教育出版社, 2006.

[10] 冯青, 李世武, 张丽编著. 工程热力学. 西安: 西北工业大学出版社, 2006.

[11] 马维峰编著. Excel VBA 应用开发从基础到实践. 北京: 电子工业出版社, 2006.